U0213878

国合华夏城市规划研究院系列研究成果

中国碳达峰碳中和
规划、路径及案例

国合华夏城市规划研究院 著

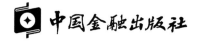

中国金融出版社

责任编辑：陈　翎
责任校对：潘　洁
责任印制：丁淮宾

图书在版编目（CIP）数据

中国碳达峰碳中和规划、路径及案例/国合华夏城市规划研究院著.
—北京：中国金融出版社，2021.11
ISBN 978 - 7 - 5220 - 1396 - 1

Ⅰ.①中…　Ⅱ.①国…　Ⅲ.①二氧化碳—排污交易—研究—中国
Ⅳ.①X511

中国版本图书馆 CIP 数据核字（2021）第 241816 号

中国碳达峰碳中和规划、路径及案例
ZHONGGUO TANDAFENG TANZHONGHE GUIGUA、LUJING JI ANLI

出版
发行　　中国金融出版社

社址　　北京市丰台区益泽路 2 号
市场开发部　（010）66024766，63805472，63439533（传真）
网 上 书 店　www.cfph.cn
　　　　　　（010）66024766，63372837（传真）
读者服务部　（010）66070833，62568380
邮编　100071
经销　　新华书店
印刷　　保利达印务有限公司
尺寸　　169 毫米 ×239 毫米
印张　　17
字数　　292 千
版次　　2021 年 12 月第 1 版
印次　　2021 年 12 月第 1 次印刷
定价　　80.00 元
ISBN 978 - 7 - 5220 - 1396 - 1
如出现印装错误本社负责调换　联系电话（010）63263947

序言

　　地球是人类赖以生存的家园。每隔数万年左右，地球就经历一次温暖期与冰河期的循环。目前地球正处于温暖期，已持续约 1.5 万年。

　　气候变暖造成一系列不良后果：冰川消融，海平面升高，海岸滩涂湿地、红树林和珊瑚礁等生态群丧失，海水入侵，海湾生态环境失衡，水域面积增大。水分蒸发，雨季延长，遭受洪水、风暴影响。气温升高，冰雪融化，小岛消失，影响人类繁衍，可能出现大范围传染病或疫情，给人体健康和人类生存带来极大的危害。

　　《巴黎协定》期望 2051 年至 2100 年全球达到碳中和。二氧化碳是导致地球温度升高的重要因素。当前，我国碳排放位居全球前列。为构建人类命运共同体、责任共同体，需要全面落实习近平总书记"3060"庄严承诺，描绘碳达峰、碳中和"图谱"，写好"碳中和"大文章。

　　国合华夏城市规划研究院以服务国家和地方经济民生为己任，联合部委智库、科研院所、政府部门、央企国企等，倡议"碳中和共同宣言"，共建"中国碳中和研究院（产业联盟）"，依托部委政策及指导，聚集院士专家、部委领导、地方政府、行业权威等，创新碳达峰碳中和及碳金融图谱、吹响"碳中和"冲锋号。

　　本书着重从碳达峰碳中和理论、趋势、政策、技术，以及产业、能源、交通、建筑、生活等结构调整入手，绘制碳达峰、碳中和、零碳城市、零碳园区、零碳企业、零碳个人和碳金融的"路线图""场景图""案例库"，努力为部委部门、地方党政机关、园区企业等提供前瞻、系统的决策参考及实操指南。

国合华夏城市规划研究院

中国碳中和研究院

2021 年 10 月

目录

第 一 章

CHAPTER 1

地球"发烧"倒逼碳中和

地球是人类共同的家园，是我们赖以生存的基础。地球是脆弱的，它经常受气候变化、茫茫宇宙中各天体运行冲撞与毁灭性威胁的影响。人生存需要阳光、淡水、食物及稳定的气候条件。如果地球大气温度上升过大，或者骤降，可能会毁灭人类生存需要的食物链及适宜的温度。从这个意义上说，保护地球就是保护人类自己。由于碳排放等导致的全球气温上升、极地冰雪融化和土壤干旱等已成为灾害频发的重要威胁。如何推动全球碳中和减缓地球温度上升的时间，进而保护好人类生存的环境，已经成为世界各国共同的问题。

一、碳达峰碳中和相关概念

（一）碳达峰碳中和目标的提出

2020 年 9 月 22 日，习近平主席在第七十五届联合国大会一般性辩论上宣布，"中国将提高国家自主贡献力度，采取更加有力的政策和措施，二氧化碳排放力争 2030 年前达到峰值，努力争取 2060 年前实现碳中和"。2020 年 12 月 12 日，习近平主席在气候雄心峰会上宣布：中国 2030 年单位国内生产总值二氧化碳排放将比 2005 年下降 65% 以上。习近平主席强调，实现碳达峰碳中和是一场广泛而深刻的经济社会系统性变革，要把碳达峰碳中和纳入生态文明建设整体布局，拿出抓铁有痕的劲头，如期实现 2030 年前碳达峰、2060 年前碳中和的目标。

（二）碳达峰碳中和相关概念

碳达峰指某个地区或行业年度二氧化碳排放量达到历史最高值，然后经历平台期进入持续下降的过程，是二氧化碳排放量由增转降的历史拐点。

碳达峰不等于冲高点，而是尽快进行生产方式和生活方式的持续调整。达峰后的碳排放一般需要经历一段峰值平台期才能实现碳中和。

碳中和指某个地区在一定时间内（一般指一年）人为活动直接和间接排放的二氧化碳，与其通过植树造林等吸收的二氧化碳相互抵消，实现二氧化碳"净零排放"。碳中和指企事业单位在温室气体核算边界内一定时间内生产（通常以年度为单位）、服务过程中产生的所有温室气体排放量，按照二氧化碳当量计算，在尽可能自身减排的基础上，剩余部分排放量被核算边界外相应数量的碳信用、碳配额或（和）新建林业项目等产生的碳汇量完全抵消。温室气体核算范围包括：二氧化碳（CO_2）、甲烷（CH_4）、氧化亚氮（N_2O）、氢氟碳化合物（HFCs）、全氟碳化合物（PFCs）、六氟化硫（SF_6）和三氟化氮（NF_3）。碳中和涉及政府行为、企业行为、个人行为，需要全民族的共识和全社会的行动。

温室气体是指大气层中自然存在的和人类活动产生的，能够吸收和散发由地球表面、大气层和云层所产生的，波长在红外光谱内的辐射的气态成分，包括二氧化碳（CO_2）、甲烷（CH_4）等。

碳汇指通过植树造林、森林管理、植被恢复等措施，利用植物光合作用吸收大气中的二氧化碳，并将其固定在植被和土壤中，从而减少温室气体在大气中浓度的过程、活动和机制。

碳配额是指在碳排放权交易市场中，参与碳排放权交易的单位和个人依法取得，可用于交易和碳市场重点排放单位温室气体排放量抵扣的指标。1 个单位碳配额相当于 1 吨二氧化碳当量。

碳信用是指温室气体减排项目按照有关技术标准和认定程序确认减排量化效果后，由我国政府或国际组织签发或其授权机构签发的碳减排指标。碳信用的计量单位为碳信用额，1 个碳信用额相当于 1 吨二氧化碳当量。

碳普惠是指个人和企事业单位的自愿温室气体减排行为依据特定的方法可以获得碳信用的机制。

CCUS 是"碳捕获、利用与封存"的简称，指运用物理和化学手段，在化石燃料燃烧前后，对其产生的二氧化碳进行清洗分离、精准捕获，然后重新利用，或者压缩成液态，封存在地下、海底等，阻止其直接进入大气层。

二、气候中性与碳中和关系

（一）温室气体排放

温室气体排放是造成全球气候变暖的主要因素。为控制全球温室气体浓度升高，《巴黎协定》呼吁全球加强国际合作，加强应对全球气候变化的影响，尽快实现温室气体排放达到峰值，21 世纪下半叶实现温室气体净零排放，到 21 世纪末把全球气温升高控制在 2 摄氏度之内，并努力控制在 1.5 摄氏度之内，降低气候变化给地球造成的生态风险和给人类带来的生存危机。目前，有包括中国在内约 200 个国家签署《巴黎协定》。

根据 IPCC 2018 年《全球升温 1.5℃》的特别报告，术语气候中性（Climate Neutrality）和碳中和（Carbon Neutrality）的定义与净零 CO_2 排放量（Net-zero CO_2 emissions）一致：当一定时期内通过人为二氧化碳移除使得全球人为二氧化碳排放量达到平衡时，可实现净零二氧化碳（CO_2）排放。2021 年 8 月 9 日，联合国政府间气候变化专门委员会（IPCC）预测，与工业革命前相比的世界气温上升在 2021—2040 年将达到 1.5 摄氏度。

近 150 年以来，二氧化碳浓度超过 410ppm（ppm 指百万分之一），比 150 年前高出约 45%。2020 年，全球风暴、野火、干旱洪涝等造成的损失高达 2100 亿美元，比 2019 年的 1600 多亿美元增加 31.25%。专家认为，水灾和风暴等是全球气候变暖导致的主要后果。

（二）气候变化与碳中和关系

应对气候变化的核心是减少温室气体排放，主要通过减少化石能源使用来减少二氧化碳排放。《巴黎协定》4.1 条款提出："要尽快达到温室气体排放的全球峰值，并加快采取减排，力争在 21 世纪下半叶实现温室气体源的人为排放与汇的清除之间的平衡。"根据政府间气候变化专门委员会（IPCC）测算，1.5 摄氏度温控目标下全球 2050 年左右要达到碳中和。我国确立 2060 年碳中和，将对全球实现 1.5 摄氏度温控目标起到巨大的支撑作用。

气候变化与碳达峰碳中和具有正相关关系，碳达峰越早，峰值越低，对气候变化的影响越小；碳中和越早实现，降低气候温度的能力越大，越有利于维持全球较低的温度，越有利于保护地球环境。

（三）碳达峰与碳中和关系

从全国来看，碳达峰是实现碳排放量早日达峰并降低峰值，碳中和是通过"负碳"技术等方式实现净零排放，两者存在着紧密的相互影响、相互带动的关系。

碳达峰是碳中和的前置条件，是实现碳中和的重要路径与阶段性目标。碳中和是在碳达峰的基础上逐步减少并实现净零排放。碳达峰的实现时间和峰值高低直接影响碳中和的实现难度：面对"3060"双碳目标，碳达峰时间越早，碳中和可利用的时间就越多；碳达峰的峰值越高，减碳的任务越重，实现碳中和要求的技术水平和减碳模式就越高。

碳达峰是中间目标与实现碳中和的必要条件，碳中和是最终目的与零碳的衡量标准。碳达峰时间与峰值水平应在碳中和愿景约束下结合各地区的产业、经济发展速度、就业保障以及技术水平等科学核算与动态确定。碳达峰的峰值越低，减排成本和减排压力越小；给碳中和留出的时间越多，减排压力越小，越有可能实现碳中和的总体目标。

三、地球发烧要降温

(一) 地球发烧

二氧化碳超排导致的温室效应将给人类生存带来巨大的威胁。它会使生物（动植物等）生存失去足够的水和适宜的温度，而且会出现地震、水灾、海啸等灾害，还有可能使史前致命病毒复活，威胁人类生存。由于全球气温上升导致北极冰层融化，被冰封十几万年的史前致命病毒可能复发，全球可能陷入疫病恐慌，人类生命也将受到严重威胁。

自 20 世纪 90 年代中期以来，地球失去 28 万亿吨冰，很大一部分来自北极，包括格陵兰冰盖。全球变暖将加剧极地冰盖的融化程度。据世界自然基金会《地球生命力报告》研究，截至 2019 年，人类生态耗竭率达七成，人类如果继续以超出地球资源极限的方式生活，到 2040 年，人类"将需要两个地球满足需求"。数据表明，美国人均造成的生态破坏是巴西人均的 13 倍。美国人均消耗资源是印度的 35 倍，美国人均消费商品和服务是中国的 53 倍。美国人均消费能源相当于 2 个日本人、6 个墨西哥人、13 个中国人、31 个印度人、128 个孟加拉国人、307 个坦桑尼亚人、370 个埃塞俄比亚人消费能源量。美国人均每天用水量 159 加仑①，而世界一半以上人口每天用水量仅 25 加仑。美国不到世界总人口的 5% 却耗费了全球纸张的 1/3、全球石油的 1/4、煤炭的 23%、铝的 27% 和铜的 19%。

(二) 世界各国降温行动

为控制地球发烧，世界各国应该采取减碳措施，大力减少和控制二氧化碳等温室气体排放，这是包括美国等发达国家在内共同的、有区别的、重要的责任。据统计，我国 CO_2 排放量 2005 年开始超过美国，成为全球最大温室气体排放国。2019 年我国 CO_2 排放量为 101.75 亿吨，约是美国、印度、俄罗斯和日本 CO_2 排放量之和。从世界各国经济结构和发展阶段看，我国 CO_2 排放量与经济增长有较高匹配度，20 世纪 90 年代我国碳排放量平稳增加，随着经济规模的扩大，碳排放总量逐年增加，到 2015 年碳排放量趋稳。2020 年我国制造业增加值达到 26.59 万亿元，占全球比重近 30%。由于我国制造业占全球比重较高，相应的碳排放总量也会偏大，因此，我国实现碳中和的任务繁重。

为降低二氧化碳排放，必须进行能源结构优化。据统计，发达国家 90% 以上

---

① 美制 1 加仑为 3.785 升。

的碳排放量来自能源生产和消费活动。根据国际能源组织（IEA）数据，全球二氧化碳排放的主要经济部门是电力生产、交通运输以及钢铁、水泥等工业部门。因此，研究相关产业的能源供给优化是重要的工作任务。从各国经济发展规律看，欧美各国经济发展相对成熟，由于20世纪美国和欧盟开始减少制造业，这些国家的碳排放进入稳定下降时期。我国GDP总量跃居全球第二位，但年人均GDP仅1万美元，人均碳排放低于美国，经济发展的能源需求仍在增加，碳排放尚未达峰。

如何实现碳汇及减碳目标呢？要推进能源转型，鼓励推广生物质能、光伏、风能和地源热泵等清洁能源，大力发展绿氢，积极控制煤电再建、油气企业技术升级及战略转型。持续推动产业转型、零碳交通、零碳建筑及低碳零碳生活等绿色循环化生产生活或交通方式。要优化石化能源结构，增加碳汇，采取减碳、碳封存等措施，加快化石能源为基础的能源体系和基础设施的重构，积极推进减碳技术、地方经济、社会民生乃至政治层面的重大变革。在农业领域，鼓励发展沼气、光伏等清洁能源，鼓励植树造林和退耕还林还草，增加森林碳汇等。

四、全球的困境与共识

（一）全球气候变化困境与共识

2015年12月，《巴黎协定》签署，其核心目标是将全球平均气温较前工业化时期上升幅度控制在2摄氏度以内，并努力将温度上升幅度限制在1.5摄氏度以内。美国、欧盟、日本等实现碳达峰，并全面推动碳中和目标，包括我国在内的多数新兴经济体碳排放量仍在增加，全球碳达峰碳中和压力很大。

欧盟制定长期低碳发展策略，2020年相比1990年温室气体排放量减少了20%，欧盟20%的能源来自可再生能源，能源效率提高20%；到2030年使温室气体排放净减至少55%；到2050年实现以欧洲绿色协定为中心，开展气候变化行动，实现碳中和。德国确定到2050年实现温室气体净零排放；芬兰计划到2029年弃煤，2035年实现碳中和；丹麦计划在2030年前实现二氧化碳减排70%，2035年电和热完全使用可再生能源，2050年实现碳中和，100%可再生能源；挪威计划在2030年实现碳中和。

（二）我国碳排放的困境

我国确立二氧化碳排放2030年前达到峰值，努力争取2060年前实现碳中和，这是党中央经过深思熟虑作出的重大战略决策，事关中华民族永续发展和构建人类命运共同体。我国人均能源消费量只有美国等发达国家的 1/2 甚至 1/3，发达国家从碳达峰到碳中和的过渡期 60 年左右，我国只有 30 年，在这么短的时间内，从较高的峰值排放量降到相当低的水平，难度很大，需要国家、地方、企业和社会各界采取强有力的碳汇、碳减排等行动。

当前，我国煤炭和石油消费量分别达 40 亿吨和 7 亿吨左右。我国能源供应系统、能源消费产业以及重大基础设施等，在未来几十年需要大量的化石能源。当前中国人均 GDP 远低于欧美发达国家，做饭、采暖、空调、汽车、公共设施等民生服务需求处于快速增长阶段，新增产能、民生需求有很大的短板弱项，需要新增能源需求，为实现碳达峰碳中和目标带来较大的挑战。

如何合理划分国家部委、各级政府、各经济主体等应承担的责任，逐步构建以碳达峰碳中和为目标的激励与责罚相容机制，降低能源消费总量，推动非化石能源代替化石能源，是国家和各地区、各城市最重要的工作任务。

五、各国碳中和的协同

（一）发达国家碳中和行动

为落实《巴黎协定》，各国积极推动碳汇、减碳等绿色行动，有效降低了各国能源消费的碳排放，提高了清洁能源使用效能，推动了绿色交通、绿色建筑以及低碳生活的推广。各国普遍采取的减碳措施有：

• 持续降低煤炭产能和行业投资。各国积极优化能源结构，承诺逐步淘汰燃煤发电，主动增加天然气和可再生能源在发电结构中的占比，全球煤炭产量与行业投资显著降低。部分银行、保险机构和投资公司均开始减少或停止煤电项目融资、保险服务，逐步收回原有投资。

• 积极推动再生能源和清洁能源投资。各国大力发展风能、太阳能、核能及海洋能等，到 2019 年末，全球可再生能源装机容量占比达 34.7%。其中大多数来自太阳能和风能。全球能源消费逐步由石油向多能源结构转换。

• 电动汽车销量快速增长。2020 年全球电动汽车销量增速 41%，销量首次突破 300 万辆，达到 312.5 万辆，市场份额达到 4%。而同时期全球汽车销量同比下降 14%。

• 绿色金融市场快速拓展。2019 年全球绿色债券规模跃升至 2500 亿美元，约占发行总债券的 3.5%。中国贴标绿色债券发行总量居全球第一。多边开发银行、亚投行等气候融资规模持续扩大。

● 碳定价碳交易政策逐步推广。碳定价成为抑制和减轻全球温室气体排放并推动清洁投资的关键。到 2019 年，40 多个国家和 25 个地区实施了碳定价，覆盖全球超过 22% 的温室气体排放。

2020 年 3 月，欧盟公布《欧洲气候法》草案规定，到 2050 年实现温室气体排放净额为零（气候中性）。欧盟所有机构和成员国都采取必要措施实现上述目标。草案规定了采取何种措施评估成果，以及分步实现 2050 年目标的路线图。2021 年 7 月欧盟宣布碳中和计划。截至目前，全球 30 多个国家宣布碳中和目标，包括墨西哥、马尔代夫、中国、日本、韩国等，占全球 GDP 的 75%，占全球碳排放量的 65%。

欧盟全面推动碳中和试点：一是积极落实国际气候谈判，率先提出 2030 年减排目标；二是设立欧洲碳交易所，2005 年欧洲碳交易所开始运行，对电力和工业行业碳排放进行交易；三是实行碳税，欧盟碳税实现了对重排放行业的覆盖；四是推行碳边境税，有效限制碳泄漏，保护欧盟企业免遭不公平竞争，推动全球碳中和进程。2021 年以来，德国围绕氢的研发和应用推出了一系列举措，政府资助总额超过 87 亿欧元。2021 年 8 月 10 日，德国国家氢委员会发布《德国氢行动计划 2021—2025》，为实施国家氢战略提出了包括绿氢获取在内的 80 项措施。

美国碳达峰、碳中和经历了 80 年的调整。1949 年至 2007 年，美国能源消耗产生的二氧化碳排放量稳定增长，2007 年为美国能源消耗的碳排放达峰年。1949 年，美国能源消耗产生的二氧化碳为 22.07 亿吨，此后，美国能源消耗二氧化碳排放数量持续增长，2007 年，美国能源消耗排放的二氧化碳 60.03 亿吨，此后逐渐降低。2019 年为 51.46 亿吨，低于 1993 年水平。2020 年，受新冠肺炎疫情冲击，美国能源消耗产生的二氧化碳排放量减少到 45.74 亿吨，比 2019 年下降 11%。

美国调整能源消费结构。2019 年，美国水力发电、风能、太阳能、地热能、木柴等构成的可再生能源首次超过煤炭，成为石油、天然气之外的第三大能源，考虑核能规模，非化石能源占美国一次能源消费总量的 20%。2020 年美国能源消费中的天然气占比 40%，可再生能源为 21%，核电为 19%，煤炭只占 19%。

美国碳中和政策日渐清晰。美国前总统特朗普 2017 年 6 月宣布退出《巴黎气候协定》。2020 年 11 月 4 日，美国退出该协定。2021 年 1 月 20 日，拜登宣布重新加入《巴黎协定》。到 2035 年，美国通过向可再生能源过渡实现无碳发电；到 2050 年，美国实现碳中和。拜登政府计划拿出 2 万亿美元，投资基础设施、清洁能源等重点领域。2021年8月10日，美国国会参议院通过总额约1万亿美元的跨党派基础设施投资法案，为现有联邦公共工程项目提供资金，5年内新增约5500亿美元用于修建道路、桥梁等交通基础设施，电动车充电站建设、更新完善供水系统、电网和宽带网络等。

日本《全球变暖对策推进法》2022年4月施行。日本地方政府有义务设定利用可再生能源的具体目标。地方政府为扩大利用太阳能等可再生能源制定鼓励制度。到2050年实现碳中和，力争2030年度温室气体排放量比2013年度减少46%，并朝着减少50%的目标努力。为实现2050年碳中和目标，日本政府2020年发布"绿色增长战略"，将在海上风力发电、电动车、氢能源、航运业、航空业、住宅建筑等14个重点领域推进温室气体减排。

2020年7月，苹果公司宣布在全球运营中取得碳中和。同时公司计划到2030年，在整个业务、生产供应链和产品生命周期实现碳中和。新承诺意味着到2030年，每部售出的Apple设备都不会造成任何气候影响。

（二）我国"双碳"行动

习近平主席作出的碳达峰碳中和庄严承诺是中国基于推动构建人类命运共同体的责任担当和实现可持续发展的内在要求而作出的重大战略决策。习近平主席指出：中国承诺实现从碳达峰到碳中和的时间，远远短于发达国家所用时间。

我国积极推动碳达峰碳中和。党中央、国务院多次召开会议研究部署碳达峰碳中和工作。国家发展改革委、自然资源部、生态环境部、农业农村部、文化旅游部、住房和城乡建设部、交通运输部等均出台各自的减碳节能政策与管理办法，全面推动碳汇、碳减排与碳交易，以及碳达峰碳中和等重点工作。北京、上海、广东、浙江、吉林、河南、山西、辽宁等省区市在政府工作报告中提出相关内容。其中，上海、北京和海南等提出率先实现碳达峰。中国已成立碳达峰碳中和工作领导小组，正制定碳达峰碳中和的时间表、路线图，推出"1＋N"政策体系，作为顶层设计，其涉及碳达峰碳中和的各领域、各行业政策措施。

辽宁省印发《辽宁省自然资源和林业草原管理部门碳达峰碳中和行动清单》，对风电、光伏等项目给予用地倾斜。支持海洋能产业发展，拓展海洋能应用领域，推进海洋能装备向稳定发电转变。制定渔光互补用海管理相关政策，推动渔业养殖与光伏发电用海相结合的用海模式。

河北省发改委于2021年7月19日发布的《河北省氢能产业发展"十四五"规划》中提出，到2022年，基本形成涵盖氢能产业全链条的技术研发、检验检测体系；突破规模化纯水、海水电解制氢设备的集成设计及制造技术，开发高压车载储氢系统，研制制/加氢站关键设备，突破核心技术；到 2025 年，基本掌握高效低成本的氢气制取、储运、加注和燃料电池等关键技术，显著降低应用成本。

新疆维吾尔自治区发展改革委发布的《关于进一步明确非电网直供电价格政策有关事宜的通知（征求意见稿）》，鼓励参与电力市场交易的非电网供电主体将降价红利传导至终端用户。天津市实施不低于 400 兆瓦新型储能项目，推动天津市储能设施建设发展，支撑天津电力碳达峰碳中和先行示范区建设。世界最大、亚洲首座海上换流站在江苏如东安装成功，国内首个百万千瓦级海上风电场在广东省阳江市沙扒镇南海海域吊装成功。长庆油田建成亚洲陆上最大页岩油水平井平台，为规模化动用页岩油储量提供了样板。

在行业层面，钢铁、有色金属等行业协会就推动碳达峰及减碳提出初步考虑，多个行业协会在推动碳达峰相关举措的研究。

根据《巴黎协定》要求，缔约国需向联合国提交各自 5 年期更新国家自主贡献（NDCs）和国家长期低排放战略（LEDs）。我国具备 2030 年碳达峰的信心，也面临提交国家长期低排放战略的现实需求。做好碳达峰碳中和的工作，要与"第二个百年目标"相结合，要与国家、中长期经济规划相呼应。

为实现减碳与经济融合发展，我国各地区碳达峰碳中和政策要与经济发展、金融创新相适应，要与经济增长的能源需求相匹配。各地区要积极应对金融风险，着力化解碳达峰碳中和带来的国际贸易冲突。要大力创新碳金融产品，更好地服务碳达峰碳中和行动计划。

六、碳达峰碳中和理论

碳达峰碳中和目标是习近平主席 2020 年向全世界作出的庄严承诺，我国必须在 2030 年、2060 年两个时间全部如期实现目标。各省份、各城市在推进过程中，既要避免悲观主义、等待思想，也要防止"大跃进""运动式""一刀切"，要避免官僚主义和形式主义，深入研究碳达峰碳中和的理论基础、内在机制以及决策依据。通过理论体系的分析丰富，减少决策的盲目性和随意性，科学确定碳达峰碳中和的时间、进度、施工图与情景图，促进高水平管控与引导各省份、重点城市、主要行业、重大项目及碳交易规则与市场，健全完善碳汇、碳补偿激励措施，持续推动全国范围内有序实现"双碳"奋斗目标。

总体来看，与碳达峰碳中和相关的理论，主要有：

"两山"理念。"既要绿水青山又要金山银山"理念，强调在发展中保护，在保护中发展，在发展过程中，当发展与生态环境保护出现矛盾时，牺牲粗放发展也要保护生态环境、优先解决人类代际公平问题。碳达峰碳中和既是我国对世界作出的承诺，也是生态发展的必然选择，更是"两山"理念的战略实施图谱，是建设美丽中国的重要内容。

系统观念。系统观念是基础性的思想和工作方法，是应用系统思维分析事物的本质和内在联系，从整体上把握事物发展规律的方法，是马克思主义哲学提供的科学思想方法和工作方法。碳达峰碳中和涉及全球、国家、城市、行业、政府、园区、企业、社区、家庭以及个人的方方面面，是一个复杂而庞大的系统，需要各个方面的参与，需要各种资源要素的配置以及规则机制的驱动才能最终实现。

生态经济学理论。生态经济学是生态学与经济学交叉发展的新兴边缘学科。生态经济学的目的，是根据生态学和经济学的原理，从生态规律和经济规律结合的视角，研究人类经济活动与自然生态环境的关系。它是研究社会物质资料生产正常进行的经济系统和自然界的生态系统之间的对立统一关系的学科，是既从生态学的角度研究经济活动的影响，又从经济学的角度研究生态系统和经济系统，对两方面相结合形成的更高层次的复杂系统即生态经济系统的结构、功能及其规律进行研究的学科。它研究的主要问题有：探讨人类社会经济与地球生物圈的关系，包括粮食匮乏、能源短缺、自然资源耗竭和环境污染；研究自然生态系统的维持能力与国民经济的关系，为制定符合生态经济规律的社会经济综合发展战略提供科学依据；研究森林、草原、农业、水域和城市等各主要生态经济系统的结构、功能和综合效益问题；研究基本经济实体同生态环境的相互作用的问题。生态经济学的形成和发展体现了当代自然科学和社会科学走向综合统一科学体系的趋势。

供给侧理论。供给侧结构性改革的核心内涵是有效制度供给问题，是以有效制度供给支持结构优化，激活全要素生产率，引领"新常态"。碳达峰碳中和的过程中存在各个方面的供应和需求、政策与激励、补贴与补偿、供求调整以及供给侧的结构持续优化等。

"345模型"理论。运用国合华夏城市规划研究院创新提出的"345模型"作为规划编制与实践测量的理论依据，通过针对国家、省份、城市和行业等碳达峰碳中和进行"问题导向、目标导向、需求导向"的系统诊断，评析并确定当前存在的主要问题、发展基础和希望达到的奋斗目标；统筹全球趋势、国家战略及区域优势等，研判并确定"有高度、有宽度、有亮度、有精度"的国家和区域性碳达峰碳中和规划目标，并制订实施"系统性、前瞻性、层次性、操作性和规范性"的行动计划与路线图，推动实现碳达峰碳中和总体目标。

可持续发展理论。从资本的角度，所有人类社会的发展和财富价值创造都可以看作是由物质资本、自然资本、人力资本和社会资本四类资本决定的。其中物质资本（厂房、机器、现金及运输工具等人造资本）和自然资本（矿产、森林、土地、水及大气等生态环境要素）是极其重要的两类资本。自然资本是可持续发展的基础，物质资本使可持续发展得以实现。这四大资本之间存在着动态的互补性和替代性。碳达峰碳中和涉及四大资本的核算、估值、确认、交易以及补偿等各环节和相关领域。

全球治理理论。全球治理理论是为满足世界多极化趋势而提出的对全球政治经济事务进行共同管理协调的理论。全球治理的基本特征：一是以全球治理机制为基础，而不是以正式的政府权威为基础。二是全球治理存在由不同层次的行为体和运动构成的复杂结构，强调行为者的多元化和多样性。三是全球治理的方式是参与、谈判和协调，强调程序的基本原则与实质的基本原则同等重要。四是全球治理与全球秩序之间存在紧密的联系，全球秩序包含全球政治不同发展阶段中的常规化安排，其中一些安排是基础性的，而另一些则是程序化的。碳达峰碳中和需要全球各国政府、国际组织、行业机构等联合推动和实施。

交易成本理论。交易成本理论是用比较制度分析方法研究经济组织制度的理论。它是英国经济学家罗纳德·哈里·科斯（R. H. Coase）1937 年在论文"论企业的性质"中提出来的。它的基本思路是：围绕交易费用节约这一中心，把交易作为分析单位，找出区分不同交易的特征因素，分析什么样的交易应该用什么样的体制组织来协调。碳补偿、碳交易就是运用交易成本理论，推动各参与国家、经济实体与其他参与方通过各种成本的定价、交易与补偿等获得公用交易规则条件下的碳补偿、碳排放权。

信息不对称理论。信息不对称理论指在市场经济活动中，各类人员对有关信息的了解是有差异的。掌握信息比较充分的人员处于比较有利的地位，信息匮乏的人员处于比较不利的地位。全球各国的碳达峰碳中和推进过程中，存在信息的时间、空间不对称，以及交易对象目标和发展阶段的不平衡，需要通过某些机制和规则逐步规范与优化。

一般均衡理论。是理论性的微观经济学的分支，寻求在整体经济的框架内解释生产、消费和价格。一般均衡指经济中存在着这样一套价格系统，它能够使（1）每个消费者都能在给定价格下提供自己所拥有的投入要素，并在各自的预算约束下购买产品来达到自己的消费效用最大化；（2）每个企业都会在给定价格下决定其产量和对投入的需求，达到其利润的最大化；（3）每个市场（产品市场和要素市场）都会在这套价格体系下达到总供给与总需求的均衡。当经济具备上述这样的条件时，就是一般均衡状态。这套价格体系就是一般均衡价格。碳汇的定价、生态产品价值核算等都符合这一理论。

能量守恒定律。即热力学第一定律，指在一个封闭（孤立）系统内总能量保持不变。其中总能量一般来说已不再只是动能与势能之和，而是静止能量（固有能量）、动能、势能三者的总量。能量守恒定律可以表述为：一个系统的总能量的改变只能等于传入或者传出该系统的能量的多少。总能量为系统的机械能、热能及除热能以外的任何内能形式的总和。

高质量发展理论。高质量发展是一种发展理念、发展方式、发展战略，是以质量为价值导向，以发展为主线，是经济发展理论的重大创新，是习近平新时代中国特色社会主义经济思想的重要内容，是能够产生更大福利效应的发展观。它突出以人为核心，强调产业结构优化、能源资源优化、产业与环境协调，探索并推动居民、产业、城市、生活、环境、资源等的协调性、绿色化和可持续性。

通过对上述理论的深入研究、实践应用与优化提升，可以系统诊断、发现各地区、各行业碳达峰碳中和规划定位与具体目标的缺陷或偏差，自我诊断长期规划与重大决策的失误，进行自我纠正与提升，统筹经济发展、碳达峰碳中和的相互关系，推进实现人、产、城、环境、资源等多维度融合、均衡、协同与动态调整，不断构建与打造高质量发展基准的碳达峰碳中和目标树、路线图和效果图。

七、典型案例

（一）澳大利亚"气候主动"行动与碳中和认证

"气候主动"是澳大利亚政府与澳大利亚企业之间持续不断的合作伙伴关系，目的是推动自愿性气候行动。该行动代表了澳大利亚为测量、减少和抵消碳排放量而作出的集体努力，以减少对环境的负面影响。该行动包括按照相关碳中和标准进行的"气候主动"认证和实现的碳中和声明。

为实现碳中和，计算其活动产生的温室气体排放量，如燃料或电力使用。通过投资新技术或改变其运行方式减少碳排放。通过购买碳补偿抵消多余的排放。碳补偿量是通过防止、减少或消除温室气体排放到大气中的活动而产生的。当组织购买的抵消量等于产生的排放量时，就是碳中和的。

通过认证的组织获得使用气候主动标志的许可证。碳中和认证由气候主动组织负责运行，已获得欧盟委员会和世界银行认可。截至2020年，已获得认证数量超过130份。

任何计划采取积极的气候行动的组织，无论规模大小或何种行业，都可以通过气候主动认证。该认证证明组织的品牌已实现净零排放。气候主动认证适用于组织、产品、服务、活动、建筑物、行政区域，获得认证需要通过如下六步。

步骤1：签订和维护许可协议。签订许可协议确认组织致力于实现碳中和并使组织了解自身的认证义务。许可协议持续两年，但是，组织有机会每年重新承诺并达成新协议。

步骤2：计算排放量。依据标准，计算所有的排放量。设定基准年以便进行排放的对比。

步骤3：制定和实施减排战略。认证的关键组成部分是在抵消前进行减排。减排战略确定了组织计划开展的活动，以减少在规定期间内的排放。组织需要报告每年的排放，并确定减排活动在其中作出了贡献。

步骤4：购买抵消量。购买抵消量是为了补偿不能减少或避免的排放量。气候主动行动仅允许满足严格标准的抵消量，以确保做到真正的减排。

步骤5：安排独立验证。独立验证有助于提高碳中和声明的可信性。独立验证包括数据审核、定期碳中和声明的技术评估等。

步骤6：发布公开声明。该声明使感兴趣的相关方可查验，确保透明性，有助于建立公众对声明的信任。认证要求每年发布声明。

气候主动碳中和标准与相关国际标准相协调，由澳大利亚政府监督管理，满足标准的要求是开展认证的核心。该碳中和标准适用于组织、产品和服务、活动、建筑、行政区域，提供如何测量、减少、抵消、验证和报告排放的指南和最低要求，详细提供碳中和声明和认证指导，并提供符合条件的碳抵消信用额度，如澳大利亚碳信用额度（ACCUs），符合CDM和黄金标准的碳信用等。

（二）英国碳中和行动计划

英国2019年6月在新修订的《气候变化法案》中明确，到2050年实现温室气体"净零排放"的目标。世界上第一个碳中和规范（PAS 2060）是英国标准学会（BSI）2010 年发布的，英国是世界上最早开始实践碳中和的国家。英国政府也制定碳中和指南，其中实现碳中和的步骤为：碳排放核算、碳减排、抵消。

在实施方面，碳信托公司负责对各类组织、产品、活动提供符合 PAS 2060 的标准认证。认证表明该组织致力于可持续发展和减少碳排放，并支持环境项目。符合严格的碳中和标准的各类组织和场所可以获得碳中和证书。特定产品或服务可以获得碳中和产品证书，在产品上可以使用证书标识。在碳抵消方面，碳信托仅认可将黄金标准（Gold Standard）、自愿碳标准（VCS）和《英国林地减碳守则》（*Woodland Code UK*）的碳信用额度用于抵消。

（三）法国碳中和行动

为实现《巴黎气候协定》，法国咨询公司"碳4"（Carbone 4）2018 年提出净零倡议项目，汇集各种行业和规模的 9 家公司作为合作伙伴参与。该倡议成立了高级别独立技术委员会，提供技术支持（如技术方法等）和行动建议。该倡议目标是在气候行动方面，通过搭建最佳框架和方法学，鼓励合作伙伴和其他愿意接受挑战目标的组织开展实际行动，实现气候中性的全球目标。

与其他国家碳中和项目（行动）不同，该倡议的主要原则认为碳中和（或净零）仅指达到排放和清除平衡的全球目标，而不适用于组织。组织只能通过减排（或增加碳汇）促进实现全球碳中和。其他原则还包括：将"对全球气候中性的贡献"的概念扩大到包括低碳产品和服务的营销；碳融资可以促进可避免的排放或负排放，但不能去抵消组织的运营排放。这是国际上第一次将减少其他组织排放、碳金融引入碳中和项目中。

基于以上原则，组织应采取以下行动：

- 减少直接和间接排放；
- 减少其他组织的排放：
  - 通过营销低碳解决方案（在某些条件下）；
  - 通过为其产业链之外的低碳项目进行融资。
- 为了促进全球移除量的增加，必须增加碳汇：
  - 通过在其运营和产业链中开发碳汇项目；
  - 通过为其产业链之外的碳封存项目进行融资。

每项行动由三部分组成，即核算、设定减排目标、动态管理和报告。针对这些行动，该倡议主要是推荐已有的标准规范或方法学。汇总见表 1-1。

表 1 - 1　碳中和行动标准规范

组织的行动	核算	设定减排目标	动态管理和报告
减少直接和间接排放	(1) 法国环境与能源控制署的方法（Bilan Carbone） (2) ISO 14064/14069 (3) GHG protocol	非营利机构科学碳目标（SBT）开发的方法	低碳转型评估方法（ACT，由法国环境与能源控制署和 CDP 联合开发）
减少其他组织的排放	(1) ISO 14064 系列 (2) 黄金标准 (3) VERRA 的标准	正在讨论	正在讨论
增加碳汇	(1) ISO 14064 系列 (2) GHG protocol (3) 黄金标准 (4) VERRA 的标准 (5) Plan Vivo 的标准	(1) SBT 开发的方法 (2) 净零倡议方法 (3) 未来开发的方法	(1) 净零倡议方法 (2) 未来开发的方法

（四）联合国发布首份《企业碳中和路径图》

联合国全球契约组织发布《企业碳中和路径图》（*Corporate Net Zero Pathway*）界定了企业在制定碳中和路线图时的三大环节，包括碳基线盘查、减排目标设定及减排举措设计，系统梳理了国际通行的衡量标准。报告清晰规划了各行业企业适用的九大关键举措，指导企业全产业链＋全生命周期"零碳良性循环"，包括：盘查并设定净零目标、优化运营能效、增加业务运营中可再生能源的使用、使用绿色建筑、倡导绿色工作方式、助力供应链脱碳、设计可持续产品、采用下游绿色物流服务、推出助力其他行业脱碳的产品及服务。

除了引导企业实施碳中和具体路径，报告分析了交通运输等六大能源使用侧排放密集的基础设施行业，并通过全球先进企业实践案例分析激励企业付诸实践。报告展望了氢能与燃料电池技术等九大气候技术投资方向，引领商业向善、构筑碳中和投融资未来。报告强调，公共和私营部门的合作被普遍认同成为各国和全球碳减排目标实现的关键，不同行业的企业在弥补各国承诺减碳水平与客观现实的差距方面能够也应当发挥核心作用。

（五）沙特建设零碳城市

沙特宣布，将打造首座"零碳城市"，这一计划不仅能解决城市污染问题，实现可持续发展，也有助于沙特实现经济多元化。这座新城的最大亮点就是"零汽车、零公路、零碳排放和人工智能"。按照设计规划，新城围绕 170 千米长的社区带，建造住宅、生活设施、医疗机构、娱乐设施等，能为 100 万名居民提供"百分百的清洁能源"。与传统城市相比，这里没有汽车，"可步行性"将成为新城的生活定义，步行五分钟可到达学校、医院、休闲设施等日常所需地点。即使要"出远门"，也可通过超高速交通工具解决，花费时间不超过 20 分钟。新城将保留超过 95％ 的原有自然景观，并通过人工智能等技术，实现人与城市的交互。

第 二 章

CHAPTER 2

我国碳排放全景图

我国经济近几十年来进入了快速发展的新阶段。与之相伴随的问题是单位GDP能耗偏高,碳排放总量持续扩大,已经成为当前制约我国经济可持续发展的紧要而亟待解决的重大难题。健全绿色低碳循环发展经济体系,促进经济社会发展全面绿色转型,是解决我国资源环境生态问题的基础之策。

一、碳排放困惑与挑战

气候温室效应、二氧化碳排放总量控制是全球面临的难点和重点,也是各国全力推动的具有重大影响的事项。

从全球能源结构看,与美日等发达国家相比,我国碳减排任务繁重,清洁能源的节能技术和成果应用还不成熟,总体规模偏小。当前,美国、欧盟等发达国家已完成工业化、城镇化进程,基本实现了制造业总规模降低和项目外迁,其服务业占比较大。我国仍处于快速工业化、城镇化进程中,工业制造占比高,导致能源需求总量大,抑制能源总量、优化能源结构,实现碳减排目标的压力很大。西方发达国家以非煤能源为主,我国尽管风能、光伏、水利发电等规模处于全球领先,但生产工艺仍以煤为主,单位能耗占比偏高。

从各地各行业对碳达峰的误区看,一些地方政府、行业、企业或居民个人对于"碳达峰""碳中和"存在不少的误区:误区一:碳中和主要是工业节能和生态补偿;误区二:"共同但有区别责任原则"将不再适用;误区三:碳中和将显著延缓经济社会发展;误区四:负排放技术是碳中和的终极解决方案;误区五:基于自然的解决方案是碳中和的主要路径;误区六:我国碳总量控制制度难以真正落实。

从我国能源存量来看,煤炭和石油消费量分别高达40亿吨和7亿吨左右,我国生产需要的煤矿、油田、运输通道等能源供应系统,我国电力、钢铁、建材、有色、化工、汽车、采暖、空调等能源消费行业,以及道路、桥梁、飞机、汽车等重大基础设施和交通工具,目前多数使用煤炭、石油等传统燃料,新能源占比过小,到2030年实现碳达峰、2060年实现碳中和的总体形势严峻。

从人均GDP数据来看,我国人均GDP远低于欧美发达国家,我国农村与城市供暖、空调、汽车、公共设施等民生服务需求缺口较大,需要持续补齐短板弱项,需要新增能源需求,加大了各地区实现碳达峰碳中和的难度。

从电力系统结构看,我国发电系统的火电占比高,新能源技术还不完善,集中式风电、光伏等发电侧随机性、波动性大。在用电侧,大量分布式新能源接入后，用电负荷预测准确性下降，导致用户侧完全不可控，有待尽快实现技术突破。

二、碳排放压力与传导机制

近年来，全球都在积极控制气候变暖，大力推动碳汇、碳减排与碳封存工作，积极开展能源结构与产业结构调整工作。

为推动能源结构转型，欧盟积极提高能源效率，大力发展可再生能源，推动发展清洁、安全、互联的交通，鼓励发展竞争性产业和循环经济，协同推动基础设施建设和互联互通，发展生物经济和天然碳汇，发展碳捕获和储存技术，力争解决剩余排放等重大问题。2021 年 7 月 14 日，欧盟委员会公布碳边境关税政策提案，计划向他国征收碳排放进口关税，这对我国国际贸易环境带来极大的挑战。欧盟碳边境调节机制包括重塑国际贸易、增加碳成本等。为尽早实现碳中和目标，欧洲议会 2021 年 3 月 10 日通过《关于欧盟碳边境调节机制（CBAM）的决议》，自 2023 年将覆盖电力、水泥、钢铁、铝、炼油、造纸、玻璃、化工和肥料等高能耗产业，纳入欧盟碳交易系统的所有产品受欧盟碳边境调节机制约束。该机制的主要目的是，推动不同市场碳成本达到统一，推进国际贸易公平竞争，但其中夹杂了很多政治因素，有可能演化成贸易摩擦，削弱低成本产品国家或地区竞争力。

为推动碳达峰碳中和工作，全国各地全面融入经济社会发展中长期规划，加强国家发展规划、国土空间规划、专项规划、区域规划和地方规划之间的衔接协调，加快构建绿色低碳循环发展的经济体系，加快形成绿色生产生活方式。以节能降碳为导向，深度调整产业结构，推动能源、钢铁、有色金属、石化化工、建材等产业绿色低碳改造，构建绿色制造体系。坚决遏制"两高"项目盲目发展，不符合要求的坚决拿下来。加快推进建筑和交通低碳发展，推进城乡建设和管理模式低碳转型。加强绿色低碳科技创新，推进低碳、零碳、负碳和储能新材料、新技术、新装备攻关。推进共建"一带一路"绿色发展，健全法规标准和政策保障体系，构建与碳达峰碳中和相适应的投融资政策体系，加快碳排放权、用能权交易市场建设。加大气候变化及低碳社会教育，增强社会公众绿色低碳意识，反对奢侈浪费，鼓励绿色出行，营造绿色低碳生活新风尚。

从全国各地碳排放情况看，多数省份已经将碳减排纳入"十四五"规划目标，并且在制订或者已经出台实施计划。各地高碳行业或煤炭开采业务规模过大，不少省份财政实力较弱，难以承担碳转型的成本。随着全国减碳控制能耗指标下达和碳达峰任务的全面推进，一些不可再生能源投资可能成为废弃的资产，内蒙古、陕西、山西、山东、河北等产煤用煤大省的长期债务和或有负债负担可能加大。这些地区财政短期内很难承受或者化解碳达峰过程中的政策性、行业性损失。如何规避这些难题，是各省份需要积极研究和统筹布局的重大决策。同时，相关用煤企业的业务拓展、市场经营和资金状况等也存在重大风险。需要统筹规划并协同推进减碳与社会稳定工作，减少大规模失业或贷款风险。

从产业结构调整趋势看，各地区应严格控制单位能耗，有计划地抑制煤电、钢铁、建材等高耗能重化工业的产能，严控相关产业新项目上马。积极推广先进节能技术，提高能效，严控高耗能项目新增产能，大力发展再生能源、规模化储能、新能源汽车、绿色建筑、清洁供暖、碳捕集封存利用（CCUS）等绿色低碳产业，鼓励源头减碳，大力发展数字经济、人工智能等高新科技产业和现代服务业。积极优化光伏发电等能源基础设施，推动重点区域和行业碳排放率先达峰。持续完善能源价格、碳价、财税、绿色投融资等激励政策，健全"全国一盘棋"的战略布局，加强国际交流与开放协同，尽快打造全过程、全周期的绿色循环发展新格局。

充分发挥企业碳减排主体作用，加大碳指标管理与碳交易服务，通过市场机制倒逼企业核算减排成本，促进减排从"被动"转为"主动"，倡导打造低碳零碳企业。加大建材、服装等出口碳排放管理（目前我国出口纺织品碳排放量1.54千克/美元，欧盟出口纺织碳排放量仅0.24千克/美元，我国的差距较大）。鼓励企业组建碳资产管理机构，开展碳排放统计核算、盘查等工作，推动企业参与碳排放交易。

借鉴并推广联合国可持续发展目标"负责任消费"，倡导全民参与"碳达峰碳中和"，鼓励企业、个人等参与减碳活动，减少浪费性的消费，杜绝粮食浪费和餐桌上的浪费，减少生产、生活中的碳排放。

三、我国低碳发展路线图

总体来看，按照经济部门类型，碳排放源可以分为五类：电力与热力部门、工业部门、交运部门、建筑部门、其他部门。其中，电力/热力行业碳排放占比41.6%，制造业碳排放占比23.2%，交运行业碳排放占比16.2%，这三个行业加起来碳排放占比超过80%。分析日本等国家低碳推进路线，有助于我国制定碳达峰碳中和的图谱与场景图。

2020 年 10 月，日本政府宣布"2050 年实现碳中和"目标。日本经济产业省制定了《绿色增长战略》，目标在于促进研发、减少日本温室气体排放，引领全球绿色产业。日本《绿色增长战略》在 14 个部门明确了绿色增长战略指引，主要分为三类。

- 运输和制造业：电动汽车和电池，半导体、信息通信技术（ICT），海事，物流和人员流动等基础设施，食品、农林渔业，航空，以及碳回收。

- 家居和办公：建筑、资源循环以及生活方式相关的行业。

- 能源：海上风电、燃料氨、核电、氢能。其中，氢是最新的清洁能源。在 14 个绿色增长部门中，氢能处于开发最初阶段。日本公司在氢涡轮燃烧技术领域，处于世界领先地位。

近十多年来，我国积极推动绿色、低碳和可持续发展，取得了显著成效。2016 年 11 月，国务院出台《"十三五"控制温室气体排放工作方案》提出，要从低碳引领能源革命、打造低碳产业体系、推动城镇化低碳发展、加快区域低碳发展、建设和运行全国碳排放权交易市场、加强低碳科技创新、强化基础能力支撑和广泛开展国际合作等 8 个方面控制温室气体排放，力争到 2020 年，单位国内生产总值二氧化碳排放比 2015 年下降 18%，碳排放总量得到有效控制。非二氧化碳温室气体控排力度进一步加大。碳汇能力显著增强。应对气候变化法律法规体系初步建立，低碳试点示范不断深化，公众低碳意识明显提升。截至 2019 年，中国单位国内生产总值二氧化碳排放比 2005 年降低了 48.1%，超额完成了 2030 年森林碳汇目标。

"十三五"时期，我国工业节能减排取得显著成效。2016—2019 年，我国规模以上企业单位工业增加值能耗累计下降超过 15%，相当于节能 4.8 亿吨标准煤，节约能源成本超过 4000 亿元，单位工业增加值二氧化碳排放量累计下降超过 18%。我国能源结构调整成效显著。

目前，我国可再生能源装机容量占全球的 30% 左右，水电、风电、光伏发电装机容量均居世界首位。煤炭在一次能源消费中占比大幅下降，从 2012 年占比68.5% 下降到 2020 年的 56.8%。2020 年，我国碳强度较 2005 年降低约 48.4%，非化石能源占一次能源消费比重达 15.9%，风电、光伏并网装机分别达到 2.8 亿千瓦、2.5 亿千瓦，合计为 5.3 亿千瓦，约占总发电装机的 25.7%，连续 8 年成为全球可再生能源投资第一大国。我国提出，到 2030 年非化石能源占一次能源消费比重将达到25%左右，森林蓄积量将比2005年增加60亿立方米，风电、太阳能发电总装机容量将达到12亿千瓦以上。

2021年2月，国务院印发《关于加快建立健全绿色低碳循环发展经济体系的指导意见》，要求全方位全过程推行绿色生产、绿色流通、绿色生活、绿色消费等，统筹推进高质量发展和高水平保护，确保实现碳达峰碳中和目标，推动我国绿色发展迈上新台阶。生态环境部2021年印发《关于统筹和加强应对气候变化与生态环境保护相关工作的指导意见》提出，"围绕落实二氧化碳排放达峰目标与碳中和愿景，统筹推进应对气候变化与生态环境保护相关工作，加强顶层设计""把降碳作为源头治理的'牛鼻子'，协同控制温室气体与污染物排放"。

我国积极推动科技创新和技术转化，实施节能减排和能源消费结构调整，单位国内生产总值二氧化碳排放（碳强度）持续下降。截至2019年，碳强度较2005年降低约48.1%，非化石能源占能源消费比重达15.3%，提前完成向国际社会承诺的2020年目标。通过实施能源革命战略，可再生能源领域专利数、投资、装机和发电量连续多年稳居全球第一，风电、光伏的装机规模均占全球的30%以上，新能源汽车产量超过全球一半，绿色建筑占城镇新建民用建筑比例达到60%左右。

经过多年调整，我国煤炭能源消费总量占比从2016年的62%降至2020年的56.8%，5年占比下降5.2个百分点。"十三五"期间，全国累计退出煤矿5500处左右，退出落后煤炭产能10亿吨/年以上，煤矿数量减少到4700处以下。

四、零碳发展与碳金融探索

（一）零碳发展思路

随着全球碳中和号角的吹响，各国传统用能技术、工艺、设备将发生极大的变革，生产、生活和办公等脱碳化成为未来趋势。世界范围内，高效用电技术、能源智慧化技术、新能源汽车、高效热泵、绿色照明、零碳建筑、零碳钢铁、零碳水泥等脱碳化技术与产品的快速推广，对制造工艺、产业、就业和生活消费等产生深远影响，也会对生产企业、金融信用乃至绿色金融创新等带来颠覆性的变化。

习近平总书记2021年3月15日主持召开中央财经委员会第九次会议并强调，要坚定不移贯彻新发展理念，坚持系统观念，处理好发展和减排、整体和局部、短期和中长期的关系，以经济社会发展全面绿色转型为引领，以能源绿色低碳发展为关键，加快形成节约资源和保护环境的产业结构、生产方式、生活方式、空间格局，坚定不移走生态优先、绿色低碳的高质量发展道路。要坚持全国统筹，强化顶层设计，发挥制度优势，压实各方责任，根据各地实际分类施策。把节约能源资源放在首位，实行全面节约战略，倡导简约适度、绿色低碳生活方式。坚持政府和市场两手发力，强化科技和制度创新，深化能源和相关领域改革，形成有效的激励约束机制。加强国际交流合作，统筹国内国际能源资源。加强风险识别和管控，处理好减污降碳和能源安全、产业链供应链安全、粮食安全、群众正常生活的关系。

为有序实现碳达峰碳中和目标，国家部委全面推进编制 2030 年前碳达峰行动方案，编制重点领域、重点行业碳达峰行动实施方案，尽快形成碳达峰碳中和"1＋N"政策体系。各级政府统筹规划碳达峰碳中和与经济社会发展和生态文明建设等目标体系，加强与国家发展规划、国土空间规划、专项规划、区域规划和地方规划的衔接协调，积极构建绿色低碳循环发展的经济体系，推动能源、钢铁、有色、石化化工、建材等产业绿色低碳零碳改造，禁止新上高能耗、高排放项目。优先发展风能、太阳能，严控煤电项目；大力发展绿色建筑和低碳交通，优化交通运输结构，提高新能源汽车消费比重。持续构建绿色技术创新体系，推进低碳、零碳、负碳和储能新材料、新技术、新装备攻关和推广应用。支持亚非等"一带一路"沿线国家开发利用绿色低碳和可再生能源。主动拓展与碳达峰碳中和相适应的投融资、财税、价格、绿色金融等政策体系，完善碳定价机制，健全全国碳排放权、用能权交易市场。

"十四五"时期，全国积极推动碳达峰碳中和重大行动方案。国家部委，北京、上海、浙江、广东、山东等各省市，各协会等立足各自实际，研究并进行顶层设计，大力推动部委系统、各地碳达峰碳中和行动方案制订。国家发展改革委编制 2030 年前碳排放达峰行动方案，明确重点行业和领域碳达峰实施方案，落实碳达峰碳中和的时间表、路线图、施工图。各省市、各行业全面启动碳达峰行动方案。

（二）碳金融的实践探索

我国仍处于工业化和城市化发展的中后期，预计"十四五"时期能源总需求还会持续增长。我国从碳达峰到碳中和只有 30 年左右的时间，意味着温室气体减排的难度和力度比发达国家大得多。为推动碳减排工作，我国在 2008 年北京奥运会上，就倡导实施科技奥运、绿色奥运等。2010 年联合国气候变化天津会议、2014 年北京 APEC 会议、2016 年二十国集团杭州峰会等试点采取了低碳、零碳等建筑、装修、交通、能源供给等示范项目。国家部委、各地政府、产业园、大型企业和社会组织等开办会议、展览会、音乐节、电影节、马拉松、婚礼、企业出行等，开始试行碳中和公益性活动。生态环境部 2019 年 6 月发布《大型活动"碳中和"实施指南（试行）》，规范了大型活动的碳中和实施。该实施指南将"碳中和"定义为"通过购买碳配额、碳信用的方式或通过新建林业项目产生碳汇量的方式抵消大型活动的温室气体排放量。"指南规定，如采用获取碳配额或碳信用的中和方式，碳中和实现的时间不得晚于大型活动结束后 1 年内。

国家和地方"十四五"规划纲要均积极强化绿色约束性指标，推动碳达峰实现。2020 年 10 月，生态环境部、国家发展改革委等联合印发《关于促进应对气候变化投融资的指导意见》，提出强化金融政策支持，支持和激励各类金融机构开发气候友好型的绿色金融产品。各地区推动构建绿色低碳循环金融服务体系。2020 年 12 月，生态环境部发布《碳排放权交易管理办法（试行）》，印发配套的配额分配方案和重点排放单位名单。科技部多次调度《科技支撑碳达峰碳中和行动方案》编制工作，要求加强前沿颠覆性技术研发，围绕重点方向开展长期攻关；加强现有绿色低碳技术推广应用，支撑产业绿色化转型。2021 年，生态环境部陆续发布排放报告、核查、登记、交易、结算等配套文件，7 月 16 日启动全国碳市场交易。2021 年 2 月，国务院印发《关于加快建立健全绿色低碳循环发展经济体系的指导意见》，要求全方位全过程推行绿色生产、绿色流通、绿色生活、绿色消费等，统筹推进高质量发展和高水平保护，确保实现碳达峰碳中和目标，推动我国绿色发展迈上新台阶。2021 年 4 月，中国人民银行等联合发布《绿色债券支持项目目录（2021 年版）》，目录删除了涉及煤炭等化石能源生产和清洁利用的项目类别。国家能源局提出 2021 年能源领域的主要预期目标，明确了煤炭消费比重将下降到 56% 以下，电能占终端能源消费比重力争达到 28% 左右。

我国各种大型赛事、企业等鼓励使用碳减排技术。2022 年北京冬奥会冰上场馆首次使用了清洁低碳的二氧化碳跨临界直冷制冰技术；创造性利用夏奥场馆，实现"水冰转换""陆冰转换"。各地激励企事业单位自觉节能降碳。浙江强化金融支持碳达峰碳中和措施，建立信贷支持绿色低碳发展的正面清单，支持省级"零碳"试点单位和低碳工业园区的低碳项目，支持高碳企业低碳化转型。浙江省临安"临碳"数智大脑系统针对工业企业科学降碳等场景应用，全链条分析减碳路径。格力电器与清华大学联合研发的"零碳源"空调技术实现节能 85.7%。

各地居民积极参与低碳零碳生活。中央财经委员会第九次会议指出："要倡导绿色低碳生活，反对奢侈浪费，鼓励绿色出行，营造绿色低碳生活新时尚。"湖北省十堰市张湾区居民洗菜水和洗衣水储存用来拖地，买菜时带上菜篮子。

我国绿色金融发展持续推进。截至 2021 年第一季度，全国本外币绿色贷款余额 13 万亿元，同比增长 24.6%，高于同期各项贷款增速 12.3 个百分点。绿色信贷的环境效益逐步显现。2020 年，绿色信贷支持节约标准煤超过 3.2 亿吨，减排二氧化碳当量超过 7.3 亿吨。2020 年 4 月基础设施领域不动产投资信托基金试点启动以来，国家发展改革委和地方发改部门充分发挥投资项目管理经验优势，积极采取有效措施，推动基础设施 REITs 试点顺利开展。国家发展改革委印发《关于进一步做好基础设施领域不动产投资信托基金（REITs）试点工作的通知》，合理调整扩大试点范围。6 月 21 日，首批 9 单基础设施 REITs 产品挂牌上市，9 个项目发售基金规模 314 亿元，扣除偿还债务、缴纳税费、按规则回购份额后，用于新增投资的净回收资金约 149 亿元，可带动新项目总投资超过 1700 亿元。

（三）央企的碳达峰探索

国务院国资委采取四条具体措施，推进央企碳达峰目标的实现：

一是推进产业结构的绿色低碳转型。强化中央企业"十四五"规划的绿色低碳发展部署，发展壮大绿色低碳产业，推动传统产业的低碳改造，坚决遏制高耗能、高排放项目的盲目建设。

二是稳步推进能源结构优化。指导中央企业严格控制化石能源的消费，积极发展非化石能源，因地制宜地开发水能，加快发展风电、光伏发电，积极有序发展核电。

三是推进能源资源高效集约利用，推动中央企业持续强化能源消费总量和强度"双控"，强化节能管理和目标责任考核，实施节能低碳技术改造，加强能效对标达标，持续推进煤炭绿色利用。

四是推进绿色低碳技术的应用。组织中央企业加强低碳零碳负碳的科技攻关，引领带动绿色低碳技术的突破，布局风电、核电、氢能、新能源汽车等绿色低碳技术装备攻关任务，推进智能电网、储能、氢能、碳捕集等技术研发应用。

五、典型案例

（一）湖北省制订近零碳排放区示范工程实施方案

近零碳排放区示范工程指在一定区域范围内，通过能源、产业、建筑、交通、废弃物处理、生态等多领域技术措施的集成应用和管理机制的创新实践，实现该区域内碳排放快速降低并逐步趋近零的综合性示范工程。湖北省颁布推进《近零碳排放区示范工程实施方案》。

一、总体要求

（一）指导思想

以习近平新时代中国特色社会主义思想为指导，深入贯彻党的十九大和十九届二中、三中、四中全会精神和习近平生态文明思想，落实习近平总书记考察湖北重要讲话精神，紧紧围绕统筹推进"五位一体"总体布局和协调推进"四个全面"战略布局，坚持新发展理念，坚持生态优先、绿色发展，坚持以机制创新促进生态文明制度改革，全面深化各类低碳试点示范，因地制宜、循序渐进推进近零碳排放区示范工程建设，积极探索近零碳发展模式，努力开创湖北绿色、低碳、可持续发展新格局，为"美丽湖北"建设提供有力支撑。

（二）基本原则

——重点突破，循序渐进。以现有工作基础的城镇、园区、社区、校园、商业等试点区域为突破口，积累经验，逐步扩大试点范围，开展其他领域近零碳排放区示范工程建设，多领域多层次推动"近零碳"发展。

——因地制宜，突出特色。引导各地充分考虑气候特征、能源禀赋、发展水平等因素，科学编制方案，制定建设目标，探索因地制宜、特色鲜明、系统集成的"近零碳"发展模式。

——技术引领，机制创新。在产业、能源、交通、建筑、消费、生态等领域，推进近零碳技术产品的综合集成应用和创新示范。围绕示范工程建设需求，推进投融资、准入、核查、信息披露、考核评估等管理机制创新。

——政府引导，市场运作。建立生态环境部门主导下的跨部门协调机制，引导地方针对不同类型的示范工程出台"政策包"，形成政策合力。完善配套激励政策，吸引和撬动更多社会资本投入示范工程建设，形成社会合力。

（三）工作目标

到2020年底，选择若干有代表性的城镇、园区、社区、校园及商业场所，组织开展首批示范工程项目建设。到 2022 年底，完成首批示范工程项目建设，推进近零碳排放技术创新研发与应用，组织对试点地区实施效果进行动态跟踪评价。研究制订全省碳普惠制实施方案，探索建立全省统一的碳普惠制推广平台。到 2025 年底，宣传推广全省近零碳排放区建设经验，在全社会各行业领域引领近零碳排放发展新风尚，形成中部地区、长江经济带乃至全国可复制、可推广的样板。

二、主要任务

（一）探索绿色低碳发展新机制。全面系统推进能源、产业、建筑、交通及公共基础设施等领域低碳发展，从源头上减少二氧化碳排放。增加森林、农业、湿地等直接碳汇，通过碳减排交易、碳普惠等途径间接增加碳汇，实现碳中和。通过示范工程建设，探索绿色低碳发展的有效路径，推动全省碳排放早日达峰。

（二）打造绿色技术创新新载体。推进能源、工业、农林业、建筑、交通、废弃物处理等各领域减碳增汇技术的综合运用，引导试点区域在绿色技术创新与政策管理创新上协同发力。鼓励不同类型试点区域探索"高校+园区+社区"的联动创新模式，把近零碳排放区建成绿色技术创新的综合示范区、集聚区。

（三）构建产业转型升级新模式。加速试点区域新旧动能转换，推动传统支柱产业绿色化转型、生态化升级，实现近零碳排放。以试点区域为载体，培育节能环保、新能源装备、低碳认证、碳资产管理等新业态，吸引先进科技、人才和经营模式，形成绿色低碳产业集群。

（四）培育绿色生产生活新风尚。通过园区、社区、校园、商场、饭店等近零碳排放区示范创建，进一步健全绿色生产生活激励约束机制，推动协同控制温室气体排放和污染防治，降低能耗、物耗及废物产生，实现生产系统和生活系统循环链接。

三、重点工作

（一）近零碳城镇试点。在已有国家低碳城市（镇）、省级低碳城市试点，优选 1—2 个城镇开展近零碳试点。着力实施近零碳产业示范、近零碳建筑示范、近零碳交通示范、近零碳能源示范、近零碳生活示范五大工程，以削减碳排放总量、控制人均碳排放量为目标，形成体系完备的近零碳城镇模式。

（二）近零碳园区试点。在高新技术产业园区、循环化改造支持园区及环境综合治理托管服务模式园区，优选 2—3 个园区开展近零碳试点。高新技术产业园区近零碳试点，着重打造先进制造业产业集群、示范推广碳捕集、利用和封存

（CCUS）技术及开展低碳产品认证，协同推进创新发展和绿色低碳发展。循环化改造支持园区近零碳试点，着重优化园区空间布局、严格实行低碳门槛管理、构建循环经济产业链及合理控制工业过程排放，推进减碳治污协同增效。环境综合治理托管服务模式园区试点，着重将碳排放核算、节能诊断纳入托管服务范畴，逐步建立节能降碳与生态环境协同治理机制。不同类型园区均以单位工业增加值碳排放和碳排放总量稳步下降为主要目标，形成各具特色的近零碳园区模式。

（三）近零碳社区试点。在已有城市、农村低碳社区，各优选1—2个社区开展近零碳试点。城市社区近零碳试点以削减碳排放总量、控制居民人均碳排放量为目标，着重发展绿色建筑、建设低碳交通、能源和水资源利用系统、实施生活垃圾分类、利用碳普惠平台践行低碳行为及提升碳资产管理能力。农村社区近零碳试点以形成绿色生产生活方式为目标，着重实施近零碳农产品、近零碳休闲农业和乡村旅游工程，推行农村生活垃圾收集分类、生活污水治理、厕所革命等，鼓励贫困村通过开展林业、湿地、光伏、沼气等碳汇或碳减排交易助力巩固脱贫成效。

（四）近零碳校园试点。优选2—3家学校开展近零碳排放区示范工程建设。着力将近零碳理念融入学校教育、技术创新、规划、基础设施建设、运营管理及考核评价，以削减碳排放总量、控制师生人均碳排放量为目标，形成多层次的近零碳校园模式。

（五）近零碳商业试点。在国家绿色商场、绿色饭店、5A级旅游景区，各优选1—2个开展近零碳试点。商场近零碳试点着重推进设施设备低碳化改造、健全商场绿色采购、绿色供应链体系。饭店近零碳试点着重推动建筑节能改造、能耗监测系统建设及实行垃圾分类和水资源回收利用。景区近零碳试点着重推广使用清洁能源、发展低碳旅游交通、推进旅游厕所革命及开发碳汇项目。引导试点商场、饭店、景区通过购买碳配额、碳信用、林业碳汇等方式，抵消运营产生的碳排放量，以逐步实现碳中和为主要目标，形成多类型的近零碳商业模式。

四、保障措施

（一）建立工作机制。在省应对气候变化及节能减排工作领导小组的框架内，进一步加强组织保障，由省生态环境厅负责统筹协调全省近零碳排放区示范工程建设工作。明确部门职责，促进相关部门分工协作、相互配合、信息共享、形成合力，共同推动近零碳排放区示范工程建设各项工作。充分发挥市（州、直管市、林区）的积极性、主动性、创造性，落实相关政策，鼓励项目申报，推动项目实施。

（二）强化资金扶持。统筹省级低碳试点发展专项资金，积极支持近零碳排放区示范工程建设、碳普惠项目开发。引导有关地区加大试点建设投入力度，用于支持试点项目建设。规范运用政府和社会资本合作（PPP）模式等项目投资、建设、运营机制，充分发挥政府资金杠杆作用，带动社会资本投入。以碳金融创新为核心，积极开发绿色信贷、绿色债券、绿色基金、绿色保险等各类绿色金融工具，探索一批可持续、可推广的气候投融资模式，引导金融资本投入试点项目建设。

（三）建设人才队伍。加强碳排放统计核算、考核评估、新闻宣传、战略与政策等相关业务人员的培养，着力开展相关部门、地方工作人员近零碳专题培训，建立专业素养过硬、知识体系完善的工作队伍。依托应对气候变化"南南合作培训基地"、全国碳交易能力建设培训中心，推动建立近零碳培训基地。依托高校和科研院所，以近零碳重大专项研究、国内外学术交流合作项目为平台，组建高层次专家团队。发挥低碳专业服务机构作用，培养一批碳核查、碳资产管理专业服务人才。

（四）强化宣传教育。借助网络平台，加强政务微信公众号、小程序等载体建设，搭建公众教育宣传平台，传播绿色低碳、"近零碳"理念，积极宣传国家、省近零碳发展政策，普及相关科学知识。完善我省近零碳排放区示范工程相关政策信息发布制度，增强决策透明度。

（五）推进方案落实。高度重视试点工作，建立目标责任分解机制，确保各项工作任务落实。将试点工作纳入对各市（州、直管市、林区）年度控制温室气体排放目标责任考核的加分内容。

五、实施步骤

（一）试点申报阶段（2020年）

1. 明确试点范围。优先在城镇、园区、社区、校园及商业等五个领域开展近零碳排放区示范工程试点，明晰试点边界，明确实施主体。

2. 组织试点申报。坚持省级统筹、市州推动，在全省开展近零碳排放区示范工程试点项目征集工作，以各级行政主管部门、管委会、居委会、村委会、开发商或物业公司等为申报对象，鼓励基础较好、意愿较强特别是已开展相关低碳试点示范的实施主体申报。编制出台《湖北省近零碳排放区示范工程试点建设指南》，为项目申报提供指导和依据。

3. 遴选试点项目。组织专家对申报项目进行评估、论证，遴选一批特色鲜明、指标设置科学、有复制推广价值的试点项目。

（二）试点建设阶段（2021—2022 年）

1. 推动项目实施。指导、推动试点单位结合各自近零碳试点项目特点，开展碳排放核算，设定主要目标，优选技术路线，制订建设方案，按期完成相关建设与改造工程，确保达效。

2. 强化技术支撑。完善技术创新机制，推进近零碳技术创新研发、应用及示范。依托第三方机构，提供方案编制、试点建设等技术支撑。依托碳核查、科研机构，开发适用于试点项目历史碳排放、碳足迹核算及投产后碳排放预估的方法学，为设定目标、选取技术路线提供数据支持。

3. 开展碳普惠制度研究。制订全省碳普惠制实施方案，推进碳普惠平台建设。建立基于碳普惠制的商业激励机制，鼓励相关企业、金融机构开发碳信用卡、碳积分、碳币等碳普惠金融产品，支持试点项目实现碳中和。

4. 建立动态跟踪评价机制。制定评价指标体系，明确评价标准，指导各有关地区围绕近零碳排放区示范工程建设开展动态跟踪评价，科学评估试点实施效果。

（三）总结评估阶段（2023—2025 年）

1. 拓宽试点领域。扩大试点范围，开展后续批次近零碳排放区示范工程，打造近零碳发展样板。

2. 开展总结评估。组成验收小组，及时开展试点项目验收，考核评估碳排放目标、项目建设任务完成情况。定期召开试点经验交流会。充分发挥示范带动作用，扩大试点成果在全省、长江经济带乃至全国范围内的影响力。

（二）天风证券首单碳中和专项债发行成功

碳金融创新是实现地方政府、园区和企业碳达峰碳中和的重要手段。而碳中和专项债券是重要的碳金融工具。

国能租赁是国家能源集团资本控股有限公司的下属公司，截至 2020 年底，国能租赁业务规模达到 201.27 亿元，存量业务规模首次突破 200 亿元，2020 年新增业务投放首次突破 100 亿元。

2021 年 7 月 14 日，"天风—国能租赁 2021 年 1 期绿色资产支持专项计划（专项用于碳中和）"（以下简称"国能绿色 1 期"）设立，发行规模为 9.84 亿元人民币。这是天风证券（601162）继联合媒体高校共同发布证券期货行业首份

《促进"碳达峰·碳中和"行动倡议书》及《行动方案》之后完成的首单专项用于风电项目建设的碳中和专项债。天风证券以金融责任为担当，积极落实国家发展战略，广泛动员行业共同践行绿色金融，为社会创造价值。

"国能绿色1期"的优先级分为优先A1级资产支持证券、优先A2级资产支持证券两个品种，评级均为AAA级，在产品层面设置了多种信用增级措施。募集取得资金的70%拟全部用于风力发电领域。

国能租赁围绕集团公司"新能源500万＋"计划，强化战略导向，推动与风电光伏产业布局有效融合，加强金融服务，创新融资融物模式，将新建项目的"资金需求"和融资租赁的"资金供给"深入匹配，在碳达峰碳中和的战略目标下，凭借产融结合优势，促进产业结构调整和工业绿色转型。绿色ABS作为新型债务融资工具得到了证监会及交易所的支持。天风证券通过在绿色金融产品的战略布局，在绿色金融方面具备领先优势。未来，天风证券将继续走绿色发展道路，助推绿色金融发展。

第三章

CHAPTER 3

我国碳达峰痛点与图谱

基于双碳目标的首要任务是尽早推动实现碳达峰，尽快核定我国二氧化碳排放总量，为 2060 年顺利实现碳中和奠定基础。因此，解读全球趋势和国家政策，分析我国和各地碳排放现状，找到问题和挑战，进而确定碳达峰的实现路径与措施尤为重要。

一、我国碳排放现状与挑战

从行业能耗水平看，煤电、钢铁、建材、石化等高耗能行业消耗了全国约 49% 的能源。2021 年第一季度，全国多个省能耗强度上升，个别省份能耗增速超过 20%，这说明各地高耗能产业的路径依赖严重。

目前，我国人均 GDP 1 万美元左右，预计 2050 年，我国人均 GDP 超过 4 万美元。人均 GDP 达到现行水平的 4 倍，每年增长 4.7%，这就需要大量的能源供给。从能耗水平看，2019 年，我国万元 GDP 能耗约 0.519 吨标准煤，同期发达国家万元 GDP 能耗为 0.1—0.2 吨标准煤，两者差距约 5 倍。

为推动钢铁产业节能减排，2019 年 4 月 29 日，生态环境部、国家发展改革委等联合发布《关于推进实施钢铁行业超低排放的意见》提出：到 2020 年底前，重点区域钢铁企业力争 60% 左右产能完成改造；到 2025 年底前，重点区域钢铁企业超低排放改造基本完成，全国力争 80% 以上产能完成改造。据统计，目前，全国 237 家企业约 6.5 亿吨粗钢产能实施了超低排放改造，占全国粗钢产能的 61% 左右。其中，首钢迁钢、首钢京唐、太钢集团等 12 家钢铁企业约 8400 万吨粗钢产能完成了全流程改造和评估监测、5 家企业完成部分改造与评估监测。

实现碳达峰碳中和目标，需要进行产业结构、能源结构、交通结构与建筑结构调整等，需要推进煤电供给由电力系统基础负荷电源向调节电源转变。

当前，我国煤电机组平均服役时间超过 10 多年，大规模的可再生能源替代可能导致机组提早关停，产生大量的搁浅成本，以及制造工艺、设备等替代成本，现有技术还不成熟，多数制造企业难以承受相关成本。

我国多数产业是高耗能、高排放、低效能。据测算，我国二产增加值占国内生产总值比重近 40%，二产能源利用率偏低，能耗占全国能源消费总量约 70%，碳排放占全国总量约 80%，这是制约工业减碳目标实现的最大难题。

二、我国何时碳达峰

（一）全球碳达峰碳中和难题

总体分析，全球实现碳达峰碳中和目标，须解决四大难题：一是统筹处理经济增长—能源消费—温室减排的关系，二是统筹规划能源消费结构与能源供应体系，三是正确化解环境治理、碳减排与经济成本的矛盾，四是参与国内碳减排碳交易及全球碳交易规则与补偿机制。

按照全球人均 GDP 达 1.1 万美元标准，世界 80% 以上人口处于该标准之下，全球 50% 左右人口处于中下或低收入水平。联合国在设定人类发展指数时，将人均能源消费 100 吉焦列为参考参数之一。2019 年，全球人均一次能源消费为 75.7 吉焦，全球约 80% 的人口生活在人均能源消费低于 100 吉焦的国家和地区，其中，非洲处于能源消费的赤贫状态。因此，如何处理经济发展与贫困人口的矛盾，是世界各国必须解决的重大难题。

（二）我国碳达峰测算

按照"碳排放量 = 碳排放强度 × GDP"，实现碳达峰需要做到碳排放强度降低带来的减排量足以抵消经济增长带来的碳排放增量。

按照"2035 年实现经济总量或人均收入翻一番"等经济指标测算，我国 2021—2035 年平均 GDP 增速超过 4.7%，为实现经济增长目标，需要降低碳排放强度。预计未来 10 年年均碳排放强度下降 4% 左右，2030—2060 年碳排放强度降幅保持在 4% 以上。我国"十三五"期间碳排放强度年均降幅低于 4%，需进一步降低碳排放水平。根据"到 2030 年，中国单位国内生产总值二氧化碳排放将比 2005 年下降 65% 以上"的承诺，以及"2005 年我国每万元 GDP 排放二氧化碳（碳排放强度）为 3.3 吨"，测算 2030 年每万元 GDP 排放二氧化碳在 1.1 吨以下。根据"到 2035 年实现经济总量或人均收入翻一番"的目标，预计 2030 年 GDP 规模为 103 万亿元（2005 年不变价）左右，估算 2030 年碳达峰时碳排放峰值约 113 亿吨。

"十四五"规划纲要指出，到 2025 年单位国内生产总值二氧化碳排放降低 18%，据此预计"十四五"时期碳排放量从 2020 年的 100 亿吨增加到 108 亿吨左右，"十五五"时期将增加约 5 亿吨，2030 年以后碳排放增量控制在零的水平。

（三）我国碳达峰时间表、路线图

由于碳达峰是碳中和的前提，达峰越早、峰值越低，碳中和代价越小、效益越大。为实现碳达峰，关键是控制化石能源消费总量，减少煤炭和油气消费，降低能源消耗产生的碳排放。同时，大力发展清洁能源，加快压控煤炭消费总量，降低油气消费增速，提高清洁能源比重。

为实现碳达峰，可以采取如下推进路径：

（1）编制碳达峰碳中和行动方案，坚持全国统筹，强化顶层设计，压实各方责任，统筹国内国际能源资源，全面推进"2030年前碳达峰"。

（2）积极压控煤电和终端用煤，实现煤电达峰，主动压减东中部低效煤电，优先布局西部和北部地区煤电，实现东部地区率先碳达峰。实施煤电灵活性改造，提升调峰能力，减少煤电的电源使用，促进清洁能源发展。

（3）进一步压控油气消费增速，实施电能替代工程，降低油气消费增长速度。大力推广工业、交通和建筑业等领域电锅炉、电动汽车、港口岸电、电采暖和电炊具等新技术、新设备的应用，鼓励发展电制氢、电制合成燃料，推进清洁电能替代油气，有计划地控制终端油气消费。

（4）大力发展清洁能源。加快建设西北部地区太阳能发电、风电基地和西南水电基地，积极发展分布式清洁能源、海上风电与潮汐能，加快特高压电网建设，尽快推进解决弃水、弃风、弃光等难点。

（5）实现能源高效化，提高清洁能源发电效率，降低火电机组煤耗。推广先进用能技术和智能控制技术，提升钢铁、化工、水泥等行业用能效率。

关于我国碳达峰时间表，国合华夏城市规划研究院和中国碳中和研究院课题组研究之后预测，按照2030年碳达峰预测，我国碳排放总量可能超过120亿吨，人均碳排放预计超过8.5吨，预计2030年我国碳排放强度较2005年下降68%左右，到2050年碳排放总量预计降到2010年前排放水平。若出现重大技术突破，以及全国各地强力推进减碳行动，我国能源消费碳排放量可能在2026年前后提早达峰，峰值约106亿吨CO_2当量，到2050年碳排放总量将回落到2005年前碳排放水平。如果中国2060年全面实现碳中和，将降低或延缓全球温度0.3摄氏度。

三、我国碳达峰的政策

世界各国积极推进碳达峰碳中和。从2005年开始，美国颁布《能源政策法案》《能源独立和安全法案》等，要求销售的车用燃料中添加生物燃料，设定到2022年消费360亿加仑可再生燃料的目标，明确以石油为基础的汽油或柴油的炼油厂或进口商，必须履行可再生燃料义务数量。2018年，美国加州颁布法案，宣布到2045年加州将实现电力100%由清洁能源供应，完全放弃煤电等传统化石能源。加州推动立法，计划2022年禁止全州新建房屋使用天然气，转用电能，成为全美第一个不使用天然气的州。

2019 年生态环境部发布《大型活动碳中和实施指南（试行）》，鼓励大型活动组织者依据本指南对大型活动实施碳中和，并主动公开相关信息，接受政府主管部门指导和社会监督。鼓励大型活动参与者参加碳中和活动。国家《"十四五"循环经济发展规划》指出，"推进工业余压余热、废水废气废液的资源化利用，实现绿色低碳循环发展，积极推广集中供气供热"。

2021 年 3 月 15 日，习近平总书记主持召开中央财经委员会第九次会议，研究实现碳达峰碳中和的基本思路和主要举措，会议明确了碳达峰碳中和工作的定位，为做好碳达峰谋划了清晰的"施工图"。

2021 年 1 月发布的《关于全面推行林长制的意见》规定："坚定贯彻新发展理念，根据党中央、国务院决策部署，按照山水林田湖草系统治理要求，在全国全面推行林长制，明确地方党政领导干部保护发展森林草原资源目标责任，构建党政同责、属地负责、部门协同、源头治理、全域覆盖的长效机制，加快推进生态文明和美丽中国建设"。2021 年 4 月 23 日，国家能源局印发《2021 年能源工作指导意见》，提出"2021 年煤炭消费比重下降到 56% 以下，新增电能替代电量 2000 亿千瓦时左右，电能占终端能源消费比重力争达到 28% 左右。深入推进煤炭消费总量控制，加强散煤治理，推动煤炭清洁高效利用。大力推广高效节能技术，支持传统领域节能改造升级，推进节能标准制修订，推动重点领域和新基建领域能效提升"。

2020 年 11 月发布的《关于进一步加强煤炭资源开发环境影响评价管理的通知》指出，经批准的煤炭矿区总体规划，是煤矿项目核准、建设、生产的基本依据。发展改革（能源主管）部门在组织编制煤炭矿区总体规划时，应坚持"生态优先、绿色发展"的理念，根据法律法规要求，同步组织开展规划环评工作，编制环境影响报告书。

2021 年 10 月 24 日，中共中央、国务院印发的《关于完整准确全面贯彻新发展理念做好碳达峰碳中和工作的意见》提出"全国统筹、节约优先、双轮驱动、内外畅通、防范风险"的工作原则，确立了到 2025 年单位国内生产总值能耗比 2020 年下降 13.5%，单位国内生产总值二氧化碳排放比 2020 年下降 18%；非化石能源消费比重达到 20% 左右。同时确立了 2030 年、2060 年主要目标。2021 年 10 月 24 日，国务院《关于 2030 年前碳达峰行动方案》进一步明确了 2025 年主要目标以及未来十年重点任务包括：能源绿色低碳转型行动、节能降碳增效行动、工业领域碳达峰行动、城市建设碳达峰行动、交通运输绿色低碳行动、循环经济助力降碳行动、绿色低碳科技创新行动、碳汇能力巩固提升行动、绿色低碳全民行动、各地区梯次有序碳达峰行动。

国家六部门联合发布的《关于开展第二批智能光伏试点示范的通知》提出，支持培育一批智能光伏示范企业，包括能够提供先进、成熟的智能光伏产品、服务、系统平台或整体解决方案的企业。支持建设一批智能光伏示范项目，包括应用智能光伏产品，融合大数据、互联网和人工智能，为用户提供智能光伏服务的项目。

国家发展改革委推进编制 2030 年前碳排放达峰行动方案，研究制订电力、钢铁、有色金属、石化化工、建材、建筑、交通等行业和领域碳达峰实施方案，积极谋划绿色低碳科技攻关、碳汇能力巩固提升等保障方案，进一步明确碳达峰碳中和的时间表、路线图、施工图。

四、我国碳达峰的拐点

从全国碳达峰拐点看，我国碳达峰拐点在 2030 年，并且有可能提前实现碳达峰。当前，我国单位 GDP 二氧化碳排放量、清洁能源比重、森林蓄积量、太阳能发电装机量等指标与 2030 年碳达峰的目标值差距不小，要完成全国碳达峰，未来 10 年大力发展新能源汽车、风电、光伏、氢能、储能等低碳零碳产业，相关装备、工控系统、大数据、绿色终端产品等有海量需求。

从零碳交通建设看，加快新能源汽车和氢燃料电池生产与产品推广，大力构建绿色节能的交通运输模式，鼓励生物燃料、氢气、航空和海运电气化等重大技术突破，鼓励居民供暖和重型卡车等领域"煤改气""油改气"，鼓励使用生物甲烷和氢气，探索采取 CCUS 技术，实现低碳零碳经济发展。

从区域碳达峰规划看，全国各省份，包括山西、内蒙古、河北、山东等各省市区均把碳达峰作为核心工作，积极推进碳汇、碳减排等实践探索。各地区、各城市坚持推动产业结构、能源结构等调整，大力实施控煤减碳计划，持续推动电力行业和重点园区率先碳达峰，相应减少碳排放，倡导零碳办公和低碳生活，确保 2030 年全面实现碳达峰。北京市 2021 年对外宣布提前实现了碳达峰目标，正在全面推进碳中和，有望提前实现碳中和目标。

五、我国碳达峰图谱

关于碳达峰推进图，李克强总理指出，"扎实做好碳达峰碳中和各项工作。

制订 2030 年前碳排放达峰行动方案。优化产业结构和能源结构。推动煤炭清洁高效利用，大力发展新能源，在确保安全的前提下积极有序发展核电。扩大环境保护、节能节水等企业所得税优惠目录范围，促进新型节能环保技术、装备和产品研发应用，培育壮大节能环保产业。加快建设全国用能权、碳排放权交易市场，完善能源消费双控制度。实施金融支持绿色低碳发展专项政策，设立碳减排支持工具"。

"十四五"时期，全国各地区推进碳达峰的七大主要工作如下：

一是构建清洁低碳安全高效的能源体系，控制化石能源总量，着力提高利用效能，实施可再生能源替代行动，深化电力体制改革，构建以新能源为主体的新型电力系统。

二是实施重点行业领域减污降碳行动，推进绿色制造，建筑领域要提升节能标准，交通领域要加快形成绿色低碳运输方式。

三是推动绿色低碳技术实现重大突破，抓紧部署低碳前沿技术研究，加快推广应用减污降碳技术，建立完善绿色低碳技术评估、交易体系和科技创新服务平台。

四是完善绿色低碳政策和市场体系，完善能源"双控"制度，完善有利于绿色低碳发展的财税、价格、金融、土地、政府采购等政策，加快推进碳排放权交易，积极发展绿色金融。

五是倡导绿色低碳生活，反对奢侈浪费，鼓励绿色出行，营造绿色低碳生活新时尚。

六是提升生态碳汇能力，强化国土空间规划和用途管控，有效发挥森林、草原、湿地、海洋、土壤、冻土的固碳作用，提升生态系统碳汇增量。

七是加强应对气候变化国际合作，推进国际规则标准制定，建设绿色丝绸之路。

我国各省份、各城市积极创新碳达峰图谱，研究编制碳达峰行动方案，统筹推进调整产业结构、节能提高能效、优化能源结构、增加生态碳汇等降碳路径，严格控制高耗能项目新增产能，积极发展可再生能源、规模化储能、新能源汽车、绿色建筑、清洁供暖、碳捕集封存利用（CCUS）等绿色低碳新技术新产业，持续提升资源循环利用效率，推动源头减碳，优化重大能源基础设施布局，防范碳锁定风险，推动重点区域和行业碳排放率先达峰，完善能源价格、碳价、财税、绿色投融资等激励政策，健全全国和区域统筹协调工作机制，加强国际合作交流等。

为推进制造业碳达峰，各地相继编制制造业碳达峰行动方案，有序推进工业减碳实施路径，全面开展降碳重大示范工程，创新重大节能降碳技术，加强非二氧化碳等温室气体管控，确保 2030 年前工业实现碳达峰。

各地区、各城市以国家碳达峰碳中和政策为引领，结合各地经济与产业要求，统筹碳减排与经济民生重大项目，推动经济增长方式、能源系统、消费模式的转型，大力创新低碳技术，提高可再生能源发电、生物能源与碳捕集、封存与利用技术、氢能技术、负碳技术等投资力度，进一步发挥碳市场的激励和约束机制，防范气候转型风险，在保障能源和产品供应安全的前提下，做好经济转型的风险监测、评估和调整等工作，防范社会不稳定因素，确保经济高质量发展与碳达峰目标均衡实现。

六、典型案例

欧洲打造零碳城市

2020 年，施耐德电气集团主席兼首席执行官赵国华和 Enel 集团首席执行官兼总经理 Francesco Starace 在世界经济论坛（WEF）共同发起"系统效率倡议：净零碳城市"——施耐德电气和 Enel 集团，力争到 2030 年实现全球 100 个城市的"净零碳排放"转型。

2021 年，作为倡议的首个成果，施耐德电气联合世界经济论坛发布《净零碳城市：综合方法》的洞察报告，提出以"全系统节能增效"的解决之道来逐步实现"净零碳"城市的目标。这一综合方法的实施机制包括清洁电气化、智能数字技术、高效节能建筑和基础设施，以及针对水、废物和材料的循环经济方法。

第一，推进清洁电气化。城市用能来自交通、工业、暖通乃至生活、生产。推动建筑和交通等主要用电部分使用电力作为能源介质，推进清洁电气化，有助于实现全系统节能增效。清洁电气化使以前相互独立或小幅度互动的多部门的电网实现一体化。通过清洁电气化，能源、付款和信息通过建筑、交通和电网流动，使需求响应方案、使用时间和分区定价，以及储能服务成为可能。

第二，打造智慧能源基础设施。智慧能源基础设施（包括发电、分布式能源、电线、供热和制冷网络、智能电表、智能充电及其他设施）是城市运行的基础。为实现净零碳，推动从单一的、以化石能源为主体的集中式电力系统，发展为灵活、安全、智慧的综合能源系统。以高水平的可再生能源和更稳健、更数字化、更具弹性的电网为基础，通过类似"毛细血管"的微电网延伸到各社区，实现对分布式能源的最大化利用。

施耐德电气打造以电网建模和仿真分析为基础的数字孪生电力系统网络，以底层互联互通的设备为基础，通过边缘层提供电力运行数据和设备运行数据，构建设备加电力系统的完整电力模型。同时，依托第三层，包括传统的电力分析及ETap的专业的电力网络的分析能力，为客户提供以数字孪生电力系统为依托，面向未来的电力系统，从而在设计和建造过程中，实现一网通用，实时更新。

第三，打造超节能建筑。互联互通的超节能建筑将高性能低碳建材与电力系统、分布式能源、智能管理系统相结合，最大限度提高能效。依托超节能建筑的先进设计，利用屋顶太阳能等分布式能源，优化建筑中电动汽车的电力来源。通过建筑管理系统和需求聚合商，提供电网柔性和其他服务，降低成本。

第 四 章

CHAPTER 4

我国碳中和图谱

到 2060 年，实现全国范围的零碳排放，是一项宏大的工程。为完成这一目标，需要把握机遇和挑战，测算碳中和的拐点和机制，描绘碳中和的图谱，构建大数据平台与体系，开展重点城市、重点地区试点，推动全国各地、各行业实现总体碳中和。

一、我国碳中和机遇与挑战

（一）基于碳中和目标的发展机遇

我国 2060 年实现碳中和，是党中央、国务院确定的重大战略。实现这个长远目标，存在技术创新、产业转型、能源优化等多方面的发展机遇。

从工业转型看，工业低碳化助力碳中和。工业二氧化碳排放量主要聚集在钢铁、有色、石化、化工、造纸、水泥等传统行业。国家大力推动传统高耗能高排放行业降低能耗、减少排放，鼓励发展新材料、新技术、新工艺、清洁设备等清洁生产，为实现碳中和目标提供了新机会。

从能源结构调整看，能源清洁化助力碳中和。我国积极推动发展光伏、风电、海洋潮汐以及生物质能等，提高新能源、清洁能源在能源结构中的占比，大幅减少煤电，为减碳、碳汇提供了新机遇。

从交通结构调整看，交通智能化循环化助力碳中和。为降低交通运输业的二氧化碳排放，《新能源汽车产业发展规划（2021—2035 年)》规定，到 2025 年新能源车渗透率预计将升至 20% 左右，到 2035 年纯电动车成为新销售车辆的主流。近年来，国家大力发展新能源汽车，我国连续多年居全球新能源汽车市场第一位，但渗透率为 5% 左右，交通电动化、智能化为新能源汽车及上游"三电"、氢能、材料、设备、充电桩等带来巨大的发展机遇。

从建筑结构调整看，建筑绿色化助力碳中和。为推动建筑行业实现碳中和，我国鼓励打造绿色建筑，推动在建筑物的生命周期内，最大限度地节约资源、保护环境，提高空间使用效率，积极试点既有建筑的节能低碳改造又有按照更高的绿色标准建造的新建筑，为行业技术应用带来了新机遇。

从碳封存发展趋势看，碳移除核心技术突破助力碳中和。我国积极推动农业与制造产业等碳中和，加大森林碳移除（碳汇），大力开展植树造林、退耕还林还草、防止沙漠化等，大力提升森林覆盖率，增强植物对二氧化碳等温室气体的吸收能力，大力推动工业制造再循环利用以及减碳技术应用，积极推动碳捕获、使用和储存（CCUS）等碳移除技术，为减碳活动提供了新机遇。

（二）实现碳中和的主要挑战

我国全面实现"2060碳中和"，需要应对诸多挑战，主要表现在：经济持续增长需要的能源增量与碳减排的矛盾与压力，高碳行业转移海外的空间越来越小，以及发达国家碳关税的阻力和冲击，清洁能源、绿色能源替代的技术壁垒及可行性与能源总量持续扩大的矛盾。

具体分析，2060年实现全国碳中和目标，需要克服如下挑战：一是碳排放总量较大。我国作为世界第二大经济体，用能需求大，目前能源结构以煤为主，降低碳排放和"双高"控制难度大。二是碳减排任务重。我国处于工业化和城镇化快速发展阶段，高碳的能源结构和产业结构路径依赖强，短时间内缺少成熟的碳减排技术及工艺。三是资源环境要素趋紧。我国碳减排涉及气温升高、能源、经济、社会、环境与民生等领域，需要海量的资金与减碳技术突破，转型压力较大。

（三）碳中和实施的扫描图

实现全国范围的碳中和目标，可以采取统筹协调的措施：围绕工业转型"牛鼻子"，依托能源革命，以工业碳减排为重点，积极推动清洁能源替代煤电，发展终端能源消费电气化，鼓励试行碳捕获与封存、植树造林等移除大气二氧化碳新技术，完善充电桩等新型基础设施建设，扶持低碳设备和减排技术，鼓励绿色办公与零碳生活新模式。

二、我国何时碳中和

（一）碳中和的国际研究

根据国际能源署（IEA）《2020能源技术展望》报告，在"可持续发展情景"下，全球能源系统将在2070年全面实现净零排放。在低碳发电技术部署加速的情况下，全球在2050年全面实现净零排放。

欧盟1979年已经实现碳达峰，20世纪90年代开始碳排放下降。为全面推进碳中和目标，欧盟采取了一系列引导政策与措施：推进数字工业，发展清洁能源，开展绿色交通，鼓励发展循环经济，积极提升建筑节能水平。

欧盟制定了2050年排放量较2019年减少90%的目标，鼓励发展新能源车，停止化石燃料的补贴，将排放权交易扩展到海事部门，建立完善的道路收费制度。发展循环经济，重点扶持电子和通信、电池和汽车、包装、塑料、纺织品、建筑、食物等产业的资源利用和再利用。开展建筑节能，推动能源供应体系改造。

研究欧盟推进碳中和的具体措施，主要借鉴的是：通过产业海外转移降低碳排放；发布和国际接轨的碳交易、碳排放核准等政策，重塑工业和能源结构；发展零碳建筑、零碳或负碳农业，增加碳汇，减少碳排放；优化碳交易供求关系，规范碳交易市场管理。

（二）我国碳中和的实现图谱

国合华夏城市规划研究院认为，"十四五"时期，探索推进零碳城市、零碳园区建设，将有少数服务型、低能耗、生态型的城市或者县域经济提前实现碳达峰，开始进入碳中和推进的阶段。2060 年全国将如期实现碳中和，其中，北京、上海、威海、汉中等生态覆盖率高的地区，可能在 2055 年前，提前实现区域性碳中和目标。

三、我国碳中和的政策机制

（一）国家层面的碳中和政策

我国以"3060"承诺为主要目标，全面推动国家与各地碳中和政策与体系建设。如果每个人每年中和掉 7 吨二氧化碳，就能使中国实现碳中和的目标。

党的十九届五中全会作出"能源资源配置更加合理，利用效率大幅提高，主要污染物排放总量持续减少，生态环境持续改善"的决策部署。2020 年 12 月中央经济工作会议要求，抓紧制订 2030 年前碳排放达峰行动方案，支持有条件的地方率先达峰。2021 年李克强总理所作政府工作报告要求，扎实做好碳达峰碳中和各项工作。

《中华人民共和国国民经济和社会发展第十四个五年规划和 2035 年远景目标纲要》强调"全面提高资源利用效率，落实 2030 年应对气候变化国家自主贡献目标，锚定努力争取 2060 年前实现碳中和"。国务院印发《关于加快建立健全绿色低碳循环发展经济体系的指导意见》提出"建立健全绿色低碳循环发展的经济体系，确保实现碳达峰碳中和"。

（二）各部委积极初探激励政策

国家发展改革委联合科技部、工业和信息化部、财政部、自然资源部、生态环境部、住房和城乡建设部、农业农村部、市场监管总局、国管局印发《关于"十四五"大宗固体废弃物综合利用的指导意见》（以下简称《指导意见》），是"十四五"期间推动大宗固废综合利用、提高资源利用效率、降低碳排放实现碳达峰碳中和的重要文件。《指导意见》从提高利用效率、推进绿色发展、推动创新发展、实施资源高效利用行动等方面入手系统谋划大宗固废综合利用工作，具有很强的针对性和指导性。

在碳达峰碳中和工作领导小组统一部署下，国家发展改革委会同有关部门制定碳达峰碳中和顶层设计文件，编制 2030 年前碳达峰行动方案和分领域分行业实施方案，谋划金融、价格、财税、土地、政府采购、标准等保障方案，构建碳达峰碳中和"1＋N"政策体系。

（三）各省份各行业全面探索实施

我国各地区重视碳达峰工作，积极推进产业结构调整，把坚决遏制"两高"项目盲目发展作为工作重点，严控增量项目，加快存量项目改造升级，扎实开展钢铁、煤炭去产能"回头看"，严防过剩产能死灰复燃。积极发展战略性新兴产业，加快工业、农业、服务业等绿色低碳发展。

各地区加快构建清洁低碳安全高效能源体系。严控煤炭消费增长，逐步减少煤电使用。加快推进煤电机组节能降碳改造，大力提高电网对光伏发电、风电的接纳、配置和调控能力，优化光伏发电、风电基地外送通道调度运行，持续提高可再生能源发电消纳比例，推进重大水电工程建设。推进城乡建设和交通领域绿色低碳发展，加强绿色低碳技术创新，巩固提升生态系统碳汇能力。

四、我国碳中和图谱

（一）中央碳中和的重要部署

2021 年 3 月 15 日，中央财经委员会第九次会议提出碳达峰的重点任务：要构建清洁低碳安全高效的能源体系，要实施重点行业领域减污降碳行动，要推动绿色低碳技术实现重大突破，要完善绿色低碳政策和市场体系，要倡导绿色低碳生活，要提升生态碳汇能力，要加强应对气候变化国际合作。

贯彻落实国家部委碳达峰碳中和政策，全面推动各地区各行业的减碳零碳行动。其中，电力行业实现碳中和难度较低，钢铁、水泥等其他行业的电气化要增加更多的零碳电源才能实现。从供热行业来看，居民和商业部门的碳中和取决于技术进步和成本控制，工业热能的低碳转型难度更大。

（二）推进大型活动碳中和

贯彻落实生态环境部《大型活动碳中和实施指南（试行）》（以下简称《指南》），其主要包括：

1. 碳中和规划与行动计划

明确碳中和的地理边界，如会议活动要确定活动举办场地及参加活动人员往返差旅活动涉及的地理范围；要明确时间范围，包括活动的筹备、实施和收尾阶段；要确定设施边界，包括活动举办使用的固定设施（如燃煤锅炉、燃气锅炉等）与移动设施（车辆）。

《指南》对大型活动的排放类型、排放源进行了重点识别，排放类型包括化石燃料燃烧排放，净购入电力、热力产生排放，交通排放，住宿餐饮排放，会议用品隐含的碳排放，废弃物处理产生的排放。

上述项目排放量之和是大型活动产生的温室气体排放量。

对于如何核算温室气体排放量，《指南》推荐了相对应的核算标准和技术规范，包括排放类型、排放源、核算标准及技术规范等。

在核算大型活动温室气体排放量时，相关活动水平数据可以参考如下方式获取。

（1）固定设施化石燃料消耗量可根据相关的能源台账、购买发票、能源消耗记录表等方式获取，移动源的化石燃料消耗量可根据相关的能源台账、购油发票或通过车辆单位行驶里程能耗与行驶里程得出。

（2）活动举办期间购入电力、热力数据由以活动期间场地电表与热力流量计表记录的数据为准，也可采用电费、热力发票或结算单等结算凭证上的数据。

（3）活动参会人员可由主办方提供的参会报名单、签到表获取，往返交通工具方式通过调查问卷获取，交通里程根据起始目的地采用电子地图等工具测算获取。

（4）活动期间参会人员的住宿信息由主办方提供的酒店名单获取。

（5）活动期间活动用品由主办方提供的采购清单和赞助清单获取。

（6）活动期间产生的垃圾量根据活动场地城市环卫收取的垃圾总量获取。

2. 大型活动的碳中和抵消方式及具体要求

《指南》指出，大型活动组织者应通过购买碳配额、碳信用的方式或新建林业项目产生碳汇量的方式抵消大型活动实际产生的温室气体排放量。鼓励优先采用来自贫困地区的碳信用或在贫困地区新建林业碳汇项目。

将大型活动的三个阶段（筹备、举行和收尾阶段）中部分阶段的温室气体排放量实施碳中和，即部分碳中和。但如申请部分碳中和，应至少包含大型活动举行阶段的温室气体排放量。只有将大型活动的三个阶段（筹备、举行和收尾阶段）所有的温室气体排放量实施碳中和，才能界定为该大型活动实现了全部碳中和。

（三）探索碳中和具体实践

一是推动经济转型。推动钢铁、水泥、石化、化工、建材等高能耗行业率先实现二氧化碳排放达峰。大力发展数字经济、高新技术和现代服务业，控制高耗能、重化工业发展，调整产品和产业结构，减少温室气体排放。

二是严控单位能耗水耗，大力发展循环经济，减少资源、能源消费，大力发展风能、太阳能及核能，加强能源替代。到2050年，建成新能源和可再生能源为主体的"近零排放"能源体系，使非化石能源在能源体系中的占比超过70%。

三是完善碳排放权交易市场，加大市场机制创新，促进二氧化碳减排和企业技术创新，加大低碳绿色产业投资与碳金融创新。

四是推动农业、林业、土地利用、草原、湿地等方面的"基于自然的解决方案"，加强生态环境保护、治理和修复，提升生态系统的服务功能，增加森林和草原等主体的碳汇能力。

（四）碳中和图谱的素描

碳中和是我国重要的政治与经济发展目标。要积极转变观念，将碳中和理念变成"十四五"的主要工作，变成社会各界的普遍行动。

强化国土空间规划和用途管控，加大产业结构调整，抓好工业园区低碳化发展，积极推动碳产业、企业集聚发展，推动园区专业化、集约化、规模化、绿色化。加强新入园企业和项目管理，大力发展节能节地节水和减材减污降碳项目与绿色产业。

引导和发挥森林、草原、湿地、海洋、土壤、冻土的固碳作用，提升生态系统碳汇增量，抵消人为排放的二氧化碳等温室气体，积极增加植被覆盖率，增加生态碳汇能力。海洋碳汇也被称为蓝色碳汇，是利用海洋活动及海洋生物吸收大气中的二氧化碳，并将其固定在海洋中的过程、活动和机制。海洋储存了地球上约93%的二氧化碳，是地球上最大的活跃碳库，每年可清除30%以上排放到大气中的二氧化碳。海洋对缓解全球气候变暖、支持生物多样性等起到了至关重要的作用。但海洋吸收二氧化碳也会产生负面影响，如导致海水pH持续降低，引发海洋酸化。

加大低能耗低水耗项目建设，提高能源生产和消费效率。积极优化产业结构，从严控制化石能源总量，不断提高利用效能。全面推进可再生能源替代行动，深化电力体制改革，构建以新能源为主体的新型电力系统。推进绿色工业制造、智能制造，锻长板，补短板，实现制造业低碳、脱碳发展。提升建筑项目的节能标准，充分利用各类余热资源与生物质能源，推动光伏建筑一体化。加快形成绿色低碳运输方式，建设绿色低碳基础设施，推广节能和混合动力汽车，大力发展低碳零碳产业。

鼓励碳减排技术创新与成果转化。制定以技术为驱动的碳达峰碳中和路线图，推动和引进低碳前沿技术，孵化转化成本低、效益高、减排效果明显、安全可控、前景广阔的低碳零碳负碳技术，鼓励扶持规模化储能、智能电网、分布式可再生能源和氢能等技术，积极推广节能清洁降碳的用能设备，研发资源循环利用的链接技术，打造零碳产业园区。

扶持建设碳中和大数据中心与数据监测平台。规划开发和探索利用云计算、人工智能等技术，优化能源系统，鼓励发展电动车、高速铁路、智能家居等新型电气化设备和技术。完善绿色低碳技术评估、交易体系和科技创新服务平台，持续提高碳生产力水平。

强化低碳政策保障体系，国家和地方相继出台碳减排激励约束政策，提高碳补偿碳交易标准，鼓励碳汇和碳补偿重点工程和示范项目。

倡导全社会参与减碳、碳汇行动。积极推动生产生活与全社会碳减排，推广绿色低碳生活方式，鼓励餐桌的"光盘行动"，鼓励食用人造肉，反对奢侈浪费，鼓励骑行和绿色出行，倡导公交优先出行，减少无效交通运输。鼓励参与垃圾分类，重复利用购物袋，使用节能节水器具，倡导绿色低碳生活，减少能源消费，鼓励低碳零碳消费。

推动国际国内合作。加大国内跨区域、跨行业碳减排技术与项目合作，鼓励国际碳减排碳交易等平台建设，推进国家标准、国际规则制定，提高数字化、5G网络、智能交通、零碳、电力和全球能源互联等新基建水平，拓展"一带一路"国际合作领域，提高绿色金融、投资与人民币国际化，打造国际化、融合化、品牌化、专业化的国际合作零碳示范城市、低碳零碳示范产业园区。

扶持碳减排技术和示范项目。创新能源电力行业深度脱碳、生产有成本优势的清洁能源，积极开发碳捕获、使用和储存技术（CCUS）、推动制造业、农业和现代服务业低碳化、高质量发展，推动能源和经济结构转型。鼓励低碳办公和零碳生活，实现消费端的低碳化。

借鉴国内外最佳实践，优化并规范碳中和的实施流程，包括：碳中和计划、实施减排行动、量化温室气体排放、碳中和活动以及碳中和评价等工作内容。

五、我国碳中和大数据平台

（一）构建碳达峰碳中和大数据平台的总体思路

为打造"数字中国"，优化数字城市建设路径，提高国家、地方数字经济投资效益，不断提高我国城乡数字化水平，国合华夏城市规划研究院在全国首次提出"以智库规划与数据分析为核心，以运营商和设备商等行业机构模块化参与、融合为支撑的'中国智慧城市4.0版本'发展模式"，同时，规划设计了碳达峰碳中和大数据平台，提出了系统规划的碳中和数据服务系统开发路线图和总体建设架构。国合华夏城市规划研究院认为，双碳工作应该立足我国国情，以建设"碳中和大脑"为核心，以碳达峰碳中和目标实现、责任分解、过程监督、项目推进、效果评估、交易实现、资源交换、考核激励与社会服务等重点任务为手段，规划设计并推进打造国家级、城市级、园区级、企业级"四级"的双碳智慧场景与综合服务平台。同时，注重大数据系统开发的成本控制、各类系统数据兼容、应用界面授权使用、用户不同需求、数据安全流畅以及系统运行的低碳化、柔性化，确保碳中和指标监测、用户使用、补偿交易与国际合作的端口衔接等。

（二）国合华夏城市规划研究院构想的双碳大数据服务平台

完善多层平台架构。以国家、城市、园区、企业（用户）四级为开发应用和服务主体，以政府采购、企业参与、平台运营、市场运作等为主要模式，规划和开发建设物理层的感知、网络层的传输、数据层的分析、应用层的数字化转型系统，建设基于监测数据、精细化、专业化的智慧城市基础设施，采集碳排放数据，实现排放数据的多元化、可视化。

加大碳核查数据化建设。打造碳排放综合监测平台，汇聚产业园、重点企业的监测数据、污染数据、交通数据等，实现数据的实时传输、区域排放的"多点可视"，最大化归集数据，实现碳排放运行监测、碳达峰的合理规划，达到分析精准化、调度专业化的决策水平。

规划开发碳减排信息系统。按照"政府引领、企业参与、平台共建、金融驱动"的总体思路，打造碳减排供应链信息服务平台，依托智库组织、社会机构、专家学者等，构建可再生能源推广、低碳交通、低碳产业园、碳市场、碳积分奖励、产品碳足迹溯源、社区低碳场景等一体化碳减排信息系统，形成精细化、可操作、能落地的应用场景。

强化数字化碳控系统。依托政府、园区、企业、居民等全部碳数据，通过软硬件技术，实现各类信息数据与用户的多维度衔接。强化能源、产业、交通、建筑等行业碳减排统计、分析、监测、考核与交易服务。扶持地方、园区、企业等碳减排和碳汇活动。鼓励发展在线会议系统，减少碳排放。大力发展数字经济，实现能源优化利用，降低单位能耗。打造碳减排数字企业与交易平台，推进企业碳减排，优化能源消耗。完善数字技术，推进碳交易市场的培育。推动碳捕获、碳利用技术的企业流动，推动企业商品的碳中和标识，将整个过程的数据以区块链存证，记录真实的碳足迹，确保数据真实、安全，提高碳达峰碳中和考核的严肃性、公开性和公正性。

六、典型案例

浙江省碳达峰碳中和科技创新行动方案

浙江省出台碳达峰碳中和科技创新行动方案，立足浙江省实际，依据"4＋6＋1"总体思路，提出了具体的技术路线图和行动计划，争取用好科技创新关键变量，抢先抢抓碳达峰碳中和技术制高点，到 2025 年和 2030 年，高质量支撑浙江省先后实现碳达峰和碳中和。

一是行动迅速，紧贴需求。2021 年 2 月成立工作专班，深入调研摸底，厘清浙江省的优势与短板，拟出技术路线图、时间表等。在浙江省委省政府 2 月和 4月两次碳达峰专题会议精神及省委书记在 5 月全省碳达峰碳中和工作推进会发出的指示精神下，紧贴浙江省能源规划和重点行业绿色转型需求，论证方案，瞄准能源、工业、建筑、交通、农业、居民生活六大重点领域，系统推进绿色低碳技术创新发展。

二是路线清晰，方案扎实。瞄准能源消费总量等 4 个核心指标，围绕零碳电力技术创新、零碳非电能源技术发展、零碳工业流程重塑、低碳技术集成与优化、CCUS 及碳汇技术 5 个技术方向制定了技术路线图；提出了科技创新基础前沿研究、关键核心技术创新、先进技术成果转化、创新平台能级提升、创新创业主体培育、高端人才团队引育、可持续发展示范引领、低碳技术开放合作"八大工程"和 22 项具体行动措施。

三是强化管理，鼓励创新。明确组建浙江省碳达峰碳中和技术创新战略指导专家委员会，统筹协调相关工作，强化评估监测，建立动态调整机制。同时，在立项时采用择优委托、赛马制、揭榜挂帅等形式，创新研发组织模式，鼓励政府科技创新基金发挥引导作用，支持社会力量参与，完善多元化、多层次、多渠道的科技投融资体系。

第 五 章

CHAPTER 5

零碳产业创建及案例

产业结构调整是实现碳达峰碳中和的工作重点。需要摸清三大产业的政策和碳排放底数，找准问题和痛点，因地制宜，有序推进，确保经济发展与碳减排的协调。

一、我国零碳产业现状与挑战

（一）我国经济能耗及碳排放情况

加强顶层设计，确立实施图谱和路线图，分解责任与目标，持续推进并实现一二三产业的低碳化、零碳化、循环化发展，是我国碳达峰碳中和的重要任务，也是中央、国家部委、各地政府、产业园、实体经济、科研院所等普遍关注的头等大事和战略性课题。

分析我国 GDP 单位能耗总体水平。我国单位 GDP 能耗高于西方发达国家单位 GDP 能耗的数倍。在全球推动碳中和、西方国家开征碳关税的背景下，单位 GDP 能耗或出口商品能耗过高意味着可能要缴纳更多出口碳关税，企业面临向欧美国家缴纳高额碳关税的成本风险。由于我国碳达峰碳中和的难度大，必须通过技术革命，改进生产工艺，优化能源供给，降低单位能耗水耗，降低二氧化碳排放水平，才能实现。以锅炉碳排放为例，每生产 1 吨钢，采用高炉工艺将排放出 2.5 吨的 CO_2，转炉生产吨钢 CO_2 排放为 2.2 吨左右，电炉工艺排放 0.5 吨的二氧化碳。

分析我国三产结构。钢铁、建材、石化等占比大，单位能耗及碳排放水平偏高。2020 年，我国二产占经济总量的 37.8%，三产占 54.5%。发达经济体三产比重均超过 70%，二产约 20%。我国二产单位 GDP 能耗远高于一产、三产，是第三产业的 3 倍，是第一产业的 6.5 倍。

分析重点行业能耗。我国钢铁、建材、化工、石化、有色、电力六大行业能源消耗占全国能源消费总量的 50% 左右，单位 GDP 二氧化碳排放强度是全球平均水平的 2 倍、经济合作与发展组织国家平均水平的 3 倍、欧盟国家平均水平的 4 倍，降碳压力和空间很大。

分析煤化工碳排放水平。我国煤化工碳排放强度大、生产过程碳排放浓度高，煤化工碳排放强度是全国平均水平的 10—20 倍。因此，解决煤化工碳排放任务繁重。

分析农业产业碳排放。农业农村部印发《农业绿色发展技术导则（2018—2030）》提出，在 2030 年前，单位农业增加值对应的 CO_2 排放量降低 30% 以上。

中国农业大学课题组通过高速增长情景、政策规制情景和绿色低碳情景的模拟，预测在绿色低碳情景下，全国农业部门 CO_2 排放在 2020—2022 年达到峰值 14 亿吨左右，2030 年稳定在 12.8 亿吨左右。

分析区域能源消费。在用电量增速超过全国平均值的 16 个省份中，西部地区 10 个，中部地区 3 个，东部地区 2 个，东北部地区 1 个。云南、内蒙古、广西等西部省份工业增加值增速远低于能源消费增速，表明其单位 GDP 能耗偏高。根据国家发展改革委《西部地区鼓励类产业目录（2020 年)》，西部地区鼓励类产业范围扩大，预计"十四五"将有大批新项目落地西部地区，西部地区的节能减排压力将攀升。

（二）我国工业碳排放的挑战

分析我国工业碳达峰进展。我国碳达峰主要难点是工业碳达峰。钢铁、化工、电力、石油和采掘业等占工业 90% 以上的碳排放量。

分析各行业碳排放绝对值。从 2011 年开始，我国二氧化碳排放量处于全球第一位，占全球碳排放总量的 30% 左右。2015 年到 2019 年，我国碳排放量年均增速 1.2%，高于全球同期平均增速 0.8%。

分析我国钢铁行业碳排放的挑战。一是钢铁总量需求大，总量降碳空间受限。二是空间布局调整难度大，缺少主要污染物排放总量指标和能耗指标与产能指标转移衔接的政策，地方政府对钢铁产能存在保护主义。三是能源结构调整技术不成熟，钢铁行业过多依赖煤炭和焦炭能源，新能源技术不成熟，且成本高。四是工艺以长流程为主，2020 年电炉钢产量占比仅为 10.4%，远低于世界平均水平 30% 的标准。五是减污降碳工艺不完善，钢铁企业资金和流程等研发、投资均不足。

分析可再生资源发电。我国积极推动可再生资源发电，预计到 2025 年，我国可再生能源发电装机占总发电装机的 50% 左右，可再生能源年发电量占全社会用电量增量的 50% 以上，2021 年至 2030 年，我国能源结构将继续向清洁、低碳、高效方向转型。

二、我国零碳产业时间表

（一）我国碳排放来源结构

从碳排放来源看，我国能源结构中，产生碳排放的化石能源主要有煤炭、石油、天然气等，占能源消耗总量的 84%。2021 年 10 月 26 日国务院发布的《2030

年前碳达峰行动方案》规定，到 2025 年，非化石能源消费比重达到 20% 左右，单位国内生产总值能源消耗比 2020 年下降 13.5%，单位国内生产总值二氧化碳排放比 2020 年下降 18%。到 2030 年，非化石能源消费比重达到 25% 左右，单位国内生产总值二氧化碳排放比 2005 年下降 65% 以上。全面实现碳达峰任务艰巨。要实现 2060 年碳中和目标，要大力发展可再生能源，降低化石能源比重，推动我国产业从资源属性到制造业属性转变。以手机为例，要实现碳中和，手机组装、零部件、原材料、芯片、物流等环节的企业都要实现碳中和，对产业链形成新标准、新的利润分享模式、新的碳补偿机制。

（二）我国零碳发展路径

为推动产业零碳化，必须推动传统用能技术、工艺、设备颠覆式变革，推进产业链供应链脱碳化，开发利用高效用电技术、能源供需两侧智慧化互动技术及新能源汽车、高效热泵、绿色照明、零碳建筑、零碳钢铁、零碳水泥等新型脱碳化技术产品。

大力发展新能源汽车。优化汽车产业实施路线图，强化整车集成技术创新，推动电动化与网联化、智能化。制定配套法律政策，完善回收利用体系，发布相关标准等，推动新能源汽车动力电池回收利用。

鼓励各省市推进节能减排工作。推进低碳工业园区建设，积极开展"零碳"体系试点。鼓励用能预算管理制度改革，严控新上高耗能项目，推进有色、建材、陶瓷、纺织、造纸等传统制造业绿色化低碳化改造。完善碳交易市场，扩大碳排放权市场规模，扩大碳交易品种。

鼓励石化企业全面落实《石化产业碳达峰和碳中和行动方案》，主动优化电石、烧碱、纯碱、合成氨、化肥等大宗基础产品及其子行业产能，持续降低能耗与碳排放，制订落实碳达峰碳中和的方案、路线图和时间表。鼓励企业降低原料和能源消耗，减少废弃物生成和排放，推进能源清洁化和高效化。探索开发工业排放二氧化碳的捕获、封存和再利用技术，探索以二氧化碳为原料实现甲醇及有机化学品、高分子聚合物等生产，实现二氧化碳少排放、不排放、打造碳达峰碳中和示范，实现二氧化碳变废为宝、可循环利用。

关于我国工业碳达峰时间表。根据西安交通大学课题组预测，基准情境下仅轻工和石油业能实现 2030 年前达峰，工业部门整体达峰时间约为 2033 年，峰值约 104.24 亿吨。低碳情景下八大细分行业在 2030 年前达峰，达峰时间为 2028 年，峰值约 95.72 亿吨。为实现 2030 年前碳达峰目标，需要采取更严格的节能减排措施。在低碳情景下，工业八大门类采掘业、轻工业、纺织业、石油业、化工业、钢铁业、机电业和电力行业（碳排放量被均摊到各用电部门）碳达峰时间分别为2027年、2027年、2025年、2022年、2028年、2028年、2022年、2028年，峰值分别为6.70亿吨、5.54亿吨、2.72亿吨、6.77亿吨、29.82亿吨、27.45亿吨、5.59亿吨和12.72亿吨。

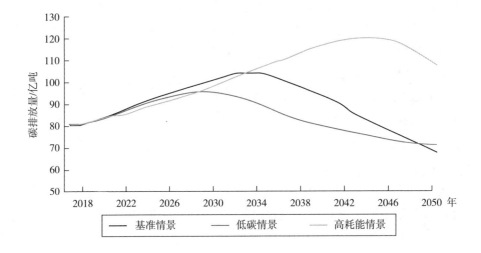

图5-1 我国工业行业碳排放峰值预测趋势图

（资料来源：袁晓玲，郗继宏，李朝鹏，等．中国工业部门碳排放峰值预测及减排潜力研究［J］．统计与信息论坛，2020，35（9）：72-82）

三、我国零碳产业政策

从发达国家碳中和目标看，美国和欧盟均承诺2050年实现碳中和，为推动交通低碳化，欧盟委员会计划要求新车和货车的排放量从2030年起下降65%，于2035年降至零。欧盟各国政府下一步将加强车辆充电基础设施建设，制定更严格的2030年气候目标，将温室气体排放较1990年水平减少55%。

各部委及地方政府大力优化碳汇、碳减排及碳中和政策体系，鼓励地方打造绿色制造体系，鼓励建设绿色工厂、绿色园区、绿色供应链、绿色产品进退机制。积极培育绿色制造产业基地，打造零碳城市和零碳产业园。《水泥玻璃行业产能置换实施办法》《钢铁行业产能置换实施办法》等对水泥、钢铁等产能控制、碳排放提出了具体规定。

为落实《中国制造2025》制造强国战略，推动实施绿色制造工程，工业和信息化部、国家标准化管理委员会 2016 年 9 月发布《绿色制造标准体系建设指南》，提出了绿色制造标准体系构建模型。其中绿色供应链和绿色工厂是贯穿产品、企业以及园区的重要组成部分。将可持续生产管理体系与绿色供应链理念相结合，帮助生产型企业在持续优化自身流程、不断提高产品质量、以最少投入输出最大回报的同时，提高其环保意识，履行环保义务，在真正意义上实现绿色制造。

《关于进一步加强产业园区规划环境影响评价工作的意见》强调，国务院及其有关部门、省级人民政府批准设立的经济技术开发区、高新技术产业开发区、旅游度假区等产业园区以及设区的市级人民政府批准设立的各类产业园区，在编制开发建设有关规划时，应依法开展规划环评工作，编制环境影响报告书。在规划审批前，报送相应生态环境主管部门召集审查。产业园区开发建设规划应符合国家政策和相关法律法规要求，规划发生重大调整或修订的，应当依法重新或补充开展规划环评工作。省级生态环境主管部门可根据本省人民政府有关规定，研究确定本行政区域开展规划环评的产业园区范围。

《工业炉窑大气污染综合治理方案》提出，工业炉窑是指在工业生产中利用燃料燃烧或电能等转换产生的热量，将物料或工件进行熔炼、熔化、焙（煅）烧、加热、干馏、气化等的热工设备，包括熔炼炉、熔化炉、焙（煅）烧炉（窑）、加热炉、热处理炉、干燥炉（窑）、焦炉、煤气发生炉等八类。工业炉窑广泛应用于钢铁、焦化、有色、建材、石化、化工、机械制造等行业，对工业发展具有重要支撑作用，同时，也是工业领域大气污染的主要排放源。相对于电站锅炉和工业锅炉，工业炉窑污染治理明显滞后，对环境空气质量产生重要影响。京津冀及周边地区源解析结果表明，细颗粒物（PM$_{2.5}$）污染来源中工业炉窑占20% 左右。新建涉工业炉窑的建设项目，原则上要入园区，须配套建设高效环保治理设施。重点区域严格控制涉工业炉窑建设项目，严禁新增钢铁、焦化、电解铝、铸造、水泥和平板玻璃等产能；严格执行钢铁、水泥、平板玻璃等行业产能置换实施办法；原则上禁止新建燃料类煤气发生炉（园区现有企业统一建设的清洁煤制气中心除外）。

《重点行业挥发性有机物综合治理方案》指出，VOCs 污染排放对大气环境影响突出。京津冀及周边地区源解析结果表明，当前阶段有机物（OM）是 PM$_{2.5}$ 的最主要组分，占比达 20%—40%，其中，二次有机物占 OM 比例为 30%—50%，主要来自 VOCs 转化生成。研究表明，VOCs 是现阶段重点区域 O$_3$ 生成的主控因子。对于颗粒物、二氧化硫、氮氧化物污染控制，VOCs 管理基础薄弱，已成为大气环境管理短板。石化、化工、工业涂装、包装印刷、油品储运销等行业（以下简称重点行业）是我国 VOCs 重点排放源。重点对含 VOCs 物料（包括含 VOCs 原辅材料、含 VOCs 产品、含 VOCs 废料以及有机聚合物材料等）储存、转移和输送、设备与管线组件泄漏、敞开液面逸散以及工艺过程等五类排放源实施管控，通过采取设备与场所密闭、工艺改进、废气有效收集等措施，削减 VOCs 无组织排放。

《蓝天保卫战重点区域强化监督定点帮扶工作方案》提出，坚持以供给侧结构性改革为主线，更多运用市场化、法治化手段，更好发挥政府作用，推动实施钢铁行业超低排放，实现全流程、全过程环境管理，有效提高钢铁行业发展质量和效益，大幅削减主要大气污染物排放量，促进环境空气质量持续改善，为打赢蓝天保卫战提供有力支撑。到 2025 年底前，重点区域钢铁企业超低排放改造基本完成，全国力争 80% 以上产能完成改造。

工业和信息化部、国家发展改革委、科技部关于印发《国家安全应急产业示范基地管理办法（试行）》的通知提出，本办法所指安全应急产业是为自然灾害、事故灾难、公共卫生事件、社会安全事件等各类突发事件提供安全防范与应急准备、监测与预警、处置与救援等专用产品和服务的产业。本办法所指示范基地是以安全应急产业作为优势产业，特色鲜明且对安全应急技术、产品、服务创新及产业链优化升级具有示范带动作用，依法依规设立的各类开发区、工业园区（聚集区）以及国家规划重点布局的产业发展区域。示范基地建设分为培育期和发展期两个阶段。处于培育期的示范基地属于创建单位。本办法适用于示范基地和示范基地创建单位［以下统称示范基地（含创建）］的申报、评审、命名和管理等工作。示范基地（含创建）分为综合类和专业类。综合类是指相关产品或服务涉及多个专业领域，且达到国内先进水平、市场占有率高、规模效益突出的示范基地（含创建）；专业类是指相关产品或服务在某一专业领域达到国际先进水平，市场占有率较高，具备一定规模效益的示范基地（含创建）。

钢铁行业协会牵头编制《钢铁行业碳达峰及降碳行动方案》，上报相关部委，审批后公布实施。钢铁行业碳达峰目标为：2025 年前，钢铁行业实现碳达峰；到2030 年，钢铁行业碳排放量较峰值降低 30%，预计实现碳减排量 4.2 亿吨。

四、零碳农业创建

（一）我国农业碳排放现状

农业碳排放强度指农业部门每单位增加值的增长所带来的二氧化碳排放量，用来衡量一国农业经济与碳排放量之间的关系。据联合国粮食与农业组织（FAO）统计，农业用地释放出的温室气体超过全球人为温室气体排放总量的30%，相当于每年产生150亿吨二氧化碳，农业生态系统可抵消80%的因农业导致的全球温室气体排放量。据测算，我国按农作物面积计算，年净吸收二氧化碳约22.8亿吨。2018年我国农业粮食产量65789万吨，农业碳排放强度1.29吨/万元。

按照《联合国气候变化框架公约》要求，中国分别于2004年、2012年、2019年提交了三次国家信息通报。历次《国家信息通报》主要包括中国2005年、2010年、2014年三个年份的温室气体排放情况，其中农业排放总量分别为7.9亿吨、8.3亿吨和8.3亿吨，其中能源消耗被单列。研究表明，农业生产对温室气体升高有重大影响，我国农业生产释放的氧化亚氮和甲烷分别占人为排放量的81%和70%。

（二）我国农业水利概况及碳减排预测

分析我国农业水利"双碳"概况，国家水利部原巡视员姜开鹏指出，我国农业水利在减碳方面取得了一定成效，我国水利行业低碳化的推进路径如下：

农田灌溉排水。"双碳经济"离不开农业农村问题和水利建设的低碳化。我国是一个农业大国，能够用仅占世界7%的耕地，养活占世界22%的人口，农业依赖于灌溉排水事业发展，在占全国一半的灌溉面积生产占全国75%的粮食、80%的经济作物和90%的蔬菜，保障了国家粮食安全和农副产品供给，解决了14亿人民的温饱问题。灌区已成为生物多样性丰富，人居环境良好的区域，也成为人民休闲度假的好去处。对于农田灌溉排水低碳化主要从以下几方面进行。一是灌溉排水发展。全国有效灌溉面积70万平方公里，非充分灌溉面积约3.3万平方公里，林、果、草灌溉面积6.67万平方公里，全国灌溉总面积约80万平方公里。年生产粮食秸秆及林果草等总产量约20亿吨，碳含量按30%估算，年碳汇能力约6亿吨，大大超过灌区的二氧化碳排放总量。二是灌区绿化。灌区内及周边绿化面积约2万平方公里。碳汇能力约3000万吨。灌区干支渠道和排水沟约200万公里，其中约100万公里没有绿化，没有绿化的面积约1万平方公里，碳汇能力约 1500 万吨，两项合计碳汇能力约 4500 万吨。三是盐碱地和渍害、涝洼地治理。全国盐碱地和渍害、涝洼地约 1.33 万平方公里，通过改造和种草种树等措施，碳汇能力可提高 1000 多万吨。湖泊和湿地保护。许多灌区内和周边地区有水库、湖泊和湿地，为加强水生态环境保护，水利部门在保障水资源供给方面做了有效工作，如扎龙湿地、乌梁素海的供水，都江堰、韶山灌区内的长藤结瓜供水模式等。灌区是我国生态系统和人居环境良好的区域，已基本实现了碳中和，如加大以上措施将为"双碳"目标实现作出更大贡献。

草原牧区水利①。碳汇的增加需要各地植树造林种草。我国是一个草原大国，拥有包括荒草地在内的各类天然草原约 400 万平方公里，大约是耕地的 3 倍。草原是我国最大的绿色生态屏障，与森林一起构成我国陆地生态系统的主体。草原也是畜牧业发展的重要物质基础，是农牧民赖以生存的基本生产资料。牧区水利涵盖牧区经济社会发展，人民生产生活需要的全部水利工作。牧区水利工作的目标就是建立起牧区经济社会发展和生态环境安全的水利保障体系。全国可利用草原面积约 200 万平方公里，草原耕地约 10 万平方公里，草原碳汇功能强大，据2011 年《中国草原发展报告》，草原是我国最大的陆地生态系统，具有丰富的碳储量和强大的碳汇功能。研究表明：我国草原生态系统总碳储量约 427 亿吨，草原植被通过光合作用年均吸收二氧化碳约 21.7 亿吨，从大气中吸收的二氧化碳量总体要大于向大气中排放的二氧化碳量，草原生态系统年均碳汇约 1300 万吨。如果采取牧区水利等有效措施，草原生态系统碳汇能力将显著提高；草原生态系统碳汇贡献将越来越大。

农村供水排水。农村循环利用水资源是减少碳排放的重要措施。中央高度重视农村安全工作，至 2020 年基本解决了我国农村饮水不安全的问题。目前，农村饮水安全集中供水率 85% 以上。全国现有农村供水工程 1100 多万处，覆盖 9亿多农村人口的饮水安全。据调查，农村每户（3—4 人）年交水电费 200 元左右，人均 60 元，其中电费约占一半，即 30 元，人均每年耗电量约 35 千瓦时，按8 亿人口计算，农村供水总耗电量约 280 亿千瓦时。如采取节水、节能措施，可节电 10%，约 28 亿千瓦时。按照一吨标准煤生产 8140 千瓦时电计算，节约标准煤约 35 万吨。

农村小水电。电力资源的优化与调整是碳中和目标实现的重要手段。装机 5

---

① 来源：姜开鹏，水利部原巡视员，2021 年 7 月 17 日在国合华夏城市规划研究院等组织的首届中国碳中和图谱及零碳城市峰会上的讲话。

万千瓦以下的水电站纳入农村小水电管理，全国小水电站可开发量约 1.28 亿千瓦，现有小水电站 4.7 万座，约装机 8000 万千瓦，占水电装机总量的 23%。"十三五"规划农村水电增效扩容改造项目约 2000 个，年发电量约 90 亿千瓦时，相当于年节约标准煤约 112 万吨，减排二氧化碳约 600 万吨。

机电灌排泵站（包括机电井）。机电灌溉的节能节水是重要的碳减排工作步骤。全国机电灌排泵站约 44 万处，机电井约 600 万处，机电装机约 6000 万千瓦，机电排灌面积约 43 万平方公里，采用节能改造措施和转换新能源，可节能 10% 以上，取得显著的节能减排效益。

水土保持。综合治理与水土保持有利于碳汇增加及碳减排。水土保持是指对自然因素和人为活动造成水土流失所采取的预防和治理措施。20 世纪 80 年代以来，进入了以小流域为单元的综合治理阶段，主要是防止山区、丘陵区的水土流失，采取了工程生物蓄水保土等措施。据遥感调查，水土流失最大面积 367 万平方公里，占国土总面积的 38%，主要是水利侵袭 179 万平方公里，风力侵袭 188 万平方公里。经过多年山水林田路村综合治理，成效显著。截至 2020 年，水土流失面积减少到 269.3 万平方公里，与 20 世纪相比减少了约 97 万平方公里，累计建设基本农田约 10 万平方公里，每年增产粮食 150 亿千克，增产水果 250 亿千克，每年减少土壤侵袭 11 亿吨，增加保水能力 180 亿立方米。特别是党的十八大以来，治理水土流失面积明显加快，年均治理面积 6 万多平方公里，有效保护了碳储量，提高了碳汇能力。

（三）国家农业碳减排相关政策

《农业面源污染治理与监督指导实施方案（试行）》提出，深入打好污染防治攻坚战，以钉钉子精神推进农业面源污染防治，立足我国"三农"工作实际和新时期发展需要，以削减土壤和水环境农业面源污染负荷、促进土壤质量和水质改善为核心，按照"抓重点、分区治、精细管"的基本思路，统筹谋划、协同联动，突出重点、试点先行，优化政策、强化监督，真抓实干、久久为功，形成齐抓共管、持续推进的农业面源污染治理体系和治理能力，为全面推进乡村振兴、加快农业农村现代化开好局、起好步。到 2025 年，重点区域农业面源污染得到初步控制。农业生产布局进一步优化，化肥农药减量化稳步推进，规模以下畜禽养殖粪污综合利用水平持续提高，农业绿色发展成效明显。试点地区农业面源污染监测网络初步建成，监督指导农业面源污染治理的法规政策标准体系和工作机制基本建立。到 2035 年，重点区域土壤和水环境农业面源污染负荷显著降低，农业面源污染监测网络和监管制度全面建立，农业绿色发展水平明显提升。

农村生态环境建设卓有成效。《关于以生态振兴巩固脱贫攻坚成果，进一步推进乡村振兴的指导意见（2020—2022 年）》提出，2021 年，乡村生态环境质量持续改善，探索建立分区分类的试点示范及相应政策制度。形成各具特色的乡村生态经济发展示范模式，建立农村生态环境系统治理和长效治理运维机制。2022年，支撑生态振兴的生态环境保护制度和政策体系更加完善，为乡村振兴奠定坚实基础。农村人居环境明显改善，农业绿色发展扎实推进，农村地区绿色发展的主动性和自觉性进一步增强。从农业农村的生产生活等来看，农业活动包括肠道发酵、粪便管理、水稻种植、化肥施用、粪便还田、牧场残余肥料、作物残留、有机土壤培肥、草原烧荒、燃烧作物残留等主要行为的碳排放；能源消耗涵盖种植业、养殖业和渔业的机械用能。农业主要排放二氧化碳（CO_2）、甲烷（CH_4）、氧化亚氮（N_2O）三种温室气体，CO_2 主要来自能源消耗，CH_4 主要来自家畜反刍消化的肠道发酵、畜禽粪便和稻田等，N_2O 主要来自化肥使用、秸秆还田和动物粪便等。农业领域碳排放量应该是上述三种温室气体折算成二氧化碳当量（CO_2eq）的数量，近 60 年来，我国农业碳排放总体属于上升趋势，1961 年农业碳排放总量为 2.49 亿吨，到 2016 年为 8.85 亿吨，2018 年为 8.7 亿吨。

我国农业碳排放分析。源于甲烷的农业碳排放占比逐渐减少（2018 年32.88%），来源于氧化亚氮的比例平稳上升（2018 年 41.58%），来源于二氧化碳的比例上升且占比持续增加（2018 年 25.53%）。到 2018 年，甲烷、氧化亚氮、二氧化碳比例为 3∶4∶3。以甲烷和氧化亚氮两类非二氧化碳为主的温室气体，占据农业排放的 70%。我国农业活动产生的甲烷和氧化亚氮分别占全国甲烷和氧化亚氮排放量的 40.2% 和 59.5%。全球范围内农业领域排放的甲烷与氧化亚氮分别占各自排放总量的 50% 和 60%。

从农业领域碳排放来看，2018 年，我国农业领域的能源消耗、化肥、动物肠道发酵、水稻种植四个最主要来源占据总排放量的 76.9%。截至 2018 年，能源消耗带来的碳排放占比达到农业碳排放的 27.18%，超过化肥成为第一大排放源。

（四）我国农业减碳的主要路径

总体来看，推进农业碳达峰碳中和的途径主要有：降低强度、减少高能耗的农作物与牛羊等养殖比例、提高固碳、可再生能源抵扣、碳补偿等。

一是降低农业生产的碳排放强度。探索碳减排技术应用以控制甲烷排放，降低氧化亚氮排放。提高饲料饲草质量，降低单位畜产品温室气体排放量。改善动物健康和饲料消化率，控制牛等反刍动物的肠道甲烷。推动畜禽废弃物循环化利用，减少甲烷及氧化亚氮等温室气体排放强度。

二是提高农地及林草碳汇能力。进行土壤修复，鼓励保护性耕作、秸秆还田、有机肥施用、人工植树种草和草畜平衡等，提升农田草地有机质，增加温室气体吸收和固碳能力。研发适用于小农户、合作社等乡村组织的减排固碳技术与装备，降低生产成本。研究提升植物吸收二氧化碳能力，加大土壤修复和林草种植，提高土壤、林草的碳汇能力（据统计，除植物能够吸收二氧化碳之外，我国农田草地土壤固碳量分别为 1.2 亿吨和 0.49 亿吨二氧化碳）。

三是鼓励可再生能源替代工程。大力发展可再生能源技术和工程，积极降低生产生活能源碳排放。鼓励使用秸秆、畜禽粪便等生物质供暖发电，减少化石能源碳排放。加快减排固碳技术示范试点建设，优选效益高、经济适用的减排固碳技术，形成再生能源示范基地。

四是出台国家和区域性碳汇减碳及碳中和政策标准。加大跨部委协调，强化气候变化监测，积极落实气候变化法律法规、碳达峰碳中和技术标准，强力推广减排固碳技术装备，扶持并鼓励碳补偿和碳交易，鼓励和提高植树造林、固碳减排的积极性，打造行业示范。

五是健全碳中和智库与科研服务平台。强化财政扶持和资金投入，鼓励设立碳中和研究与应用智库，重点强化碳达峰碳中和理论、技术和政策等研究，积极引进碳减排技术和产业化团队，大力实施农业农村碳达峰碳中和路线图，积极推动生物质等可再生能源替代项目，加大城乡环境治理和固废处理，不断提高农业固碳、碳达峰与碳中和质量与效率，推进实现碳达峰碳中和目标。

五、零碳工业创建

（一）工业零碳化图谱

工业是能源消耗和碳排放的主要领域，2021 年第一季度我国国内生产总值同比增长 18.3%，全国规模以上工业单位增加值能耗同比下降 8.1%。各地推动企事业单位自觉节能降碳。如：浙江建立信贷支持绿色低碳发展的正面清单，支持省级"零碳"试点单位和低碳工业园区的低碳项目，支持高碳企业低碳化转型。

工业碳达峰碳中和是我国全面实现碳中和的重要保障。从可行性看，单纯在工业领域实现碳中和难度很大，它受多种因素制约，需要采取系统观念，加大碳排放测算，强化政策引导，扶持技术成果应用，实施能源替代等，才能逐步实现工业减碳工作。

国合华夏城市规划研究院和中国碳中和研究院课题组认为，全国范围实现碳中和目标在 2060 年大概率全部实现，而在新能源、清洁能源技术，以及钢铁、水泥等工业制造行业缺少工艺流程革命、关键核心技术不能突破的情景假设下，即使到 2060 年，我国工业行业也可能存在一定规模的碳排放，这就需要增加农业碳汇，提高服务业碳汇，实施碳捕捉碳封存工程，采取碳补偿碳交易等折中措施，推进实现三大产业，乃至全国范围总量的碳中和。

当前，中国处在后工业化阶段，西部地区还处于工业化推进阶段。国家"十四五"规划确定了中长期经济发展和社会民生目标，全国每年 GDP 增速必须达到一定水平，才能逐步实现共同富裕。在单位 GDP 能耗降低水平有限的条件下，二氧化碳总体规模在一定时期可能增加，预计 2030 年前全国达到碳达峰，以后逐步降低。工业碳减排峰值可能超过 2030 年。从全国来看，碳中和不能"一刀切"，也不能"大跃进"，要与经济发展、民生保障相互协调。

推动碳达峰碳中和采取的可行实施路径：

全力推进科技创新，以产业转型以及能源结构调整等减少碳排放。要加大重点产业、重点地区、重点城市的碳达峰示范试点，积极有序推进各地区生产方式由高碳向低碳零碳转变。要政策引导、区域统筹，积极协调能源、产业、基建、交通、科研等各项工作，聚焦碳中和目标，逐步构建规划引领、政府推动、企业主体、市场化运作，多能互补、多能融合、物质综合利用的低碳发展方式。

推动新旧动能转换。制订工业领域重点实施方案，加大技术创新和节能减排成果使用，推进钢铁产业结构调整。严格执行禁止新增产能的规定，推动钢铁行业绿色低碳发展和企业兼并重组，鼓励钢铁行业优化布局。推动钢铁、冶金等高能耗、高排放行业的终端电气化，鼓励氢气替代石油和天然气，实施钢铁、石化、化工等行业绿色化改造。推行产品绿色设计，建设绿色制造体系，构建绿色供应链。扶持新能源、新材料、智能制造、电动汽车、数字经济等新兴产业发展，引导传统行业转型发展。

加大政府绿色采购与产业扶持。政府项目优先扶持低碳零碳试点企业，采取财政补贴、积分奖励等方式，鼓励绿色消费，加强绿色产品和服务认证管理，完善认证机构信用监管机制。要完善废钢回收与循环化绿色发展体系，逐步实现产品全周期的绿色环保。倡导绿色低碳生活方式，制止餐饮浪费。推进生活垃圾分类，减少塑料袋使用，遏制过度包装。引导绿色出行，开展绿色生活创建活动。

推进工业节水和水污染治理。推动西北地区、黄河流域、京津冀缺水地区工业节水管理，推动重点行业企业节水诊断、进行水平衡测试。推进资源综合利用，促进工业固体废物综合利用。推动电子电器、废塑料等再生资源回收利用。大力发展再制造产业，提高农作物秸秆、林业废弃物、生活垃圾和畜禽粪便的能源化利用潜力。

建立减污降碳协同管理机制。完善减污降碳协同治理的政策机制，将温室气体纳入各地区固定污染源行政管理与考核体系，协同推进减污降碳任务，严格执行钢铁行业产能置换和钢铁行业备案管理办法，坚决打击违法违规建设和生产项目，严控新增高能耗产能。推动工艺流程结构调整，发展轻量化、长寿命、耐腐蚀、耐磨等绿色低碳产品。推广全生命周期绿色产品，鼓励超低排放改造和电炉短流程炼钢。推动物流运输绿色化，鼓励先进协同减排技术示范应用。

钢铁企业超低排放是指对所有生产环节（含原料场、烧结、球团、炼焦、炼铁、炼钢、轧钢、自备电厂等，以及大宗物料产品运输）实施升级改造。全面加强物料储存、输送及生产工艺过程无组织排放控制，在保障生产安全的前提下，采取密闭、封闭等有效措施，提高废气收集率，产尘点及车间不得有可见烟粉尘外逸。

提高大宗固废资源利用效率，通过生产绿色建材、高效提取有价组分、发展清洁能源等途径提高综合利用质量，实现大宗固废的规模利用与高值利用、存量消纳与增量控制。开展重点行业绿色化改造、推动大宗固废产生过程自消纳、在工程建设领域推行绿色施工等途径实现大宗固废的源头减量，实现大宗固废综合利用的全流程管理，提高大宗固废综合利用效率。

（二）创建零碳工业和零碳城市行动路线图

国合华夏城市规划研究院提出了建设零碳城市的主要路线图。

源头减量，实施绿色化工业改造。推行产品绿色设计，建设绿色制造体系。发展再制造产业，加强再制造产品认证与推广应用。全面推行清洁生产，依法在"双超双有高耗能"行业实施强制性清洁生产审核。鼓励绿色低碳技术研发。推进数字产业化和产业数字化。

能源替代。编制零碳城市规划、零碳产业园规划、产业结构调整规划、能源结构调整规划，以及碳中和示范城市建设方案，开展规划环境影响评价，严格准入标准，完善循环产业链条，推动形成产业循环耦合。发展以风光、储能、氢能、新能源汽车等为代表的新能源行业。鼓励建设电、热、冷、气等多种能源协同互济的综合能源项目。鼓励化工等产业园区配套建设危险废物集中贮存、预处理和处置设施。

节能提效。实施最严格的生态工业准入制度，开发工业节能、建筑节能及节能设备产业集群，创新国家级循环经济示范城市，实施循环低碳试点工程，推进静脉产业示范城市试点建设。建造绿色公路、绿色铁路、绿色航道、绿色空港。加强新能源汽车充换电、加氢等配套基础设施建设。

回收利用。建设零碳工厂。推动城镇生活污水收集处理设施"厂网一体化"，做好废弃产品等回收处理，有效减少初次生产过程中的碳排放，如废钢与再生资源回收"两网融合"，推进建立再生资源区域交易中心。推进电池回收、垃圾分类及固废处理。

工艺改造。打造零碳企业，鼓励企业开展绿色设计、选择绿色材料、实施绿色采购、打造绿色制造工艺、推行绿色包装、开展绿色低碳运输等，实现产品全周期的绿色环保。推进碳减排、智慧电网、分布式电源、特高压、能源互联网、装配式等技术升级。

碳捕集。打造零碳能源。推动光伏发电、氢能及其他绿色能源领域的市场化。探索二氧化碳捕集、利用与封存等技术应用。

（三）强化企业在零碳发展中的主体作用

发挥企业在碳达峰碳中和过程中的主体作用，探索打造零碳企业，强化龙头企业在零碳技术与产业服务过程中的引领示范作用。贯彻落实国家固废处理等奖励政策，推动企业参与实施高效利用行动：

一是骨干企业示范引领行动。发挥骨干企业在大宗固废综合利用方面示范先行，带动上下游产业协同发展。借鉴宝武集团"固废不出厂"模式，实现固废100%综合利用。学习北新集团等工业副产循环利用技术，全面消纳工业副产，降低碳排放。

二是综合利用基地建设行动。围绕国家重大战略，鼓励试点示范，构建大宗固废资源综合利用产业基地，提高大宗固废综合利用率。

三是资源综合利用产品推广行动。探索以粉煤灰、煤矸石等为原料生产新型墙材，降低能源消耗、减少原生资源的开发利用、减少二氧化碳排放。鼓励以秸秆为原料生产纸浆，节约木材消耗、减排温室气体。加大政府绿色采购、绿色生活创建、绿色建筑、乡村建设等政策扶持，鼓励固废综合利用项目或技术产业化。

四是大宗固废系统治理能力提升行动。完善标准、加强统计、开展评价，提高大宗固废治理能力。

五是组织领导保障行动。加强组织协调、强化法治保障、完善支撑政策、加强宣传推广等措施，保障重点任务和项目落地。

六、零碳服务业创建

服务业的低碳化零碳化是实现碳减排的重要工作内容。大力发展零碳服务业，包括但不限于：推动传统服务业转型，大力发展绿色物流体系，积极构建绿色服务业体系，鼓励合同能源管理，倡导绿色零碳办公与生活，推动绿色零碳交通建筑，完善餐余垃圾与废弃物处理并实现循环化再利用等。

七、典型案例

（一）北京市氢能产业发展实施方案

北京市经济和信息化局印发《北京市氢能产业发展实施方案（2021—2025年)》（以下简称《实施方案》）。《实施方案》指出，发展氢能产业是我国实现"碳排放达峰后稳中有降"目标，加快绿色低碳发展，全面提高资源利用效率的重要举措。

《实施方案》提出，统筹规划京津冀区域氢能产业布局，推动京津冀地区产业链协同互补、跨区域产业链条贯通与联合示范应用；京北将全面布局氢能产业科技创新应用示范区，以昌平"能源谷"建设为核心，向南融合海淀，向北辐射延庆、怀柔，在北部区域打造氢能产业关键技术研发和科技创新示范区；京南将打造氢能高端装备制造与应用示范区，依托大兴、房山、经开区，构建氢能全产业链生态系统。

《实施方案》提出了发展氢能产业的阶段目标，即以冬奥会和冬残奥会重大示范工程为依托，2023 年以前，实现氢能技术创新"从 1 到 10"的跨越，培育5—8 家具有国际影响力的氢能产业链龙头企业，京津冀区域累计实现产业链产业规模突破 500 亿元，减少碳排放 100 万吨。

具体到交通运输领域，2023 年前推广加氢站及加油加氢合建站等灵活建设模式，力争建成 37 座加氢站，推广燃料电池汽车 3000 辆；分布式供能领域，在京津冀区域开展氢能与可再生能源耦合示范项目，推动在商业中心、数据中心、医院等场景分布式供电/热电联供的示范应用；开展绿氢、液氢、固态储供氢等前沿技术攻关，实现质子交换膜、压缩机等氢能产业链关键技术突破，全面降低终端应用成本超过 30%。2025 年以前，北京要具备氢能产业规模化推广基础，产业体系、配套基础设施相对完善，培育 10—15 家具有国际影响力的产业链龙头企业，形成氢能产业关键部件与装备制造产业集群，建成 3—4 家国际一流的产业研发创新平台，京津冀区域累计实现氢能产业链产业规模 1000 亿元以上，减少碳排放 200 万吨。

交通运输领域，2025 年前将探索更大规模加氢站建设的商业模式，力争完成新增 37 座加氢站建设，实现燃料电池汽车累计推广量突破 1 万辆；分布式供能领域，在京津冀范围探索更多应用场景供电、供热的商业化模式，建设"氢进万家"智慧能源示范社区，累计推广分布式发电系统装机规模 10 兆瓦以上；建设绿氨、液氢、固态储供氢等应用示范项目，实现氢能全产业链关键材料及部件自主可控，经济性能指标达到国际领先水平。

（二）新神农的国家级碳中和（零碳）示范村

北京新神农合禾科技有限责任公司紧紧围绕国家清洁能源建设布局，助力实现 2030 年前碳排放达到峰值，2060 年前实现碳中和目标，在济南市柳埠街道黄巢村筹建国家级碳中和示范村。

该项目根据地域特点、村集体经济发展和村民宜居等方面进行综合考虑，规划分三期实施。

规划一期项目：利用北京新神农合禾科技有限公司的中医生态循环农业技术，选择示范村庄，进行基本农田农作物种养殖种植改造，如原有核桃、板栗树的地面使用反野生中草药生态科技饲料，发展林下养殖，增加村民和村集体经济收入。利用村庄废弃水库将林下养殖的动物粪便植入水库，不但养鱼不用再投放饲料，养出来的鱼味道比美野生鱼，营养丰富，同时，鱼池的水可以替代农药和化肥，是非常好的藻肥，从而使村民和村集体获取收益。利用村庄山区荒地，种植红梨等经济林，增加村民和村集体收入且拉动乡村旅游。

为吸引大城市市民消费，并解决农副产品销售难题，规划打造中医养生食疗体验馆，该馆采用低碳环保概念进行建设。同时，鼓励进行农作物种植结构优化，减少单位产值的用水用电，减少化肥与农药使用，鼓励采用节水节能型设施农业和基本农作物种植等。

规划二期项目：利用村庄一般农田及塌陷地，打造高标准生态农业大棚，棚顶实现太阳能发电，棚下种植有机绿色蔬菜，高效利用土地空间，促进乡村振兴、产业兴旺、多层收益、利国利民。同时，积极引进日本等地的高产低占地、不用耕地等种植技术和模式，显著提高农作物产量和综合收益。

规划三期项目：加强与当地县镇村三级政府、村委等沟通，推动镇村范围的低碳化零碳化发展。加大节能减碳技术运用，利用村民房屋、废弃沟区等，规划光伏发电供暖，探索生物质技术供暖发电等可行性，将村庄规划改造成低碳环保、增加碳汇循环化发展的新型美丽零碳乡村，多余宅基地建设成高端低碳环保的康养别墅等，屋顶采用光伏发电，室内采用地热系统，外墙采用节能保温材料。同时，规划并推动村庄道路管网的低碳化改造，积极进行厕所革命，推进或更换无水、少水节能无污染的"新型厕所"，鼓励村民住宅外墙保温管改造等，做好门窗屋顶低碳化改造，鼓励庭院种植绿色树木花草或经济作物，主动增加碳汇，倡导村民实施零碳生活，鼓励绿色出行、绿色购物、低碳零碳消费，杜绝餐桌上的浪费，抓好粮食收储管理，杜绝收储损耗等。引进碳信用、碳积分及绿色金融等制度与资金支持，鼓励村民创建零碳家庭、零碳居民，推动创建和申报国家级或省级碳中和示范村、零碳家庭、零碳居民。

第六章

CHAPTER 6

能源行业零碳创建及案例

能源结构调整是实现碳减排的重中之重。大力推动石油化工和煤炭等传统能源单位能耗与能耗总量降低，积极发展光伏、风能、生物质能、核能等，是降低碳排放、实现零碳发展的主要手段。

一、能源行业碳中和战略价值

提升产业电气化程度，促进碳汇、碳金融高水平发展。重点推进高碳能源的产业应用逐步下降，推动产业用能电气化，鼓励交通、工业、建筑等终端用能的热泵、电采暖及新能源技术使用。加大能源结构调整，实现企业电气化改造、新能源产品企业扩张。贯彻落实《碳排放权交易管理办法（试行）》大力发展碳交易市场。

降低化石能源依赖，加速新能源技术研发。控制煤炭和油气能源消费，推进我国火电机组的超低排放改造、灵活性改造、节能改造等，提升天然气利用效率及增加终端能源消费量。鼓励太阳能、风能、水能、核能等新能源技术研发与应用，大力发展低碳产业的新业态、新模式，实现新能源大范围经济高效配置。支持大规模风电、光伏发电项目入网以及输变电工程开工建设，刺激特高压、半导体等产业发展，推动我国电网技术、新一代低成本高可靠性储能技术、先进核电技术、先进电解水制氢技术、生物质能发电技术高水平发展。

降低温室气体排放，全面改善环境质量。"坚持绿水青山就是金山银山理念，实施可持续发展战略，完善生态文明领域统筹协调机制，构建生态文明体系，推动经济社会发展全面绿色转型，建设美丽中国"，将"单位 GDP 能源消耗累计降低 13.5%，单位 GDP 二氧化碳排放累计降低 18%"作为约束性减排目标。工业碳排放量约占我国总排放量的 70%，优化工业领域的用能结构意义重大。减少"碳"排放包括二氧化碳、甲烷、氧化亚氮、氢氟碳化合物、全氟碳化合物、六氟化硫、臭氧等，降低烟尘、硝酸盐、硫酸盐、臭氧等排放，推动能源碳达峰碳中和，显著改善空气质量和公共健康。

倡导零碳能源的绿色生活。实现家居、办公电气化，加快生活中的节能减排。按照碳中和目标测算，我国到 2030 年非化石能源在总能源需求中占比要达到 25%。推动建筑建造和运行电气化、光伏化、循环化，各类建筑表面安装光伏设备，实现光能发电与分布式蓄电，制冷、照明、烹饪、家电逐步电气化，电气化、光伏和生物质能等清洁能源取代燃煤采暖，实现零碳热源供应。鼓励使用新能源汽车、自行车或采用步行出行，逐步建成"脱碳"的交通能源体系，鼓励素食、光盘行动以及采取省电的生活方式，选择绿色购物等。

二、我国能源行业零碳差距与挑战

能源活动是碳排放的最主要来源，2020 年我国能源消费产生的二氧化碳排量放占总排放量的 88% 左右，而电力行业的二氧化碳排放量占了能源行业排放总量的近一半，电力行业减排进程直接影响碳达峰碳中和的整体进程。

能源系统的重要职能：一是为人类活动提供所需要的能源服务，这些服务包括电力、热力和交通移动力；二是通过能源化工为人类提供生活与生产活动所必需的原材料，如塑料、化肥和各种化纤材料。国际能源署在 2018 年发布的《石化行业的未来》报告中指出，为人类生活提供各类必需品（塑料、化肥、包装、衣服、医疗器具、洗衣粉、汽车轮胎等碳基化合物）的石化行业是全球能源行业的重要组成部分，其消费量分别占全球石油消费的 14% 和天然气消费的 8%。

（一）我国能源行业碳排放现状

煤炭消费总量大是我国二氧化碳排放量大的重要原因，调整能源结构需要主动控制高碳能源消费的总量。受资源禀赋的影响，我国一次能源消费结构中煤炭占比较高。2020 年，中国清洁能源消费占比由 2000 年的 9.5% 提高到 24.3%，但煤炭占比仍然高达 56.8%，而 OECD 国家一次能源消费结构中煤炭占比不到 1/5。

我国能源需求不断增长。截至 2019 年，我国能源消费总量达到 487000 万吨标准煤，增长率降至 3.19%。能源消费增长率有望在 2030 年前迎来拐点（见图 6-1）。

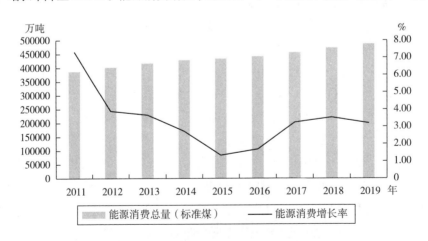

图 6-1 我国能源消费总量及增长率

我国能源结消费构失衡。我国自然禀赋特殊，石油、天然气等优质能源短缺，对外依存度高；煤炭资源丰富，能源消费以煤炭为主。2019 年数据显示，我国的能源消费结构中煤炭占能源总消费的 57.7%，石油占 18.9%，天然气占 8.1%，水电、核电、风电等非化石能源占 15.3%（见图 6-2）。相比全球 28% 的平均水平（见图 6-3），我国过度依赖煤炭，石油和天然气支柱作用不足，核能发展滞后，可再生能源发展态势高于世界平均水平。近年来我国能源结构逐步优化，但是以煤炭为主的能源消费结构短期内无法改变。

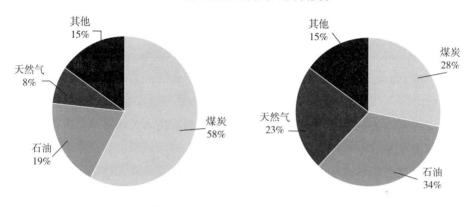

图 6-2　中国能源消费结构　　　　图 6-3　世界能源消费结构

新能源和可再生能源快速发展。近年来我国核电领域已开发出具有自主知识产权的先进压水堆核电技术，第三代核电技术和装备实现"走出去"；风能、光伏、太阳能等非水可再生能源装备产品和技术在全球也处于先进水平（见图 6-4，图 6-5）。

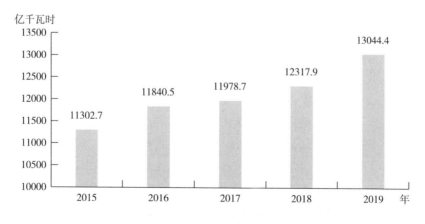

图 6-4　水电生产电力量

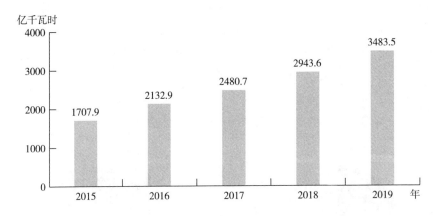

图 6-5 核电生产电力量

我国能源科技创新成果显著。我国能源技术创新能力大幅提升，装备国产化和成果产业化水平不断提升，能源技术创新发展取得瞩目成就。百万千瓦级煤电机组数量、装机容量居世界首位，年产百万吨级煤炭直接液化技术全球领先，光伏发电装机规模连续位居世界首位，海底可燃冰试采技术全球领先。自主研发建设的世界首个多端柔性直流输电工程在广东省南澳岛示范成功，白鹤滩水电站百万千瓦水轮机模型再次打破世界水电装备制造新纪录，先进晶体硅电池多次打破世界纪录，自主研发的百万千瓦级三代核电"华龙一号"和 CAP1400 的主要技术和安全性能指标均达世界领先水平。

（二）我国能源行业减排挑战

高碳、高煤能源系统限制能源减排。近年来煤电的清洁化发展，使得各项污染物排放量都下降了 90% 以上，但是煤电的高碳排放特征没有改变。化石能源占 84.7%，占能源消费的绝大部分。联合国政府间气候变化专门委员会（IPCC）的综合评估报告认为，化石燃料的使用是造成温室气体排放、导致全球气候变暖的主要原因。我国拥有世界上最大的电力系统，煤电在我国电力系统中的地位相对稳固，这是我国与欧美发达国家碳达峰碳中和最显著的区别。我国以碳为基础的能源体系决定了结构调整是实现二氧化碳减排的理想途径，如果以煤炭为主的能源结构未发生根本性变化，我国碳排放将难以得到有效控制。

新能源大规模并网将带来潜在风险。风力、光伏发电存在间歇性，风力、光伏发电项目的大规模并网和消纳后增大了我国区域电网电力电量平衡、电压稳定、调峰、调频的压力，同时随着风电和光伏发电占比的提高，将导致电网无法应对极寒等恶劣天气，给我国电力系统的市场机制设计、规划设计、生产管理、

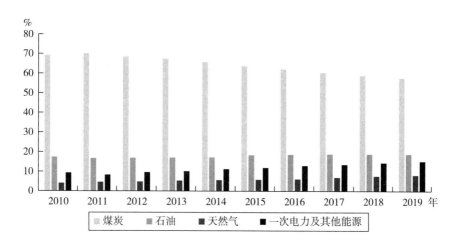

图6-6 能源消费结构变化图

运行控制带来潜在挑战。新能源的使用虽然有利于降低我国对油气资源的依赖程度，但会增加我国对新能源设备生产中关键金属的需求。新能源设备生产环节对铜、锂、钴需求量较大，关键金属矿产主要出口国对金属资源的垄断程度远高于油气，刚果（金）的钴产量占全球的70%，澳大利亚的锂产量占全球的50%以上，智利的铜产量占全球的30%，新能源行业扩张将会导致我国的关键金属矿产需求量出现结构性增长，潜在供应风险将会凸显。

能源成本上升提高了我国工业产品成本。我国仍是"世界工厂"和制造业第一大国，以新能源替换传统能源、增加能源产业污染治理成本将导致工业企业用能成本提升。在当前能源技术没有取得明显突破的大环境下，调整能源产业结构、推动节能增效和使用非化石能源虽然会促进碳减排力度，但也会增加企业的成本、削弱制造业的竞争力，不利于我国工业产品短期经济效益提升。

我国经济结构不利于能源碳达峰目标的实现。2020年我国第三产业增加值比重为54.5%。2006年，欧盟碳达峰时服务业增加值占GDP比重为63.7%；2007年，美国碳达峰时服务业增加值占GDP比重为73.9%。我国第三产业占比相较于欧盟、美国碳达峰时较低，第二产业占比较高，这决定了我国现阶段能源强度较高，实现能源碳达峰需要我国对经济结构进行同步优化。

三、我国能源碳中和技术

自工业革命以来，人为的大规模CO_2排放来源包括能源领域和非能源领域两个方面。能源领域主要来源于化石能源燃烧所产生的排放，非能源领域则来自化工、钢铁、水泥等工业制造过程中的化学反应，其中，能源领域的排放量占 CO_2 排放总量的 80% 左右。化石能源主要通过蒸汽机、内燃机和燃气轮机进行燃烧，对应的主要燃料分别是煤炭、石油和天然气。以上 3 种燃烧技术都涉及相同的物理化学原理，即碳氢化合物加氧燃烧，释放能量产生动力，同时形成二氧化碳，通过水蒸气散发余热。

（一）固态储氢技术

固态储氢是未来高密度储存和氢能安全利用的发展方向，存储和运输问题影响了氢能利用。我们现在还生活在碳时代，但是在未来，氢能将是举足轻重的能源，氢资源丰富，可以由水制取，并且氢供给燃料电池的产物还是水。氢不仅是世界上最干净的能源，还能实现能源物质循环利用、可持续发展。

氢能的利用涉及制氢、储运、应用 3 个环节，其中高密度安全储运氢是主要的瓶颈问题。氢在通常条件下以气态形式存在，且易燃、易爆、易扩散，这给氢的储存和运输带来了很大困难。目前，氢气的储运主要分为气态、液态和固态 3 种方式。

气态储氢较为常见，可分为低压和高压两种。高压气态储氢最高气压可达 70 兆帕，目前我国常见的高压储氢气压也达到 35 兆帕，这就对压力容器提出了极高要求，目前高压储氢罐采用碳纤维制造，成本极高且要消耗较大的能源进行压缩。

氢气在一定的低温下，会以液态形式存在。因此，可将氢气压缩、冷却实现液态储存。常温常压下液氢的密度为气态氢的 845 倍，但低温液态储氢不经济。氢气液化要消耗较大的冷却能量，而且必须使用超低温用的特殊容器，目前仅在储存空间有限的场合使用，如火箭发动机等。

与化石能源或电力等其他非化石能源相比，氢能由于尚未很好地解决储运问题，一直处在叫好不叫座的境地。固态储存需要用到储氢材料，目前技术较成熟的储氢材料主要是金属合金。

储氢合金一般由两部分组成，一部分为吸氢元素或与氢有很强亲和力的元素，它控制着储氢量的多少，是组成储氢合金的关键元素，主要包括钛、镁等；另一部分是吸氢量小或根本不吸氢的元素，常见的有铁、镍等。低温固态储氢材料可以存储其体积上百倍的氢气，其储氢密度比液氢还高。这些合金材料性能非常稳定，不会燃烧爆炸，可逆性好，重复使用不低于 5000 次。

未来，如果解决了储运难题，氢能不仅可以应用于备受关注的燃料电池汽车，还可应用于氢能发电、工业应用及建筑应用等。氢能可以作为建筑热电联供电源、微网的可靠电源与移动基站的备用电源，还能与数字化技术结合，让以固态储氢为氢源的氢燃料电池动力系统在无人驾驶、军用单兵、深海装备等诸多领域发挥重要作用。

（二）光伏发电

我国光伏发展路径是通过集中式光伏树立示范作用并推动产业发展和降低成本，再带动分布式光伏的发展。因此，在我国新增装机量中，集中式光伏占比较高，分布式光伏占比则低于50%。

目前，太阳能电池多指硅太阳能电池，属于第一代太阳能电池，第二代主要包括非晶硅薄膜电池和多晶硅薄膜电池，日本重点发展的钙钛矿太阳电池则属于第三代太阳电池。硅太阳能电池是目前主流，钙钛矿太阳电池多是停留在概念阶段。

（三）能源互联网

以特高压电网引领中国能源互联网建设，推动我国碳减排总体分为三个阶段。

第一阶段，尽早达峰（2030年前）。重点是推进西部、北部清洁能源基地特高压直流外送通道建设和东部、西部特高压交流骨干网架建设，加快清洁能源大开发，压控化石能源消费总量，主要以清洁能源满足新增能源需求，电力、能源和全社会分别于2025年和2028年实现碳达峰，三者峰值分别为45亿吨、102亿吨、109亿吨。

第二阶段，加速脱碳（2030—2050年）。重点是全面建成中国能源互联网，形成东部、西部两个特高压同步电网，深入推进清洁替代和电能替代，带动产业结构调整和经济转型升级，2050年电力实现近零排放，能源、全社会碳排放分别降至18亿吨、14亿吨，相比峰值下降80%、90%。

第三阶段，全面中和（2050—2060年）。进一步发挥中国能源互联网的带动作用，推进各行业各领域深度脱碳，结合自然碳汇、碳移除等措施，力争2055年全社会碳排放净零，实现2060年前碳中和目标。

建设中国能源互联网为推进"两个替代"，实现碳达峰碳中和目标提供了可行的系统解决方案。我国清洁能源资源丰富但与主要用能地区逆向分布，实现"两个替代"，需要解决好能源开发、配置和消纳问题。中国能源互联网是清洁能源在全国范围大规模开发、输送和使用的基础平台，是清洁主导、电为中心、互联互通的现代能源体系，为能源转型升级、减排增效提供了重要载体，实质是"智能电网＋特高压电网＋清洁能源"，智能电网是基础，特高压电网是关键，清洁能源是根本。建设中国能源互联网是落实习近平总书记关于"四个革命、一个合作"能源安全新战略，推进国内能源互联网建设，抢占全球能源互联网构建制高点等重要指示精神的必然要求，将加快推动清洁能源大规模开发和电能使用，全方位减少煤、油、气消费，促进能源生产清洁主导、能源消费电能主导（"双主导"），能源电力发展与碳脱钩、经济社会发展与碳排放脱钩（"双脱钩"），以能源体系零碳革命加快全社会碳减排，实现绿色、低碳、可持续发展。

（四）现代煤化工

目前，煤制烯烃项目产品以中低端为主，双烯产品集中在一些通用料或中低端专用料品牌上，高端专用料牌号基本空白。煤制乙二醇项目的产品结构单一，已建成的项目通常以乙二醇为主打产品，下游用于聚酯消费的占比高达95%。对此，应创新开创现代煤化工发展的全新未来。

一是开创煤制烯烃、芳烃终端产品高端化、差异化的新突破。开发合成气直接催化合成烯烃、芳烃、支链烷烃以及醇类含氧化合物技术；开发新牌号聚烯烃树脂；开发高端 C3/C4 下游衍生化学品。

二是开创煤直接生产化学品技术的新突破。未来应开发能直接和充分利用煤炭中的环状有机化合物的技术，如煤炭直接制芳烃技术、从煤中直接提取高附加值医药中间体和精细化学品技术等。

三是开创二氧化碳资源化利用的新突破。要利用生产过程中排放二氧化碳纯度较高的特点，积极开展捕集、封存和资源化利用。特别是在小分子化合物、高分子材料、与环氧化物的共聚反应等方面有所突破，尽快找到资源化利用的技术路径。

四是开创煤炭分质利用技术的新突破。要探索以清洁高效热解为龙头分质转化为高级能源和高附加值化工产品的新技术，如煤炭清洁高效催化热解技术、煤焦油提取高附加值精细化产品及炼制特种高级油品和芳烃技术等。

五是开创现代煤化工绿色节能节水新工艺技术的新突破。现代煤化工是水和能源消耗大户，要加快绿色转型，降低单位产品的能耗、水耗，强化废水、结晶盐的处置，进一步提高清洁生产水平。

（五）生物质热电联产

生物质热电联产灵活性最好，稳定性和可控性优于燃煤和天然气，供热成本高于燃煤，低于天然气。根据不同的生物质热电联产技术路线，其供热成本在燃煤和天然气之间，虽然比燃煤供热稍高，但是远低于天然气。生物质能属于可再生能源，在农业农村区域，如果生物质废弃不能得到循环利用，会带来焚烧污染、腐烂温室气体排放等危害，生物质能开发利用，可以"变废为宝"，还可以"化害为利"。每年中国生产超过 6 亿吨农作物的稻壳和稻草。如果可以合理使用，这些农作物秸秆将有很大的发挥空间，也为农民带来很多收入。

四、我国能源碳中和拐点

实现碳达峰碳中和目标，重点在于控制能源活动碳排放，其中发电、高耗能工业等行业更是重中之重。预计未来产业政策大概率聚焦于能源活动领域，减排方式上可从能源的生产、消费和人为移除三方面开展。随着技术进步与成本下降，过去 10 年，我国陆上风电度电成本下降 40%，新增陆上风电自 2021 年全面实现平价。2018 年光伏度电成本相比 2010 年降低 77%，基本接近国内火电的平均发电成本，风电、光伏发电平价上网的时代已经到来。

"十三五"以来，我国各地加快构建绿色制造体系，创建绿色工厂、绿色园区、绿色供应链示范企业，电子、纺织、钢铁、化工等行业大力推动绿色低碳共性技术的研发应用，工业领域绿色低碳发展取得积极成效。

2016—2019 年，规模以上企业单位工业增加值能耗累计下降超过 15%，节约的能源相当于 4.8 亿吨标准煤，单位工业增加值二氧化碳排放量累计下降 18%。截至 2019 年，中国能源消费总量为 48.6 亿吨标准煤；煤炭消费量占能源消费总量的 57.7%；天然气、水电、核电、风电等占 23.4%；人均能源消费 3.47 吨标准煤。2000—2018 年，中国人均用电从 1063 千瓦时增至 4905 千瓦时，人均生活用电从 132 千瓦时增至 694 千瓦时。2018 年，美国人均用电 11473 千瓦时，人均生活用电 4980 千瓦时，分别为中国的 2.3 倍和 7.2 倍。中国碳排放占全球比重达 28.8%，超过欧盟和美国（9.7% 和 14.5%）之和。其原因在于中国以化石能源为主，欧美国家煤炭消费仅占 11% 和 12%。

以零碳为目标的能源规划注重将城市能源需求与供给进行一体化的统筹和协调，通过供给侧的分布式可再生能源应用，和需求侧的绿色基础设施、零碳建筑、高效和清洁的交通等落实，助力城市绿色、高质量发展。这一规划理念有三大特征：

一是明确将零碳作为新区规划的战略目标，通过量化情景分析法制定详细的零碳目标体系，基于零碳目标体系开展综合能源规划；二是统筹能源消费部门（建筑、交通、工业）和能源供给部门，从需求侧出发深入挖掘节能潜力，大幅提高能效，避免能源系统过量配置，降低能源系统投资成本；三是基于建设项目规模和类型制订工程实施方案，明确责任主体，将零碳综合能源规划落实到后续工程规划建设中。

国家能源局提出2021年能源领域的主要预期目标，明确煤炭消费比重将下降到56%以下，电能占终端能源消费比重力争达到28%左右。

"十四五"末期，我国煤炭产量将控制在41亿吨左右，全国煤炭消费量控制在42亿吨左右，煤矿数量控制在4000处左右，煤矿机械化程度达到90%以上。到2060年，要达到碳中和目标，我国新型电力系统要增加60亿千瓦的可再生能源装机。我国新型电力系统规模和比例要增加，具体行动包括稳步推进水电发展、安全高质量的发展核电、合理利用光伏发电和风能发电、保证电力系统稳定供电，进而实现碳中和。

五、我国能源碳中和图谱

（一）优化能源结构，提高能源使用效率

提高能源使用效率，降低单位能源碳排放量。若保持当前碳排放强度不变，到2030年每年碳排放量将达到167.3亿吨，完成碳达峰目标需减排63.9亿吨。减排的具体方式，来自能源使用效率的提高，即降低单位GDP能耗（能源强度）。根据"十四五"规划纲要，到2025年实现单位GDP能耗降低13.5%，结合当前能源效率提升趋势，预计到2030年单位GDP能耗将降低23.8%，能减排39.9亿吨。降低单位能源碳排放量的其他方式，贡献剩余14.1亿吨减排量。

煤炭能源排放系数高，单位能源排放的二氧化碳比石油、天然气等其他化石能源高30%—80%。2050年我国煤电占比将降至5.7%，清洁能源发电占比将达到90%以上，清洁能源将逐步取代煤电。假定2020—2030年、2030—2050年、2050—2060年我国用电量增速分别为3.6%、2%和0.6%，预计我国清洁能源电力装机量将由2020年的9.5亿千瓦增至2060年的77亿千瓦；2060年煤电装机量由2020年的10.8亿千瓦降至0。

严控煤炭消费增长，"十五五"时期逐步减少鼓励发展核电，因地制宜发展水电、风电、太阳能、生物质能、海洋能、地热能等。到2060年，要达到碳中和的目标，我国新型电力系统需要增加60亿千瓦的可再生能源装机。具体行动包

括要做到稳步推进水电发展、安全高质量地发展核电、合理利用光伏发电和风能发电、保证电力系统稳定供电。

（二）推动碳封存及新能源产业发展

通过人为方式大气中二氧化碳进行移除，具体方式包括碳捕获与封存、植树造林增加碳吸收。发展碳捕获与封存（CCS/BECCS）技术，到 2050 年 CCS/BECCS 技术碳移除能力达到 8.8 亿吨/年，预计 2060 年农林业碳汇将达到 10 亿吨以上。

加快构建以新能源为主体的新型电力系统，构建清洁低碳安全高效的能源体系，通过能源电力绿色低碳发展引领经济社会系统性变革。调整我国产业结构，需要加快制造业的转型升级，推动高端化、智能化、绿色化发展，降低碳排放水平，解决充电桩、氢能制储输用等瓶颈，加快推广新能源交通工具。

加快天然气利用，以低碳能源天然气替代高碳能源煤炭，为实现碳中和目标争取时间。大力发展非化石能源，鼓励天然气在发电、采暖、工业、交通等领域发展，提高天然气的利用规模。

扩大清洁能源的使用，实现终端能源消费电气化。在电力脱碳的基础上，扩大电能在工业生产中的使用率，减少碳排放。据国家电网测算，电气化率每提升 1 个百分点，减少终端能源消费约 0.5 亿吨标准煤，带动能源消费强度降低 4% 左右。到 2050 年将升至 54%，2017—2050 年电气化率将提高 32 个百分点。

六、典型案例

（一）国家电网发布"碳达峰碳中和"行动方案

国家电网发布的"碳达峰碳中和"行动方案提出，在能源供给侧，构建多元化清洁能源供应体系。发展清洁能源，最大限度地开发利用风电、太阳能发电等新能源，坚持集中开发与分布式并举，积极推动海上风电开发；大力发展水电，加快推进西南水电开发；安全高效推进沿海核电建设；加快煤电灵活性改造，优化煤电功能定位，科学设定煤电达峰目标。到 2025 年，输送清洁能源占比达到 50%。预计 2025 年、2030 年，非化石能源占一次性能源消费比重将达到 20%、25% 左右。

具体办法包括推动电网向能源互联网升级，做好绿色能源并网工作；同时，在终端消费方面，大力提升电气化水平，加大科技创新能力。

国家电网"碳达峰碳中和"行动方案勾勒出了能源产业升级的路线图和时间

表。行动方案的落实将让绿色能源有扩展空间和提高使用效率的方式；从资本市场的角度来说，行动方案的落实将为风能、太阳能等相关新能源产业的产能扩张、利润增长都带来长期的基本面的支持。

实现"碳达峰碳中和"的核心是控制碳排放，我国电力结构是以火电为主，当电力结构由稳定的火电为主导转为受气象驱动的新能源发电为主导时，电网面临的挑战是颠覆性的。电网是能源转型的中心环节，是电力系统碳减排的枢纽。如何既保障新能源大规模开发和高效利用，又满足经济社会发展的用电需求，这需要电网向能源互联网转型。

行动方案提出加强"大云物移智链"等技术在能源电力领域的融合创新和应用，促进各类能源互通互济，其中源网荷储协调互动非常重要。储能将成为解决"双高"电力系统运行的技术手段，包括抽水蓄能、电化学储能等。体制机制方面的变革——建设全国统一电力市场，加快构建促进新能源消纳的市场机制。让价格在电力消费中起到调控作用，最终达到整体效率提升，才能让电网真正成为支撑能源转型的平台。当机制、技术、信息三大要素融合，电网升级为能源互联网，此时，不仅在能源供给侧构建多元化清洁能源供应体系，也在能源消费侧推进电气化和节能提效。

（二）南方电网推动南方五省区实现碳中和

南方电网公司走生态优先、绿色低碳的高质量发展道路，全力服务广东、广西、云南、贵州、海南南方五省区及港澳地区及早实现碳达峰碳中和目标。

深入贯彻"四个革命、一个合作"能源安全新战略，南方电网推动能源绿色低碳转型敢为人先、蹄疾步稳。能源结构转型成效显著，非化石能源装机、电量占比连续 5 年超过 50%，远超国内平均水平，位居世界前列。清洁能源消纳水平领跑全国，水能利用率超过 99.5%，风电、光伏发电利用率均达 99.7%，基本实现全额消纳。深入推进国家西电东送战略，建成"八条交流、十一条直流"的西电东送大通道，送电规模超 5800 万千瓦，年送电量超 2300 亿千瓦时，累计送电量突破 2.4 万亿千瓦时，相当于减排二氧化碳 17 亿吨、二氧化硫 1200 万吨。南方电网持续推动终端用能清洁化，"十三五"累计实现替代电量约 1000 亿千瓦时，2020 年南方五省区电能占终端能源消费比重达 32%。南方电网科技创新成果丰硕，投产世界首个特高压多端柔性直流输电工程——昆柳龙直流工程，"特高压 ±800 千伏直流输电工程"荣获国家科学技术进步奖特等奖。其积极推动电力体制改革，在全国率先启动输配电价改革、率先以股份制模式组建电力交易机构，建立全国第一个电力现货市场，市场化电量占比全国领先。在各方共同努力下，南方五省区 2020 年单位 GDP 电力二氧化碳排放较 2005 年下降 51%，为实现碳达峰碳中和目标奠定了坚实基础。

"十四五"是碳达峰的关键期、窗口期，南方电网公司贯彻新发展理念，积极推进能源电力行业尽早达峰，支持有条件的省区率先达峰。重点做好五个方面工作：

一是大力支持非化石能源发展，推动能源供给侧结构转型。推动新能源集中式与分布式并举发展，设立海上风电服务公司，主动融入和服务海上风电发展，统筹推进风光水火储一体化能源基地建设。深入推进水电绿色开发和沿海核电安全稳妥发展。加快抽水蓄能电站规划建设，积极推进城市中心调峰气电规划建设，推动火电灵活性改造，加快电化学储能规模化应用，提升电力系统调节能力。到 2030 年，南方五省区新能源新增装机 2 亿千瓦左右，非化石能源装机占比提升至 65%，发电量占比提升至 61%。

二是全面服务能源消费方式变革，推动能源利用效能提升。加快推动"新电气化"进程，到 2030 年，助力南方五省区电能占终端能源消费比重由 2020 年的 32% 提升至 38% 以上。积极拓展节能服务，统筹用户电、热、冷、气等用能需求，实现多种能源互补运行，提高能源综合利用效率。配合政府建立完善电力需求响应机制，激励各类市场主体挖掘调峰资源，探索市场化需求响应交易模式，提升电力系统整体效率和效益，到 2030 年削减尖峰负荷约 1500 万千瓦。

三是加快构建现代化电网，提升清洁能源资源优化配置能力。发挥区位优势，充分利用国内国际能源资源，推进西电东送、北电南送，稳妥推进跨境互联，积极推动跨省区输电通道规划建设，打造更大范围的资源优化配置平台，争取 2030 年前新增受入电力 2000 万千瓦，新增区外送电 100% 为清洁能源。构建"合理分区、柔性互联、安全可控、开放互济"的南方电网主网架，打造世界一流的粤港澳大湾区、深圳先行示范区、海南自由贸易港电网，推进城市电网升级，全面建设现代农村电网，推动电网数字化转型和智能化调控，优化电网调度运行方式，提升电网的灵活性和适应性，最大限度地消纳可再生能源。开展以绿电为核心的碳达峰碳中和示范区建设。实施绿色电网建设，推动电网设施与环境融合发展，实现线损管理精益化，降低自身碳排放水平。

四是推动低碳新技术创新发展，服务构建低碳新模式、新业态。实施高比例新能源接入电网的稳定运行控制技术、特高压直流输电技术等关键技术攻关，开展电化学储能、氢储能等技术攻关及工程示范，保障清洁能源规模开发、经济消纳。深挖电力系统调峰潜力，聚合电动汽车调节潜力，加快研究构建虚拟电厂，提升电网灵活调节能力。聚焦国家重大战略和行业科技前沿，设立能源低碳发展研究机构，加快低碳实验室建设，培育国家级技术创新平台。

五是推动南方区域统一电力市场建设，服务构建适应低碳发展的体制机制。深化电力体制改革，建立健全跨省区清洁能源消纳机制，加快建设南方区域统一电力市场，推动有效市场和有为政府更好结合。推动进一步优化完善输配电价定价机制，研究完善抽水蓄能、调峰火电、电化学储能等调节性电源电价和成本疏导机制。探索建立能源低碳发展指标体系，推动完善绿色电力证书交易市场建设，积极参与用能权、碳排放权市场建设，有效促进社会的低碳发展。

第 七 章

CHAPTER 7

交通建筑行业零碳创建及案例

交通和建筑是人类生产生活的基本保障，也是碳中和的重要领域。绿色交通、零碳建筑是我国双碳经济的重要目标，也是各地区全力推进的重要工作任务。

一、我国交通建筑零碳现状与挑战

（一）零碳交通及交通分类

零碳交通指采取风能、太阳能、水电、生物质能、氢能等可再生能源、清洁能源作为交通能源供给源，同时优化公共交通体系与交通线路，鼓励低碳绿色出行、零碳出行、公交优先等近零碳交通运输方式，逐步实现交通工具、交通方式和交通运输体系的低碳化、零碳化、智能化，最终实现近零排放的绿色清洁交通方式与交通运输体系。

运输工具指完成旅客和货物运输的机车、客货车辆、汽车、轮船、飞机等。运输工具分为铁路运输工具、公路运输工具、水路运输工具、航空运输工具与管道运输工具五大类。

运输指运输主体（人或者是货物）透过运输工具（或交通工具与运输路径），由甲地移动至乙地，完成某个经济目的的行为。铁路运输工具包括铁路机车、铁路车辆和列车等。其中：

铁路运输工具。铁路机车是铁路运输的动力，列车和车辆在铁路线路上的有目的移动需要机车的牵引或推送。从原动力看，机车分为蒸汽机车、内燃机车和电力机车；铁路车辆分为客车和货车两大类。

公路运输工具。运输车辆包括客运车辆和货运车辆。轿车、微型客车、轻型客车、中型客车、大型客车以及特大型客车（如铰接客车、双层客车等）属于客运车辆的范畴。敞车、箱车、罐车（液槽车）、平板车等货运汽车及由多节挂车组成的汽车列车属于载货车辆的范畴。

水路运输工具。其也称浮动工具（浮动器），包括船、驳、舟、筏。其中，船和驳是现代水路运输工具的核心，分别是货船和客船。

航空运输工具。其是指专门用于运送旅客或货物的民用飞机。根据国际的统一定义，航空机还包括直升机、气球和气艇等。按照运输对象民航飞机可分为客机和货机两类，客机以运送旅客为主，运送货物为辅（腹舱载货），货机专门用于运送各类货物。

管道运输工具。管道运输是特殊的运输方式，其运行方式有别于其他运输方式，载货容器与原动机的组合较为特殊，载货容器为干管，原动机为泵（热）站，总是固定在特定的空间内，可将其视为运输工具。

从交通运输体系来看，2020年中国交通固定资产投资完成34752亿元，同比增长7.1%。分运输方式看，公路和水路固定资产投资完成额为25883亿元，同比增长10.4%，而铁路和航空运输固定资产投资均为负增长。截至2020年，我国公路里程突破500万公里，公路密度突破50公里/百平方公里，公路养护里程514.4万公里，占公路总里程的99.0%。2020年，我国高速公路总里程约16万公里，建成了全球最大的高速公路网络，覆盖99%城区超过20万人的城市和地级行政中心，我国高速公路已实现"一张网"运行。截至2020年，中国铁路营业里程14.14万公里，其中高铁3.6万公里，居世界第一。2019年，我国定期航班条线突破5000条，全年旅客吞吐量超过13亿人次，货邮吞吐量也达到1710万吨。截至2019年，我国航空运输规模已连续15年位居世界第二。从规模以上港口集装箱吞吐量来看，2015—2019年中国规模以上港口集装箱吞吐量逐年增长，到2019年达到26107万TEU，同比增长4.5%，到2020年受新冠肺炎疫情影响，经济发展受阻，1月至9月中国规模以上港口集装箱吞吐量同比下降1.3%。

从交通运输能耗来看，我国公路、铁路、航空、港口等运输体系碳减排任务重，我国交通运输领域碳排放总量占全国碳排放总量的10%左右。以重化工为主的产业结构、以煤为主的能源结构和以公路货运为主的运输结构，导致交通全产业链高能耗、偏石化能源问题突出。截至2020年，我国汽车保有量2.8亿辆，其中：新能源汽车保有量492万辆。从新能源汽车专项规划来看，到2025年，新能源汽车整体销售占汽车销售总量的20%，高度自动驾驶实现特定区域和场景的商业化。到2035年，纯电动汽车成为新销售车的主流，公共领域用车全部电动化。

（二）推动交通零碳化

为实现交通运输低碳化，应优化交通运输用能结构，鼓励推广电力、清洁能源、氢能等低碳交通装备，持续调整公路为主的货物运输结构，积极发展海陆空一体化的多式联运。积极创新货物组织模式，采用新的减排等新技术、新方法、新理念，推动绿色循环化交通模式应用、优化物流仓储体系、优化平台经济、提升综合运输的效率。大力推进地铁、公交等公共出行，减少私家车使用，鼓励骑行步行，逐步形成绿色的生活方式。

专家预测，2021年我国新能源乘用车渗透率预计达到13%，到2025年，新能源乘用车渗透率将超过25%，2030年可能达到50%。

（三）零碳建筑内涵与特点

净零碳排放建筑（net zero carbon buildings）是指有高能效，且完全使用就地产生或别处产生的可再生能源的建筑。

零能耗建筑指不消耗常规能源，完全依靠太阳能或者其他可再生能源供能的建筑。根据建筑能耗目标实现的难易程度分为三种形式：超低能耗建筑、近零能耗建筑及零能耗建筑。

零碳建筑在不消耗煤炭、石油、电力等能源的情况下，全年能耗全部由场地产生的可再生能源提供，主要强调建筑围护结构被动式节能设计，建筑能源主要来自太阳能、风能、地热能、生物质能等可再生能源。

城市建筑物平均占城市温室气体排放的50%以上，城市建筑净零排放是实现《巴黎协定》温室气体控制目标的关键。

（四）我国零碳建筑试点

为推动零碳建筑试点，2020年9月5日，包括巴黎、纽约、伦敦、东京在内的全球19个超大城市在伦敦签署了由C40城市气候领导联盟发起的《净零碳建筑宣言》（以下简称《宣言》），承诺到2030年，自己城市中所有新建筑将实现净零碳排放，到2050年，所有建筑实现净零碳排放。《宣言》鼓励市政府在2030年率先实现所有市政建筑净零排放。中国北京、上海、广州、深圳和香港等成为其会员。C40联盟还发布《迈向零废弃宣言》，其承诺，到2030年各缔约城市人均市政废弃物产生量将比2015年减少15%，废弃物填埋和焚烧处理量比2015年减少至少50%，并将废弃物回收率提高到70%。目前已有至少23个城市在宣言上签字。

我国建筑面积排名全球第一。其中，城镇建筑存量面积约650亿平方米，每年使用过程中"运营碳排放"约21亿吨，约占我国碳排放总量的20%。我国新增建筑的工程建设每年碳排放约占总排放量的18%，主要来自钢铁、水泥、玻璃等建筑材料的生产运输及现场施工过程。我国建筑行业从建设到运营整个过程碳排放约占全部总排放量的40%。预计到2030年，我国城镇化率达70%，2050年达80%左右。到2030年，我国人均住房建筑面积达39平方米左右，城镇住房存量将达400亿平方米左右。按照现有建筑节能政策标准与技术，碳达峰时间预计在2038年，届时碳排放峰值将达到25.4亿吨。如果碳减排等技术实现重大突破，碳达峰碳中和时间可能提前。

（五）零碳交通与零碳建筑推进趋势

我国积极推进交通和建筑节能低碳化，初步形成了系统可推广的节能技术和标准体系。我国鼓励使用电动公交客车、电动汽车、氢能等清洁能源作为交通燃料，扶持推动燃油车减碳技术改进，推动大型货物运输的集装箱化、轨道化等方向转型。积极推动利用自然通风、天然采光及围护结构保温隔热等技术措施，采用高效能源设备，降低建筑供暖、空调、照明能耗。鼓励增加可再生能源建筑应用等技术措施，推动建设近零能耗、零碳建筑。

从财政补助看，"十三五"期间，我国超低能耗建筑专项财政激励超过 10 亿元，在建及建成超低或近零能耗建筑项目超过 1000 万平方米，带动 100 亿元增量产业规模。

二、我国零碳交通政策

绿色交通加速发展，我国新能源汽车成交量连续 5 年居全球第一位，累计推广量超过 480 万辆，占全球一半以上。生态环境部、工业和信息化部、海关总署三部门近日联合发布公告，明确自 2021 年 7 月 1 日起，在全国范围全面实施重型柴油车国六排放标准，禁止生产、销售不符合国六排放标准的重型柴油车，进口重型柴油车应符合国六排放标准。

三、我国零碳建筑政策

（一）零碳建筑政策

城乡建设的直接碳排放主要包括建筑内的供暖、炊事、生活热水等使用化石能源产生的碳排放。绿色低碳转型成为建筑行业发展的主要目标。

国务院《"十三五"节能减排综合工作方案》提出"开展超低能耗及近零能耗建筑试点"；住房和城乡建设部 2017 年印发《建筑节能与绿色建筑发展"十三五"规划》，提出"积极开展超低能耗建筑、近零能耗建筑建设示范……在具备条件的园区、街区推动超低能耗建筑集中连片建设，鼓励开展零能耗建筑建设试点"；2021 年 3 月，《中华人民共和国国民经济和社会发展第十四个五年规划和2035 年远景目标纲要》提出，开展近零能耗建筑、近零碳排放等重大项目示范。

住房和城乡建设部、农业农村部、国家乡村振兴局联合印发的《关于加快农房和村庄建设现代化的指导意见》中指出"加快推进农房和村庄建设现代化，提高农房品质，提升乡村建设水平……提升农房设计建造水平。农房建设要先精心设计，后按图建造。精心调配空间布局，逐步实现寝居分离、食寝分离和净污分离。新建农房要同步设计卫生厕所，因地制宜地推动水冲式厕所入室。因地制宜解决日照间距、保温采暖、通风采光等问题，促进节能减排。鼓励利用乡土材料，选用装配式钢结构等安全可靠的新型建造方式……推动农村用能革新。鼓励农村使用适合当地特点和农民需求的清洁能源，推广应用太阳能光热、光伏等技术和产品，推进燃气下乡，推动村民日常照明、炊事、采暖制冷等用能绿色低碳转型。推动既有农房节能改造"。上述政策对于推动农房和村庄的节能减排、清洁能源等具有重要的指导作用。

住房和城乡建设部等15个部门印发《关于加强县城绿色低碳建设的意见》指出"深入贯彻党的十九届五中全会精神和'十四五'规划纲要部署要求，贯彻落实党中央、国务院关于实现碳达峰碳中和目标的决策部署，以绿色低碳理念引领县城高质量发展"。

《关于加强县城绿色低碳建设的意见》强调"大力发展绿色建筑和建筑节能。县城新建建筑要落实基本级绿色建筑要求，鼓励发展星级绿色建筑。加快推行绿色建筑和建筑节能节水标准，加强设计、施工和运行管理，不断提高新建建筑中绿色建筑的比例。推广应用绿色建材，发展装配式钢结构等新型建造方式，全面推行绿色施工。提升县城能源使用效率，大力发展适应当地资源禀赋和需求的可再生能源。建设绿色节约型基础设施。县城基础设施建设要适合本地特点，以小型化、分散化、生态化方式为主，降低建设和运营维护成本。倡导大分散与小区域集中相结合的基础设施布局方式，减少输配管线建设和运行成本，并与周边自然生态环境有机融合。构建县城绿色低碳能源体系。建设绿色低碳交通系统。打造适宜步行的县城交通体系，建设连续通畅的步行道网络，确保步行道通行安全。鼓励县城建设连续安全的自行车道。优先发展公共交通"。《关于加强县城绿色低碳建设的意见》从绿色建筑、建筑节能、低碳交通等领域推动碳达峰碳中和与绿色发展。

住房和城乡建设部发布的《绿色建筑标识管理办法》自2021年6月1日实施。绿色建筑标识指表示绿色建筑星级并载有性能指标的信息标志，包括标牌和证书。绿色建筑标识授予范围为符合绿色建筑星级标准的工业与民用建筑，标识星级由低至高分为一星级、二星级和三星级3个级别。绿色建筑标识认定需经申报、推荐、审查、公示、公布等环节，审查包括形式审查和专家审查，申报由项目建设单位、运营单位或业主单位提出，鼓励设计、施工和咨询等相关单位共同参与申报。形式审查后，由住房和城乡建设部组织专家审查，按照绿色建筑评价标准审查绿色建筑性能，确定绿色建筑等级。

国家发展改革委、住房和城乡建设部关于印发《"十四五"城镇生活垃圾分类和处理设施发展规划》的通知指出："以提高城镇生态环境质量为核心，以保障人民健康为出发点，以推进生活垃圾减量化、资源化、无害化为着力点，补短板强弱项，着力解决城镇生活垃圾分类和处理设施存在的突出问题，加快建立分类投放、分类收集、分类运输、分类处理的生活垃圾处理系统，为形成绿色生产生活方式、推动生态环境根本好转和促进美丽中国建设作出新贡献。"

垃圾资源化利用率：到 2025 年底，全国城市生活垃圾资源化利用率达到 60% 左右。

垃圾分类收运能力：到 2025 年底，全国生活垃圾分类收运能力达到 70 万吨/日左右，基本满足地级及以上城市生活垃圾分类收集、分类转运、分类处理需求；鼓励有条件的县城推进生活垃圾分类和处理设施建设。

垃圾焚烧处理能力：到 2025 年底，全国城镇生活垃圾焚烧处理能力达到 80 万吨/日左右，城市生活垃圾焚烧处理能力占比 65% 左右。

（二）零碳建筑发展趋势

碳排放量最高的是建筑业，占总排放量的 47%。零碳建筑指零碳排放的建筑物，可以独立于电网运作，依靠太阳能或风能运作。这种建筑不消耗煤炭、石油、电力等能源，全年的能耗全部由场地产生的可再生能源提供。

低能耗建筑将成为主流建筑。为加强建筑领域节能减碳，2020 年 7 月，住房和城乡建设部、国家发展改革委等部门发布《绿色建筑创建行动方案》，明确到 2022 年，当年城镇新建建筑中绿色建筑面积占比需达到 70%，进一步提高既有建筑能效水平和推广绿色建材应用。山西、安徽、河南、河北、湖北、山东等省份相继出台了地方绿色建筑标准。其中，河北省提出到 2022 年，全省城镇新建建筑中绿色建筑面积占比达 92%，建设被动式超低能耗建筑面积达到 600 万平方米；河南省明确到 2022 年底，城镇新建建筑中绿色建筑面积占比 70%；湖北省规划到 2022 年，武汉、襄阳、宜昌等地城镇新建建筑中绿色建筑面积占比 80%以上；山东省要求 2020—2022 年新增绿色建筑 3 亿平方米以上，到 2022 年，城镇新建民用建筑中绿色建筑占比达 80%以上。

零碳建筑设计的三大要点：

一是舒适性。提供充满弹性的工作场所，鼓励空间内部的通达性，保证优质的室内空气质量，提高建筑的舒适性，保障建筑使用者的身心健康。

二是环境友好。利用现存建筑减少能源消耗，控制水资源消耗，对污染场地进行生态修复，选择地域材料及可循环产品，保留绿地并融入自然。

三是零碳目标。避免运用化石燃料，提高可再生能源使用比例，控制交通碳排放，监控能源消耗，发布碳排放报告，减少建筑及运营过程中的碳排放。

四、我国零碳交通图谱

（一）我国交通低碳化概况

研究预测，我国交通行业在 2030 年左右实现碳排放达峰，峰值水平控制在 14 亿吨左右，达峰后排放量加速下降，2050 年 CO_2 排放量控制在 6 亿吨，假设基准情景排放水平的 20%，为我国中长期低碳转型累计减排 17.5%，争取在 2025 年我国 CO_2 排放实现达峰。

为推动交通领域碳中和，推进全国各地区、各行业基础设施绿色低碳化建设改造，强化零碳交通科技创新与成果应用。应优化交通运输工具的能源供给，优先发展电动车、氢能源车。首先，加快发展智能多式联运交通，提升供需精准匹配度，减少运输空驶率、空载率；其次，推进绿色氢能、纯电动等低碳前沿技术攻关，鼓励发展在地面公交车辆、重载货运车辆、民用船舶等领域示范应用，打造绿色零碳交通网络体系。

（二）重点交通领域碳中和图谱

推动汽车产业碳达峰碳中和。根据中国汽车工程学会发布的《节能与新能源汽车技术路线图 2.0》，我国汽车技术将逐步低碳化、信息化、智能化，中国汽车产业碳排放将于 2028 年左右提前达峰，至 2035 年，碳排放总量较峰值下降 20% 以上，力争 2059 年前实现汽车产业碳中和。

探索打造零碳物流产业园。规划建设零碳物流产业园解决方案，建设投建集"光、储、充（放）、车"高度融合的物流系统新能源系统，并与智能电网组成互为支撑的网架结构。主要包括：物流园区光电建筑一体化工程。基于园区建筑幕墙和屋顶，发展分布式光伏发电并就地消纳，降低变压器投资。物流园区清洁能源储能建设工程。利用储能电池、电动车放电，配合能量调度管理系统，结合峰谷电价差实现用能成本最优化。根据园区特点匹配储能容量，保障重要负荷不间断供电。零碳交通运输能源应用工程。投建电动运输车辆充电及车辆换电工程等、租赁或采购清洁电力物流车辆等，打造分布式新能源充电服务体系。氢能燃料电池换电重卡工程。改进新能源物流车辆的燃料动力电池技术、续航能力和产品品质，探索氢燃料动力电池"换电"模式。

推进货物运输低碳化减碳化。以多式联运为重点，以基础设施立体互联为基础，构建"宜铁则铁、宜公则公、宜水则水、宜空则空"的运输局面，积极发展绿色运输，推进大宗货物及中长途货物"公转铁""公转水"，优化运输结构。

五、我国零碳建筑图谱

（一）我国建筑碳中和时间点

基于建筑碳减排技术和碳排放技术，预测我国将早于2060年提前实现住宅和商业建筑净零排放。

（二）我国建筑零碳化主要任务

未来40年，我国推进零碳建筑的主要任务：一是加大光伏、风能、地热能等在屋顶、工厂以及地下管道等应用，推进存量建筑及新建筑的碳减排；二是针对下一代住宅和商业建筑制定相应的用能、节能规则制度；三是利用大数据、人工智能、物联网（IOT）等技术实现对住宅和商业建筑用能的智慧化管理；四是鼓励利用固废建筑材料，建造零排放住宅和商业建筑；五是研究和应用先进节能建筑材料；六是加快发展下一代太阳电池技术等低碳产品；七是加大太阳能建筑、地热产品的产业化，推进太阳能建筑一体化发展；八是应用节能节水工具，完善立体停车场，鼓励发展公交系统等，减少建筑占地耗能。

为建设零碳城市及零碳建筑，国家部委政策规定，各地区、各城市要"加快推进绿色建材产品认证，推广应用绿色建材。发展装配式钢结构等新型建造方式。提升县城能源使用效率，发展适应当地资源禀赋和需求的可再生能源，因地制宜开发利用地热能、生物质能、空气源和水源热泵等，推动区域清洁供热和北方县城清洁取暖，通过提升新建厂房、公共建筑等屋顶光伏比例和实施光伏建筑一体化开发等方式，降低传统化石能源在建筑用能中的比例"。

（三）零碳技术实践应用

为建设零碳建筑，根据《零碳建筑技术指南》，各地区大力推广零碳建筑技术及成果应用，包括但不限于：

1. 阳光房。采取被动太阳能设计，阳光房可以通过南向高处窗户在冬季利用入射角度较低的太阳光进行被动式采暖。

2. 遮阳板。南向遮阳板对于夏热冬暖地区是种调节太阳辐射的工具。夏季太阳高度角较高，光照将落在遮阳板上方转化为电能和热能。冬季太阳角度较低，太阳辐射将射入低度角的阳光房。

3. 蓄热体。当房间温度升高时，墙面和地面自动吸热，当温度降低时放热实现热量平衡。夜间通过窗户的启闭补充冷量。

4. 保温墙体。在温带气候地区冬季保持室内温度。传统的保温墙体由内而外构造为抹灰层、混凝土砌块、绝热用挤塑聚苯乙烯泡沫塑料（XPS）、外墙面材料墙体。

5. 中空 Low－E 玻璃。窗框利用热断桥进行设计，外部和内部框架被隔开，紧固件不连通断热桥，使框架热性能降低到接近玻璃中心性能值水平。

6. 粉煤灰混凝土结构。将高炉矿渣混凝土和可再生骨料相结合，以火电厂煤燃烧产生的粉煤灰为原材料。

7. 热反射外墙涂层。当室外热量和能量辐射进入纳米热反射涂层时，多数非可见光被反射，而不进入室内。通过涂料实现室内外环境温差，达到冬暖夏凉的效果。

8. 零碳地板。木质地板选用符合森林管理委员会（FSC）认定标准的木材，通过碳中和实现零碳，释放负氧离子。

9. 屋顶绿化。屋面种植蔬菜香料等作物，在烈日下有遮热、断热与冷却的作用，由于植物蒸腾作用带走室内热量实现降温作用。

10. 光伏发电。太阳能电池板将太阳的辐射能力转换为电能，新产生的能源输入电池组和逆变器组的局域微电网，供应本身建筑的能源，其余部分输送入微电网给周边建筑供应电力。

11. 太阳能热水器。屋顶高处放置太阳能热水器，太阳热水器依靠玻璃真空集热管，把太阳能转换成热能。热能提供生活热水和溶液除湿需要的热量。

12. 水源热泵系统。冷水和热源由水源热泵提供，通过输入少量高品位能源，实现低温位热能向高温位转移。在夏季将建筑物中的热量释放到水体中去，达到给建筑物室内制冷的目的；冬季通过热泵机组从水源中提取热能，实现采暖。

13. 风帽。屋顶安装无动力风帽。风帽是安装在屋顶的风驱动热回收装置，通过自主风力寻向装置确定建筑周边风力的主要方向，将室外风动力转化为室内建筑通风的动力，免去传统空调通风系统的能耗同时回收显热和潜热。

14. 溶液除湿。将空气和易吸湿的盐溶液接触，使空气中的水蒸气吸附于盐溶液中而实现的空气除湿过程。除湿后溶液自身会变稀，需要再生。

15. 雨水回收。雨水经专用管道收集后排入地下雨水贮水池，经过集成式雨水处理设备处理后，贮存于雨水清水池，处理后的雨水采用变频系统加压，提供建筑用水量。

16. 给水系统。通过加压供水，采用变频给水方式提供生活用水，通过全变频调整，满足水量及压力变化要求。

17. 毛细管辐射。采用冷辐射毛细管末端将水源热泵制取的中温冷水或低温热水经传输系统转化为冷辐射，通过辐射的方式直接与室内环境和用户进行冷热交换。

18. 能耗监控系统。监视能耗和建筑使用情况并协助建筑智能做出决策。系统直接连接电表、水表、燃气表、流量计算仪，实现高效的能量计量现场采集，智慧实时传输，耗能设备远程集中控制管理。

19. 生物质能源。将餐厅、秸秆等废弃物进行生物质处理，产生出的生物气体进行发电和发热。

（四）零碳建筑发展路径

第一，健全工程建设项目全生命周期绿色设计、绿色施工、绿色运营标准规范和评价体系。推进智能建造与建筑工业化协同发展，减少建筑垃圾的产生，降低建筑能耗、物耗、水耗水平，强化施工现场扬尘、噪声管控。

第二，强化先进节能环保技术、工艺和装备研发，提高能效水平。

第三，支持企业加快生物质建材、工业固废新型建材等研发应用，推进建筑垃圾资源化利用。

第四，加强绿色建材推广应用，加快淘汰落后装备设备和技术。

第五，推进城乡建设绿色低碳发展，加强绿色低碳技术创新，巩固提升生态系统碳汇能力。

第六，以节能环保、清洁生产、清洁能源等为重点，增加农村清洁能源供应，推动农村发展生物质能。

六、典型案例

（一）英国贝丁顿"零碳社区"

在英国伦敦南郊的贝丁顿小镇，有一个"贝丁顿零化石能源发展"社区，其由世界著名低碳建筑设计师比尔·邓斯特（Bill Dunster）设计并于 2002 年完工，是英国最大的低碳可持续发展社区，已成为世界低碳建筑领域的标杆。"零碳社区"通过利用太阳能、节能建筑等手段实现了不使用煤和石油等传统化石能源。

社区在建筑的楼顶和南面大面积安装了太阳能光伏板，并且建有利用废木头等物质发电并提供热水的小型热电厂。

社区的小型热电厂使用的燃料是废旧木头等，不会造成额外的环境负担。它在发电过程中散发出的热能被用来制造热水，热水通过管道送入社区居民，这就减少了供暖用的能源消耗。

（二）中国香港"零碳天地"

中国香港"零碳天地"包括一栋两层高建筑，以及环绕其四周的全港首座原生林景区，通过绿色设计和清洁能源技术，不仅成功消灭建筑自身的碳足迹，还有多余电力回馈城市电网。

"零碳天地"采用被动式建筑设计，最大限度地使用自然资源，从源头降低建筑对能源的依赖。建筑的屋顶北高南低，水平仰角21°，让屋顶的太阳能板接受最多光照，同时增加室内采光。整座建筑大致坐北朝南，迎风而立，利用从海面吹来的自然风为室内通风。进入室内时比原来的温度降低5℃。

"零碳天地"强调顺应自然的建筑设计，在被动建筑设计无法满足日常需求时，就采取主动技术干预辅助、调节室内环境。"零碳天地"有一套智能建筑管理设备，依靠分布在主建筑内外的探测器，掌握室内外的温度、湿度、光照及二氧化碳情况。

为消灭碳足迹，"零碳天地"用太阳能、生物柴油自行发电。

（三）新加坡零碳建筑

新加坡建设局办公大楼是新加坡首座零碳建筑，其是由一栋老房子改造而言，这座建筑集成了采光、通风、清洁可再生能源、绿植等多项绿色设计与技术。

为有效遮挡阳光和利用太阳光，零碳大楼外墙按照适当的光照角度设置了遮阳板和导光板，阻止强烈的阳光透过玻璃直射室内，起到降温作用的同时，还可以将自然光线更深地反射到办公室，增加办公室的亮度，减少电源的使用。

大楼设有天井，可以通过导光管将太阳光从各管口折射进来。同时大楼设有自然采光灯，其亮度可以人工调节且光线柔和。整栋大楼实现了电能的自收自支，楼顶的太阳能板将太阳能转化为电能，在发电高峰时还可将电能输送到公共电网，而在用电高峰时，大楼可从公共电网购电。从全年情况看，大楼发电量略有结余。

第 八 章

CHAPTER 8

零碳办公创建及案例

政府、企业和其他社会组织等日常办公区域是能源消耗和碳排放的重要场所。办公楼宇的低碳化、办公会议的低碳零碳化、办公室温度控制以及办公用品的低碳化、无纸化等是实现零碳办公的重要路径。

一、我国办公碳排放现状

低碳办公（low – carbon office）指在日常办公和公务活动中尽量减少能量的消耗，从而减少二氧化碳排放。从狭义上讲，低碳办公指在办公活动中使用节约资源，减少污染物产生、排放，可回收利用的产品。它是节能减排全民行动的重要组成部分，它主张从身边的小事做起，珍惜每一度电、每一滴水、每一张纸、每一升油、每一件办公用品。

办公碳中和也就是零碳办公，是指通过减少出行，鼓励骑行和步行等绿色出行；减少办公用品、用水、用电等消耗，推广使用节能节水、循环利用等设备和办公工具；采取植树造林、办公区种花绿化等碳汇措施以及碳指标等补偿措施来推进碳减排，实现碳达峰，争取早日实现零碳化。

二、我国零碳办公政策

会议组织和会务召开等是办公过程中碳排放的重要内容，主要包括开车到会场、会场用电用纸用水，会议工作餐以及相关服务耗能，都会增加碳排放。国家鼓励零碳会议与低碳零碳办公。

零碳会议（zero carbon conference）指通过采取环保型电子认证系统、倡导绿色交通、积极宣传零碳等方式，实现符合国际标准的碳减排额度，抵消会议产生的二氧化碳排放量实现碳中和。零碳会议倡导采用低能耗、轻污染的环保纸张打印，采用电子认证系统门票，发送电子版的会议流程表。倡议嘉宾及听众采用公交出行，或低碳环保的电动和混合动力交通工具。零碳会议宣传绿色低碳、节能环保理念，减少二氧化碳排放量，呼吁采取低碳行动。会议结束后还应强调分类回收垃圾，回收可再生物品，做到多节约、不浪费资源。

2021 年 5 月 25 日，住房和城乡建设部等 15 个部门下发的《关于加强县城绿色低碳建设的意见》指出，大力发展绿色建筑和建筑节能。县城新建建筑要落实基本级绿色建筑要求，鼓励发展星级绿色建筑。加快推行绿色建筑和建筑节能节水标准，加强设计、施工和运行管理，不断提高新建建筑中绿色建筑的比例。推广应用绿色建材，发展装配式钢结构等新型建造方式，全面推行绿色施工。提升县城能源使用效率，大力发展适应当地资源禀赋和需求的可再生能源。

住房和城乡建设部办公厅批准《建筑遮阳工程技术规范》为行业规范，并且发布《绿色建筑标识管理办法》等文件，积极推进绿色建筑改造与低碳化建设。

国家发展改革委、住房和城乡建设部关于印发《"十四五"城镇生活垃圾分类和处理设施发展规划》的通知指出，以提高城镇生态环境质量为核心，以保障人民健康为出发点，以推进生活垃圾减量化、资源化、无害化为着力点，补短板强弱项，着力解决城镇生活垃圾分类和处理设施存在的突出问题，加快建立分类投放、分类收集、分类运输、分类处理的生活垃圾处理系统，为形成绿色生产生活方式、推动生态环境根本好转和促进美丽中国建设作出新贡献。

《"美丽中国，我是行动者"提升公民生态文明意识行动计划（2021—2025年)》指出，"十四五"期间，应对气候变化与生态环境保护相关工作统筹融合的格局总体形成，协同优化高效的工作体系基本建立，在统一政策规划标准制定、统一监测评估、统一监督执法、统一督察问责等方面取得关键进展，气候治理能力明显提升。到2030年前，应对气候变化与生态环境保护相关工作整体合力充分发挥，生态环境治理体系和治理能力稳步提升，为实现二氧化碳排放达峰目标与碳中和愿景提供支撑，助力美丽中国建设。

《关于进一步规范城镇（园区）污水处理环境管理的通知》提出，各级生态环境部门要加强与住建、水务等相关部门的协调联动，依照相关法律法规和职责分工，加强监督指导，推动各方依法履行主体责任。

三、我国零碳办公拐点

生产生活是碳排放的重要源头。政府、科研院所、高校、企业和其他组织的办公活动是人类活动的重要内容，也是碳汇、碳减排以及碳补偿的重要领域。探索绿色办公理念，采取植树种花、增加碳汇、改造建筑物等措施进而达到节能降耗、办公模式低碳化，鼓励低碳零碳的工作习惯，逐步改变传统高能耗的办公方式、会议模式、出行模式等，从而达到低碳零碳的办公目标。

零碳办公是国家大力推动的碳减排项目。国家与地方推动2030年碳达峰，各地政府、企业积极实施低碳零碳办公。国家出台一系列低碳政策，鼓励老建筑改造，对于新建筑提出低碳绿色建筑等验收目标。

随着节能减排技术的突破，国家强制性、引导性碳中和措施的陆续出台，预计办公低碳化、零碳化的比例和绿色建筑总面积、规模会越来越大。近年，部分一线城市、发达城市开始推动零碳办公试点，预计2025年前后会产生一大批零碳办公楼宇、示范园区或示范城市。2030年前后，全国绿色建筑比例和建设标准将会达到较高水平。

四、我国零碳办公图谱

我国推动零碳办公重点从建筑材料、建筑改造、办公用品、电器使用、会议模式、出行模式、客户商务活动、办公用品、植树种草种花等方面推进。政府通过政策引导、倡议宣传、社会组织和企业主体、全员参与等方式，不断提高零碳办公的比例和范围。

鼓励办公大楼使用节能环保材料，鼓励使用新型装饰材料，减少油漆、胶水等使用。鼓励办公楼宇节水节能改造。

减少通信和纸质用品。多用电邮、微信等即时通信工具，减少纸质用品。鼓励少用纸、提倡纸张双面使用，减少森林砍伐。

选择合适的电脑、空调等。显示器与空调选择要适当，显示器越大，消耗的能源越多。空调功率越大，越消耗电力。屏幕保护越简单越好，最好是不设置屏幕保护，减少用电。关机之后，将插头拔出，否则电脑会有约4.8瓦的能耗。

减少打印、复印浪费。将打印机联网，办公室内共用打印机，减少设备闲置，节约能源。根据不同需要，所有文件尽量使用小字号字体，缩小页边距和行间距、缩小字号。复印、打印纸双面使用，单面使用后的复印纸，可再利用空白面影印或裁剪为便条纸或草稿纸。多使用再生纸，公文用纸、名片、印刷物尽可能使用再生纸，减少环境污染。在打印非正式文稿时，将标准打印模式改为草稿打印机模式（有些打印机也称为"省墨模式"或"经济模式"），可以省墨30%以上，同时可以提高打印速度，节约电能。

利用自然光照明并及时关闭电源。对自然光源进行最大化利用，提高照明亮度，节约用电照明。选择灯具时，优先选择LED灯。对于暂时不用的接口和设备如串口、并口和红外线接口、无线网卡等，可以在BIOS或者设备管理器里禁用，从而降低负荷，节约能源。下班或长时间不用，关闭打印机及服务器电源，减少能耗，同时将插头拔出。

少用一次性签字笔和订书钉等。多用手帕擦汗、擦手，减少卫生纸、面纸的浪费。尽量使用抹布。少用木杆铅笔，多用自动铅笔。使用可更换笔芯的圆珠笔、钢笔替换一次性书写笔，鼓励使用墨水钢笔。少用订书钉，节约钢材，减少能源浪费。员工尽量使用自己的水杯，开会时，请本单位的与会人员自带水杯。

少开空调少坐电梯。夏季办公楼空调温度设置于 27—28 摄氏度，尽量不开空调。倡导使用扇子，减少用电浪费。倡导走楼梯，减少坐电梯，健康又环保。开短会少开会，鼓励视频会议。尽量使用电子邮件代替纸类公文。尽量避免纸质印刷打印，鼓励电子资料使用，或是使用电子版。减少投影仪、电脑、话筒等使用，尽量采用电话会议或视频会议，减少开会人员交通、住宿等碳排放。

建议远程客户服务与在线办公。组织线上学习培训，通过远程客户服务平台，进行远程客户访谈，为客户在线解决问题，远程控制用户桌面，减少出差对环境的负面影响。通过视讯平台等产品，实现办公自动化，在屏幕上共同修改文本、图表，进行资源共享。

倡导网上发布会与远程洽谈。举办在线发布会或渠道会议，客户、合作伙伴通过视讯平台远程参与。利用线上会议方式组织商务谈判、业务管理和商务谈判。通过视频面对面的初步筛选合适的候选人。

减少办公设备使用。采取无纸化办公平台，减少文件复印及打印。通过网络在线处理公文、收发电邮、传真，减少纸张消耗，提高办公效率。

垃圾分类回收。分类处理办公室垃圾，回收再利用。

办公区域和办公室种植净化空气的植物。种树和花草可以吸收甲醛、二氧化碳，释放氧气，增加空气的负离子，净化空气。

五、典型案例

湖南天心零碳供能项目

湖南省长沙市天心区五凌电力办公区综合智慧能源示范项目是湖南省首个涵盖"源—网—荷—储—用"全链条的零碳综合智慧能源示范项目。项目利用技术上的优势，深挖浅层地热能潜力，建设预制式能源方舱，实现零碳供能，提升资源化利用水平。

该项目使用了地源热泵系统、光伏发电棚、风力发电、水储能系统、能源方舱等清洁能源系统，在综合智慧能源一体化管控平台下，可实现办公区内电、热、冷等多能源的综合管控和多能互补，提高办公区的智慧用能水平。

该项目涵盖了"源—网—荷—储—用"。源，即从源头上生产可再生能源，包括地热、光伏、风力等；网，即通过综合智慧能源一体化管控平台实现并网；荷，即可实现削峰填谷；储，就是在用电低谷时储存能量，高峰时再释放；用，即随时可用。运行该项目后，节能效率可达50%。五凌电力办公园区供暖供冷主要能源来自浅层地热能。取地热能的方式是在园区合适的地块钻井打入宽130毫米，深100米的地热井，装上设备后取能。一口地热能井可实现80—120平方米的供暖、供冷，该园区目前有100口地热能井。

第 九 章

CHAPTER 9

零碳生活创建及案例

美国人均能源域资源消耗是其他国家的 N 倍。全世界如果都按照美国人的能源资源消耗生活，地球现有资源和环境无法承载。20 世纪曾经熟悉的折扇、自行车、算盘，被如今的空调、汽车和电脑等代替。曾经熟悉的夜市和蔬菜素食等被满大街的快递小哥、餐桌的大鱼大肉等代替。高血压、高血脂、脂肪肝等成为当下的富贵病……经济条件改善、饮食习惯以及购物消费模式的改变让一些人越来越懒，越来越习惯于飞机汽车、网购等便捷的生活方式，越来越过度追求口福等，而这都是高能耗的生活方式，不利于身心健康。从地球保护和人类健康来说，研究并传承祖先、20 世纪健康的生活方式，科学推动零碳生活，逐步成为全社会的共识。

一、我国零碳生活现状与挑战

（一）我国零碳生活推进现状

低碳生活是一种生活方式，也是一种生活理念，更是一种可持续发展的环保责任。低碳生活是健康绿色的生活习惯，是更加时尚的消费观，是全新的生活质量观。零碳生活是一种较为理想的生活状态，它提倡节约能源、垃圾分类、绿色出行、减少碳排放并积极推动生活领域的碳中和。

中央财经委员会第九次会议指出："要倡导绿色低碳生活，反对奢侈浪费，鼓励绿色出行，营造绿色低碳生活新时尚。"

生态环境部环境与经济政策研究中心发布的《公民生态环境行为调查报告（2020 年）》显示，受访者普遍认为自身行为对保护生态很重要，但绿色消费、减少污染、分类投放垃圾等行为领域，仍然存在"认知度高、践行度低"的现象。建议政府发布碳标识，达不到一定标准的产品和服务不能进入采购范围，以此推动全面营造绿色低碳乃至零碳消费氛围。

日常生活是碳排放的重要排放源。按消费侧排放计算，全球约 2/3 的碳排放与家庭排放有关。低碳生活就要推动社会经济和文化习俗的变革，要改变高能耗、高污染的生活方式，完善绿色出行等基础设施，提供生活便利的公共服务，鼓励绿色低碳生活，倡导少消耗资源能源的生活方式等。

（二）建设零碳生活的挑战

围绕国家 2030 年碳达峰和 2060 年碳中和目标，多年来，全国各地已经开始了低碳社会的探索及行动。如湖北省以降碳减排为总抓手，制订碳排放达峰行动方案，开展近零碳排放区试点示范工程。湖北省首批示范工程将在城镇、园区、社区、校园、商业五个领域开展试点。2022 年底，湖北将建成首批近零碳排放区示范项目。

倡导零碳社会，打造零碳生活，除了受到生活成本的因素制约外，还面临法律法规、生活习惯、消费文化、政策环境、投资渠道、碳减排技术以及奖励机制的制约和影响，需要统筹协同推进。

二、我国零碳生活政策

研究并落实国家和地方低碳生活、零碳生活的现有政策，出台相应鼓励零碳生活的新政策与激励措施，是我国和各城市决策者应尽快推动的管理决策。零碳生活既要倡导城乡居民自觉转变观念和消费习惯，也要各级政府营造良好的环境，积极制定零碳生活的发展战略，出台鼓励科技创新、零碳消费积分等激励政策，积极实施财政补贴、绿色信贷、零碳信用等具体措施。需要企业、科研机构等积极跟进，共同参与到低碳经济的"集体行动"，发动全社会的力量，从我做起，从身边的小事做起，从每一天做起，争做低碳零碳个人。

全国各地因势利导，针对低碳行为制定各种鼓励政策。上海实施"碳普惠"项目，绿色出行、简约包装等低碳行为产生的碳减排量被核算，变成个人账户的碳积分，让人们从低碳行为中获得实惠。北京首个碳中和主题公园温榆河公园昌平一期工程项目，普及碳中和知识、奖励绿色行为。

从相关政策看，我国尚未形成制度体系，政策制定的数量和质量相对不高，相关政策不系统、不完善，国家和地方对于零碳生活的标准、激励机制多数处于空白状态。少数政策偏重企业减碳指导，缺少对居民低碳的激励政策等。如《京津冀及周边地区、汾渭平原 2020—2021 年秋冬季大气污染综合治理攻坚行动方案》规定，全面完成《打赢蓝天保卫战三年行动计划》确定的 2020 年空气质量改善目标，协同控制温室气体排放。按照巩固成果、稳中求进的原则，充分考虑2020 年第一季度空气质量的疫情影响，将 2020—2021 年秋冬季目标设置为两个阶段，根据 2019 年第一季度和第四季度污染水平，分类确定各城市的 $PM_{2.5}$ 浓度和重污染天数控制目标，按照污染程度分为 6 档，$PM_{2.5}$ 浓度每档相差 1 个百分点，重污染天数每档相差 2 天，对"十三五"目标完成进度滞后的城市进一步提高要求。

三、我国零碳生活重点

（一）引导绿色共享建筑

建筑能耗、水耗等是重要的碳减排领域。建筑房屋需要消耗土地、钢铁、水泥以及运输能耗，并且居住建筑增加了自然环境的破坏。我国一些地区出现大量空置的房屋，或者偶尔居住的房子，富豪、大款等群体的奢侈居住也增大了资源能源的消耗。因此，鼓励出台限制政策，适当引导和降低超底线的住房消费，适当控制人均居住面积，减少空置闲宅的时间空间浪费，鼓励采取公共住宅消费等模式，是实现碳减排的重要举措和选择。

公共住宅（cohousing）指共用健身房、办公区、车间、洗衣房和咖啡厅的私人住宅或公寓。公共住宅生活是可推广的低碳减碳生活方式，它可以节省60%的能源消耗。在居住区附近设置办公区、车间和健身房能够减少出行带来的排放。公共住宅中的居民直接参与社区的管理，会提高能效和可再生能源的使用比例。鼓励闲置房的出租和公用，更是节约资源能源的重要方式。

（二）进行住宅节能保温等改造

住宅保温墙体及门窗等应节能减碳，采取分布式光伏、屋顶院内风能小型设备发电等零碳设备使用，以及节能节水器具推广等是零碳生活的重要举措。

倡导绿色出行、步行健身、使用扇子代替空调，减少用电用水、衣服重复使用、使用环保购物袋、垃圾分类处理、餐厅"光盘行动"等都是零碳生活的重要内容。

四、我国零碳生活拐点

（一）鼓励低碳零碳生活

国家、单位和社会都应该从现在开始，倡导和践行低碳生活。零碳生活可以从每个人的每一天做起，包括住房、出行、穿衣、吃饭。实现个人消费的低碳化、零碳化，包括积极参与公益植树造林、绿化公共区域，住宅采用光伏发电，使用太阳能、保温材料、节水用具，以及倡导购物消费低碳化、零碳化。鼓励节约每一度电、每一张纸、每一个钉子、每一滴水，鼓励采用节能节水的技术和生活用具。低碳零碳生活要从点滴入手，让节水节电降低能耗逐步成为更多人的习惯和家庭、社会的共同价值观。

国家、城市、单位和社会组织等应该提倡零碳生活，国家应出台激励政策，引导和限制高消费、过度浪费，限制奢侈消费，并对其征收能源资源消费税，提倡简约低能耗的消费生活，弘扬低碳生活的良好榜样，尽快打造低碳、零碳生活的价值观，养成全社会健康的生活习惯。

（二）强化政策引导

零碳生活的拐点取决于国家鼓励政策、社会良好的价值观以及每个人共同的行动与责任担当。全社会要积极行动，政府应进行政策引导，部委机关和地方机关应率先带头，党员干部应以身作则，企业则要发挥推动作用，引导社会各界积极参与低碳零碳生活建设。具体表现为：采用低碳零碳生活的积分奖励、进行公共住房改革试点、使用节能减排用具、举办节电节水竞赛活动、倡导绿色出行购物和餐桌上的光盘行动等，尽快构建全方位的低碳和零碳生活模式与机制。

五、我国零碳生活图谱

基于全球碳减排路径的研究和零碳生活预判，中国零碳生活图谱是一项系统工程，涵盖各个方面多个领域，包括但不限于：政策机制、建筑节能、干部率先、示范推广、日常购物、餐饮文化等各个领域。全国动员、全民动手、全社会共同参与，大规模国土绿化行动正在深入推进。

政策机制上。国家与地方出台绿色生活和低碳零碳的标准、指导目录、激励办法以及奖惩措施，零碳生活的价值观及先进个人和典型，推动零碳生活的全面实施。

建筑节能上。对住宅等进行标准设计，对存量住宅采用节能利用规则与激励办法，室内水池、坐便器以及洗衣机等采用节能鼓励政策，对用电用气采取节能激励措施等，鼓励节能节水改造，试行积分管理，提高节能节水质量。鼓励公有住房模式，减少空置房，减少奢侈用房用电，限制奢侈消费等。

干部率先上。实行中央、部委机关、省市党政干部率先垂范，领导和党员带头，多方位低碳生活，鼓励绿色出行，减少工作用车，试行领导干部公开信息披露，全社会监督，鼓励全员参与。

示范推广上。确立节能住宅、节能家庭、节能个人、低碳生活等各种示范，以先进技术与成果应用，示范家庭和个人为引领，带动全社会的低碳生活、零碳生活和采用健康的生活方式。

日常购物上。提倡绿色出行，使用环保购物袋，采购低碳零碳食物，鼓励合理购物与低碳的消费习惯。

餐饮文化上。鼓励蔬菜和低碳餐饮，鼓励光盘行动，鼓励少油少盐，鼓励自我劳动种菜种地，鼓励发展庭院经济、阳台菜园等。

绿色出行上。鼓励自行车骑行和步行，减少汽车与飞机出行，鼓励乘坐公共交通工具，鼓励多人合乘出租车，鼓励汽车共用，鼓励电动车、新能源汽车使用，鼓励家庭分布式屋顶光伏发电与新能源汽车充电等。

居家消费上。鼓励使用手工牙刷和刮胡刀，鼓励就近超市购物，鼓励重复穿衣服，鼓励健身运动与各种家庭节能活动。

用品节约上。鼓励实行住宅节能改造，鼓励节水节电器具使用，鼓励少开空调多开窗，使用扇子降温等。

节电节水上。鼓励使用循环用水装备，鼓励使用 LED 等节能灯具，鼓励晾晒衣服，鼓励及时关闭电源，鼓励采取节水型淋浴等节水模式。

积分激励上。政府实施节能积分奖励政策以及大城市积分落户加分制度，银行出台节能积分贷款利息减免制度，商家出台节能积分兑换商品活动，财税采取减免税收节能激励政策，单位对节能突出的个人给予工资与单独奖励等。

六、典型案例

（一）北京市"美丽中国，我是行动者"

由北京市生态环境局联合市委宣传部、市发展改革委、市教委、团市委、市妇联六部门联合制定印发《北京市"美丽中国，我是行动者"提升公民生态文明意识行动计划（2021—2025 年）实施方案》（以下简称"实施方案"）正式对外发布。实施方案旨在推动北京市环境治理全民行动体系建立，形成人人关心、支持、参与生态环境保护的良好局面。实施方案从深化理论宣传研习、持续推进新闻宣传、广泛社会动员、加强生态文明教育、推动社会各界参与、创新宣传方式方法 6 个方面提出了重点安排，部署了 19 项具体任务，多部门参与，市区联动，发挥各自平台和资源优势，倡导社会各界及公众身体力行，选择简约适度、绿色低碳的生活方式，参与美丽北京建设。

（二）伦敦贝丁顿"零碳社区"

伦敦贝丁顿"零碳社区"位于伦敦西南的萨顿镇，占地 1.65 公顷，包括 82 套公寓和 2500 平方米的办公和商住面积，于 2002 年完工。社区内通过巧妙设计并使用可循环利用的建筑材料、太阳能装置、雨水收集设施等措施，成为英国第一个，也是世界上第一个零二氧化碳排放社区。其曾获得可持续发展奖，被列入

"斯特林奖"的候选名单，是上海世博会"零碳社区"的原型。

成本低廉的示范建筑。贝丁顿社区在建造过程中因"就近取材"和大量使用回收建材而降低了成本。为节约能源，建筑的95%结构用钢材是从56千米内的拆毁建筑场地回收的，其中部分来自废弃的火车站。并且，社区里许多木料和玻璃都是从附近的工地上"拣"的。社区中的建筑窗框选用木材，仅这一项就相当于在制造过程中减少了10%以上（约800吨）的二氧化碳排放量。

零能耗的采暖系统。由于英国冬季寒冷漫长，有约半年为采暖期。针对这一特点，在贝丁顿项目中，建筑师通过各种措施减少建筑热损失及充分利用太阳热能，实现不用传统采暖系统的目标。如各建筑物紧凑相邻，减少建筑的总散热面积；建筑墙壁的厚度超过50厘米，中间有一层隔热夹层防止热量流失；窗户选用内充氩气的三层玻璃窗；窗框采用木材以减少热传导等。屋顶安装以风为动力的自然通风管道——风帽，风帽的一个通道排出室内的污浊空气，另一通道将新鲜空气输送进来。在此过程中，废气中的热量同时对室外寒冷的新鲜空气进行预热，最多能挽回70%的热通风损失。每户住宅都设计有朝阳的玻璃房，可以最大限度地吸收阳光带来的热量。而且房屋使用可积蓄热能的材质建造，温度过高时，房屋即可自动储存热能，甚至可以保留每个家庭煮饭时产生的热量，等到温度降低时自动释放，减少暖气的使用。社区建筑屋顶种植了大量的景天植物，达到自然调节室内温度的效果。冬日，景天类植物就是防止室内热量流失的绿色屏障；夏天，这些隔热降温的绿色屏障会开满鲜花，把贝丁顿装扮成美丽的大花园。

零排放的能源供应系统。贝丁顿社区采用热电联产系统为社区居民提供生活用电和热水。热电联产发电站不使用天然气和电力，而是使用木材废弃物发电。碎木材片从储藏区自动流入干燥机，然后再从干燥机进入气体发生器。在受限空气流里加热后，通过气化过程转化为含有氢、一氧化碳和甲烷的可燃气体。木材的预测需求量为1100吨/年，其来源包括周边地区的木材废料和邻近的速生林。小区有一片三年生的70公顷速生林，每年砍伐其中的三分之一，并补种上新的树苗，以此循环。树木成长过程中吸收了二氧化碳，在燃烧过程中等量释放出来，因此它是零温室气体。

循环利用的节水系统。为了对水资源充分利用，社区建有独立完善的污水处理系统和雨水收集系统。生活废水被送到小区内的生物污水处理系统净化处理，部分处理过的中水和收集的雨水被储存后用于冲洗马桶。其后，这些水可进行净化处理，并在芦苇湿地中进行生物回收。多余的中水通过铺有砂砾层的水坑渗入地下，重新被土壤吸收。社区还采用多种节水装置降低水的消耗量，如所有马桶均采用控制冲水量的双冲按钮，一次冲水量比普通马桶节水 5—7 升；采用节水喷头，每分钟水流量比普通喷头少 6 升；节水龙头装有水流自动检测功能，每分钟水流量比普通水龙头少 13 升。

绿色出行模式。社区建有良好的公共交通网络，包括两个通往伦敦的火车站台和社区内部的两条公交线路，同时建造了宽敞的自行车库和自行车道。遵循"步行者优先"的政策，人行道有良好的照明设备，四处有婴儿车、轮椅通行的特殊通道。社区为电动车辆设置了免费的充电站，其电力来源于家庭安装的太阳能光电板（将太阳能转换为电能），总面积为 777 平方米的太阳能光电板，峰值电量高达 109 千瓦时，可供 40 辆电动车使用。

第十章

CHAPTER 10

零碳企业创建及案例

　　企业是国民经济发展与环境综合治理的责任主体，也是实现碳达峰碳中和的主要推进者与承载者。建设零碳企业一方面减少了碳排放总量，另一方面通过碳减排技术等使用，提高了减碳水平，构建了新企业、新技术及新产业，并且形成了零碳发展的新模式，为在特定行业、产业园区、整个城市等推广及使用提供了新案例、新样板。

一、零碳企业创建思路

　　当前，我国农业、工业和服务业企业在单位 GDP 能耗、污染物排放、工艺流程改造等方面，与发达国家同类企业比较，存在不小的差距。我国的碳汇、碳减排、碳封存技术等还不够成熟，碳金融规模与渠道过窄，企业在绿色低碳产品生态建设、全员减碳意识构建以及碳减排成果应用等方面面临一定的挑战。需以创建零碳企业为抓手，进行顶层设计与总体规划，强化减碳研发与成果应用。加速优化能源供给结构，积极改善生产流程，更新生产设备，健全智能化、绿色化生产供销体系，加强产业链协同，加大风能、太阳能、氢能等清洁能源利用，降低企业生产经营单位碳排放，提高企业碳中和与综合竞争力。

　　同时，辅导行业企业的碳汇、碳减排、碳捕捉等技术推广，提高生产、环保、办公及全社会碳减排的成果应用水平。

二、零碳企业创建原则

　　创建零碳企业应遵循以下基本原则：

　　政策匹配原则。选择与国家战略、碳减排政策相协调，有成长性及盈利能力的重点产业、优势技术或示范项目，进行试点或重点辅导，确保先进性、政策匹配性。

　　技术领先原则。选择技术、产品或经营具有一定经济基础或技术领先的企业与团队进行辅导和建设，确保经过一段时间的试点，能够在某些方面形成示范与样板。

　　系统观念。统筹考虑政策、产业、企业等能力与潜力，统筹考虑碳达峰碳中和的总体目标和实际需求，结合企业优势和特长，进行选择和布局，在目标设定上要稳健、科学，避免大跃进或"一刀切"，避免不顾客观规律的人为干预或形式主义。

　　示范试点原则。选择部分企业试点示范，试点企业数量和比例不宜过高，在积累经验的基础上，逐步向外部推广。

激励引导原则。采取国家政策激励，财政税收、土地、政府采购和资源优先扶持等措施，进行试点扶持、积极引导以及产业推动。

三、零碳企业创建政策

近几十年，国家和地方积极推动绿色发展，鼓励低碳经济、碳减排技术、特色园区、龙头企业等开展绿色园区、绿色工厂等创建工作，积极开展各种节能减排活动。"十三五"期间，我国共建设 2121 家绿色工厂、171 家绿色工业园区、189 家绿色供应链企业，推广近 2 万种绿色产品，超过 487 万辆新能源汽车纳入动力电池溯源管理平台，绿色制造体系初步形成。

2021 年 1 月，国务院国资委研究制定《中央企业能源节约与生态环境保护监督管理办法（征求意见稿）》，提出中央企业应持续提升能源利用效率，控制温室气体排放，积极参加碳达峰与碳中和行动。据统计，目前有 29 家中央企业提出碳中和行动计划，涉及电力、能源、化工、钢铁、交通、有色金属、节能环保等行业，积极推动节能与提高能效，推进能源结构清洁低碳化，加快技术创新，加快碳汇林建设，实施碳捕获与封存技术，增加绿色低碳投资等一系列碳中和行动举措。

在清洁能源领域，中石化建成世界上除美国以外最大的页岩气田，即涪陵页岩气田。2020 年 11 月 23 日，中国石化与国家发展改革委能源研究所、国家应对气候变化战略研究和国际合作中心、清华大学低碳能源实验室 3 家单位分别签订战略合作意向书，提出中国石化率先引领能源化工行业碳达峰和碳中的战略路径；邀请国内应对气候变化领域和能源化工行业领导、专家围绕战略路径规划深入研讨。

石化行业积极向绿色低碳转型。2021 年，17 家石油和化工企业、园区以及中国石油和化学工业联合会共同发布《中国石油和化学工业碳达峰与碳中和宣言》，从推进能源结构清洁低碳化、大力提高能效、提升高端石化产品供给水平、加快部署二氧化碳捕集利用、加大科技研发力度、大幅增加绿色低碳投资强度等提出倡议并做出承诺，助力我国稳步实现碳达峰碳中和目标任务。石化企业调整石化能源结构，短期可能增加转换成本，减少营收和利润。但石化企业的碳减排必然吸引更多投资者，获取更多资金和政策支持，能够研发应用更先进的节能减排技术，推动转型为能源技术方案综合能源服务提供商。

2021 年 5 月 14 日，包钢发布了碳达峰碳中和规划目标，力争 2023 年实现碳达峰，力争 2050 年实现碳中和。

北京市经济开发区管理委员会印发《关于贯彻新发展理念加快亦庄新城高质量发展的若干措施（3.0 版）》的通知，明确指出，"加大节能减碳力度。鼓励企业、园区实施碳达峰和碳中和行动，坚持集约高效、绿色低碳发展模式，优化产业结构和能源结构，对 2021 年实现零碳排放的规模以上工业企业或园区给予 50 万元奖励。鼓励协会、联盟、咨询机构等开展减碳节能、清洁生产等技术咨询策划业务，对 2021 年服务区内（市级）重点用能及碳排放单位 5 家以上的，给予 10 万元资金奖励"。

四、零碳企业创建内容

（一）创建零碳企业主要内容

一是提高政治站位，学习领会国家"双碳"战略。二是转变思想观念，确立企业碳达峰碳中和施工路线图。三是制定企业绿色发展战略，调整核心业务，提出转型发展目标和行动计划。四是加快研发应用清洁能源和低碳负碳新技术。五是加强商业模式创新，强化节能降成本、减碳创收益，创新绿色低碳投融资模式。六是加强管理创新，夯实能源及碳排放数据基础，强化低碳节能岗位和队伍，完善配套激励机制。

（二）推动行业企业零碳化

从能源供给来看，加大工业流程优化，推进窑炉用煤改成天然气、清洁能源。探索仓储物流车辆的石化燃料替代，购置新能源、电瓶物流用车。考虑推进零碳光伏项目，通过屋顶安装光伏进行分布式发电，减少用电的资金投入等。

从钢铁行业来看，机遇和挑战并存。短期内给企业带来运营压力，可能压缩企业利润空间，但钢铁企业需要抓住机遇，加快布局数字经济，推进绿色智能制造，推动数字赋能钢铁主业转型升级，打造"智能制造＋数字经济"协同发展的新兴产业服务平台。

五、零碳企业创建条件

当前，国家部委关于零碳企业尚无明确标准。国合华夏城市规划研究院与中国碳中和研究院对零碳企业建设提出了初步的条件如下（具体将根据国家标准予以调整）。

申报主体为中国大陆注册、独立法人的企事业单位，有较好的低碳发展基础，年营业收入≥2000万元，可再生能源占比≥5%，能源消费以电力、天然气、光伏、风电、氢能为主，单位产值或产品碳排放强度与国内同行业企业平均值相比低20%以上；或者，有行业领先的碳减排技术、节能降耗技术、应用成果等，有较好的产业应用前景。

六、零碳企业创建图谱

（一）申请创建零碳企业

从编制零碳企业中长期规划，制订零碳企业绿色发展承诺及零碳行动计划开始，逐步推动具体工作计划。

一是把绿色低碳作为企业战略。贯彻"清洁、高效、低碳、循环"理念，关注和认同绿色低碳发展，善于识别碳减排风口，具有前瞻的战略思维。

二是推动产业转型及低碳发展。重视技术应用和产业转型，重视知识产权及核心技术，积极探索低碳零碳发展，愿意实施碳减排，提升市场地位，增强资源整合能力。

三是推动能源优化转型。统筹布局新能源、天然气及相关业务。鼓励使用新能源，注重节能和提高能效，利用可再生电力、清洁能源减少碳排放，积极参与碳汇交易。大力发展可再生电力、光伏、风能、生物沼气等，推动技术依赖型发展模式，通过技术更迭降低能源替代成本，鼓励探索 CCS（Carbon Capfure and Stroage）、CCUS（Carbon Capture，Vtiuization and Stroage）和氢能技术研发利用。推动石化能源、天然气与可再生能源融合发展。科学规划，统筹布局，切实解决好石化能源、风光发电等上网及储存的矛盾，积极推进传统能源降低比例，再生能源、清洁能源上网及分布式发电的合理调度与资源互补关系。

四是推动共建产业链的上下游生态圈。积极探索能源产业链上下游技术变革与产业协同，鼓励上中下游互相渗透，优化传统客户关系，构建产业链条的竞合关系，共同打造健康有序的产业链。

五是完善碳管理体系。承诺完善碳管理体系，将碳指标纳入经营各评价环节，合理设定减排目标，制订减排方案。参与碳交易及资源权益市场，优化配置碳资产，有效降低成本，拓展市场机会。

六是加强绿色零碳供应链管理。增强企业绿色发展意识，强化绿色供应链产业链管理，加大企业零碳发展与改革，打造零碳发展新模式、新样板。

七是加强 ESG 管理。建立企业 ESG 管理体系，完善 ESG 数据平台，定期披露 ESG 信息，加强与政府、金融机构、社会公众对话，构建和谐的发展环境。

八是加大国家统筹规划与政策引导。协调石油、天然气等进口，抓好清洁能源孵化及能源供给安全。加大国际石油、国际液化天然气（LNG）现货管理，强化国内 LNG 接收站建设，合理布局石油储备及 LNG 接收站，避免大量基础设施建成后闲置浪费。鼓励签订一定比例的中长期资源采购协议作为核准 LNG 接收站的条件，避免我国市场 LNG 对现货的高度依赖，保障民生用气用油的稳定供应。推进管输企业和资源供应企业战略合作，保障石油、天然气等能源行业可持续发展。

（二）推进零碳企业建设的总体图谱

推动辅导创建零碳企业，根据企业所在区域政策环境、所在行业或发展阶段，加强碳基线盘查，设定减排目标，制定减排举措，因地制宜，差异化采取 10 大关键举措，推动企业全产业链＋全生命周期"零碳良性循环"，尽早建成零碳企业：

1. 盘查并设定净零目标。摸清企业碳排放底数，分析企业碳减排技术和潜力，编制企业零碳发展规划与零碳行动方案，确立净零目标及分行业、分板块、分部门细分目标。

2. 优化运营能效。一企一策，强化功能、业务及减碳目标及措施管理，强化减碳效能与技术工艺管理，与各层级目标、工作计划挂钩，提高科学管理与生产服务等综合效能。

3. 增加业务运营中可再生能源的使用。划分生产、服务等不同企事业单位类型，全面设计碳汇、减碳、碳交易、碳补偿、碳捕捉等措施和可能路径，增加光伏、风能、热能、生物质能、氢能等可再生能源使用比例，不断强化减碳过程和清洁能源替代，提高清洁能源使用效果。

4. 使用绿色建筑。对已有建筑及新建建筑按照绿色建筑的较高标准，甚至按照零碳的最高标准进行设计，全面利用光能、风能、生物质能、地热能等清洁能源，进行供暖发电，全面推动墙体保温、屋顶光伏、绿化等可能的碳汇、减碳行动，积极推动雨水污水循环利用，推动节能减排器具应用以及建筑物的整体节能效果。

5. 倡导绿色工作方式。积极推动绿色办公、绿色生活以及绿色工作方式，鼓励在线会议、无纸化办公、节约每一张纸、节约每一度电，节约每一个纸杯等，倡导绿色出行、绿色楼宇等。

6. 推动供应链脱碳。全面推动企业自身的上下游减碳、脱碳以及碳减排技术应用，加大碳减排成果推广，构建零碳供应链、创新链、产业链、服务链等。

7. 设计可持续绿色产品。积极发挥企业自身优势，进行自身碳汇、减碳，以及碳减排、碳捕捉、碳补偿等活动，推动自身零碳及与战略合作伙伴、利益相关方等的减碳行为、减碳生产、减碳服务与减碳会议等。

8. 采用下游绿色物流服务。推动使用低碳零碳物流服务，采取绿色物流方式，重复利用包装物，使用绿色可再生包装物，使用新能源等交通物流运输工具，减少物流频次，采取绿色运输方式。

9. 提供行业服务或市场脱碳的产品及服务。发挥企业自身优势，积极参与碳中和市场的技术研究、产品制造或服务，或者企业自身参与碳汇项目，使用减碳、碳封存技术，向其他机构提供减碳、碳汇、碳交易等技术或服务，推动企业自身减碳、零碳化，打造零碳企业。

10. 强化责任考核与激励机制。执行国家、行业、区域减碳激励政策，出台和实施企业自身碳汇、减碳、碳补偿、碳交易等激励政策，鼓励零碳生产、零碳办公、零碳出行，以及积极为战略伙伴、利益相关者及社会提供零碳技术、产品及专业服务，推动建设零碳社会。

（三）国企"碳达峰碳中和"实践

遵循国家"碳达峰碳中和"政策，强化行业指导，发挥国有企业支柱性、引领性及辐射性作用，出台碳中和激励政策，推动国有企业早日实现"碳达峰碳中和"目标。

国务院国资委 2020 年 12 月 24 日至 25 日召开中央企业负责人会议，明确指出，央企要积极参与"碳达峰碳中和"行动，发挥带头示范作用。2021 年，在国资委党委领导下，中央企业研究制定本企业"碳达峰碳中和"工作路径及行动方案。如：2021 年 3 月 1 日，国家电网公司发布"碳达峰碳中和"行动方案，这是首个央企发布的行动方案。

从国企现状来看，中央企业传统化石能源消费占据主导，低碳、零碳、负碳技术的软硬件水平及关键设备和工艺等有待提高，央企在航空航天、兵器装备、电力、石油石化、化工、钢铁、冶金等领域都是碳排放大户，寻求低碳零碳发展路径，是国家赋予的经济使命，也是央企重要的社会责任。中央企业要充分利用国家政策，积极推动"碳达峰碳中和"行动。

一是编制专项规划，全面推进"碳达峰碳中和"工作。制订中央企业"双碳"行动方案和考核方案，推动考核方案的分解落地。编制下属企业碳达峰路线图和碳中和行动方案，确定"十四五"及2030年、2060年阶段目标，推动能耗双控目标实施，确立定量目标和定性目标，层层分解至基层管理单元。

二是开展碳排放底数调研。组织专题调研，统计核算碳排放家底，进行历史数据核算，对重点参数制订数据质量控制计划，聘请专业外部第三方核查机构确认报告数据的真实性、准确性、合规性，为管理层决策提供精准的依据。

三是进行低碳零碳企业和技术试点。选择下属企业和业务单位，进行碳达峰及零碳企业试点示范，通过重点企业、主要业务试点，及时总结经验，在集团层面推广复制，推动实现集团双碳目标。

四是加快绿色低碳技术攻关和应用。加大科技投入和成果引进，聚焦能源及产业结构优化，创新技术与产业应用、工艺改进。强化集团低碳零碳基础性研究，争取建设节能减排、碳汇、碳捕捉等国家实验室、重大科技创新平台，探索规模化储能、氢能、碳捕集、利用与封存等低碳技术。推动集团能源结构优化，产业低碳化。积极拓展全国、海外可再生能源、清洁能源工程，推动绿色供应链管理，实现绿色技术的重大突破与广泛应用。

五是参与全国碳排放权交易，培育绿色金融。参与国家碳交易，引进碳金融工具，加大碳减排技术和成果开发，开展技术和管理节能、能源替代、原料替代、技术革新等，降低自身碳排放量。强化碳资产管理，开发符合自愿减排标准的项目，参与碳交易，拓展碳期货、碳信托、碳基金等绿色金融产品，运用金融资本服务企业碳减排。

六是倡导零碳发展并培养专业人才。树立零碳发展意识，制订零碳发展中长期计划，加大高层和员工零碳政策与专业培训，开展全员低碳零碳生活培训，培养全员低碳意识，构建双碳文化，争创零碳企业、零碳居民。

七是加强开放合作。积极推动国内科研院所的技术和管理合作，推进国际商贸、碳关税政策研究。准确把握全球碳税、碳关税动向和国际间合作机制，提前做出预警方案。加强国家政策与企业品牌的国际推广，让世界各国和合作伙伴了解中国及中央企业的绿色发展成绩和实践经验，获得合作伙伴的业务认同。

七、零碳企业创建要点

推动创建零碳企业，主要把好以下五个关口：

一是政策条件关口。确立申请参与创建的企业条件，必须符合企业战略定位，企业主要领导有强烈意愿，企业有一定经济基础等。同时，企业生产经营满足国家政策导向，技术有一定的先进性，或者企业有调整提升的空间和可能。

二是实施路径科学性、操作性。创建企业的实施路径、操作方案具有科学性和可行性，能够逐步落地。同时，企业管理相对规范且有执行力。

三是重大项目实施质量。创建零碳企业必须有项目或技术支撑，要确保支撑项目或关键技术等人力、资金等投入，对创建工作起到积极的促进作用。

四是碳减排与效益均衡发展。推动企业零碳化发展，既要有经济效益，又要有社会效益，要统筹考虑政策、资金、收入、就业、盈利、市场等因素，确保减碳与市场目标结合，既要有收入，又要可持续，这样才能有利于提高企业竞争力，提高发展潜力。

五是注重融入当地产业布局。企业要选择适合当地技术和产业政策的路径，兼顾经济发展和区域需求，统筹就业与企业盈利，确保零碳产品或技术得到政府或市场认可，确保实现预期效益和发展能力。

八、典型案例

（一）中国移动碳达峰碳中和行动计划

2021 年 7 月 15 日，中国移动联合产业链合作伙伴代表在京举行"C^2 三能——中国移动碳达峰碳中和行动计划"发布会。工业和信息化部、国务院国资委等领导出席并致辞。

自 2007 年起中国移动开展"绿色行动计划"，推动节能减排。面对新形势新要求，中国移动贯彻落实中央决策部署，将"绿色行动计划"升级为"C^2 三能计划"，创新构建"三能六绿"发展模式，助力实现碳达峰碳中和目标。中国移动积极参与碳核查、碳披露、碳交易，助力生态链整体绿色转型。加强产、学、研、用合作，形成上下游衔接、大中小企业联动的工作合力，赋能千行百业碳达峰碳中和。

正式启动"C^2 三能——中国移动碳达峰碳中和行动计划"，发布行动计划白皮书。中国移动明确"十四五"节能降碳工作目标，到"十四五"期末，公司单位电信业务总量综合能耗、单位电信业务总量碳排放下降率均不低于 20%，企业自身节电量较"十三五"翻两番、超过 400 亿千瓦时，企业 2025 年自身碳排放控制在 5600 万吨以内，助力经济社会减排量较"十三五"翻一番、超过 16

亿吨。

白皮书分为"十三五"成效回顾、"三能六绿"新模式和"十四五"目标路径三个部分。C^2（发音为 C 方）即 $C×C$，体现了信息技术对经济社会节能减排的杠杆作用，也展示了实现碳达峰碳中和需要把握其级联递进的内在关系，系统谋划设计，形成倍增效应。"三能"代表"节能、洁能、赋能"三条行动主线，节能即千方百计节约企业自身能耗，洁能即提升清洁能源使用比例，赋能即充分发挥信息化技术助力社会减排降碳杠杆作用。"六绿"指六条实现路径：一是以绿色架构、节能技术为驱动打造绿色网络；二是以能源消费电气化、绿电应用规模化为目标推进绿色用能；三是以科学制定设备节能技术规范、完善绿色采购制度为保障建设绿色供应链；四是以线上化、低碳化为方向倡导绿色办公；五是以拓展信息服务应用、推广"智慧环保"解决方案为依托深化绿色赋能；六是以加强宣贯教育、弘扬绿色低碳理念为抓手创建绿色文化。通过"六绿"，中国移动将绿色低碳发展理念贯穿于生产经营各环节，带动产业链上下游各企业，作用于经济社会各领域。

（二）五粮液集团打造零碳酒企

五粮液制定碳中和战略规划，创建零碳酒企。主要创建内容包括：推进能源绿色化、资源低碳化，强化碳全景监测、全周期管控，打造"零碳车间""零碳园区"，提前实现企业自身碳中和；建设信息共享平台，实现产品全生命周期碳足迹跟踪管理，制定供应链涉及五粮液生产相关部分的碳排放标准，建立碳中和供应链管理体系，争取尽快实现供应链碳中和；开展碳吸收、碳交易和碳金融等工作，建立企业碳中和标准，创建零碳酒企，打造行业绿色发展标杆。

坚持"生态优先、绿色发展"，围绕零碳愿景重点推进以下工作：在能源供给端，全面启动绿色能源供应，包括生物质发电、酒糟全部循环利用，实现电力、热力、燃料可再生能源化。在能源消费端，推进电能替代和能效提升工程，实现综合能耗指标达到行业领先水平。在能源管理侧，全面实现数字化，打造"综合智慧能源＋碳中和＋区块链"的数字化运用场景。

（三）中国联通"3＋5＋1＋1"行动计划

中国联通发布《"碳达峰碳中和""十四五"行动计划》，明确实施"3＋5＋1＋1"行动计划。

"3"是指围绕低碳循环发展，建立三大碳管理体系——碳数据管理体系、碳足迹管理体系、能源交易管理体系。通过健全三大体系，完善能源指标，绘制重点用能设备碳足迹，并有序参与碳排放权交易市场。

"5"是指聚焦五大绿色发展方向。一是推动移动基站低碳运营，推广极简建站、潮汐节能等技术，有序提高清洁能源占比。二是建设绿色低碳数据中心，通过供电降损简配、空调利用自然冷源等，提高系统能效。三是深入推进各类通信机房绿色低碳化重构。四是加快推进网络精简优化，老旧设备退网。五是提高智慧能源管理水平。

"1"是指深化拓展共建共享，深入推进行业基础设施资源共建共享，试点扩大合作对象范围。

"1"是指数字赋能行业应用，助力千行百业节能降碳。例如，中国联通助力高速公路视频云联网工程，实现视频上云的集中统一存储；依托5G、车路协同、高精定位等技术助力青岛港、宁波港、黄骅港等十余个港口降本增效；为废钢加工配送中心以及各大钢厂提供废钢智能判级等应用，促进钢铁类再生资源重复利用……

中国联通光伏补充供电试验站。"十三五"期间，中国联通推进自身节能降碳工作，运用数字化手段为客户提供相关服务，取得了积极成效。积极推进共建共享，推进基站、管道、杆路等通信基础设施共建共享，减少土地、钢材、能源和原材料的消耗。截至2020年，中国联通与中国电信共建共享5G基站38万站、4G基站20.5万站，每年可节约用电89亿千瓦时以上。积极引领基站能效提升，采用符号、通道、载波等不同层级节能策略，并对5G网络节能方案进行试点。建设绿色低碳数据中心，推广蒸发冷却、新风等技术，例如宁夏中卫数据中心采用新风自由冷却系统PUE低至1.28，该项目获得2018年中国通信企业协会ICT基础设施节能创新"最佳节能设计奖"；新疆"一带一路"数据中心采用间接蒸发冷却及石墨烯精准供暖等节能技术后PUE低至1.3；中国联通有17个数据中心入选国家绿色数据中心，占比16%。挖掘存量资源节能潜力，围绕早期投产的高能耗通信机房及IDC机房分批改造，持续开展网络精简优化。鼓励自主创新，联通自主研发的智能双循环（氟泵）多联模块化机房空调系统、5G BBU竖装机框等获得国家实用新型专利。发挥行业优势，在工业互联网、能源新技术、车路协同、智能监测、智慧生活等方面，提供数字化、智能化服务，如中国联通助力"取消高速公路省界收费站"工程，为全国29个联网收费省份的487个省界收费站提供高可靠的网络连接服务，工程累计节约能源效益预计超50亿元。

（四）宝马集团的碳中和行动

2021年3月，宝马集团宣布了减碳、脱碳目标。宝马明确了中国市场可持续发展目标及相应举措，确定了四大重点要务，包括加速技术创新驱动绿色转型；加强产业链上下游合作伙伴之间的协作；提供绿色的高档产品和体验；设立科学的、可衡量的可持续发展目标，定期公开披露成果。到 2030 年实现单车全生命周期平均二氧化碳排放量较 2019 年降低至少三分之一。为了实现目标，宝马率先将碳减排范围拓展到全产业链，包括原材料采购、供应链、生产、使用乃至回收环节。

中国作为宝马全球最大的市场，宝马将上述目标分解到三个领域：在供应链环节，宝马与供应商协作，力争到 2030 年实现减排 20%；在生产环节，宝马在中国的工厂计划在今年年底实现碳中和，计划到 2030 年在生产环节减排 80%；在车辆使用环节，宝马将加速电动化攻势，在车辆使用环节减排 40%。

为实现可持续发展目标，宝马集团在中国提供更多电动化产品。按照规划，2023 年前，宝马计划在中国推出 12 款纯电动 BMW 和 MINI 车型，覆盖所有主流细分市场，预计纯电动汽车占公司在中国总销量的 25%。

第 十 一 章

CHAPTER 11

零碳城市创建及案例

零碳城市是实现碳中和的重要支撑，也是碳汇、碳减排技术和产业聚集的重要业态。通过建设零碳城市，可以推动产业、能源、交通、建筑和生活等低碳化零碳化，可以实现技术应用与产业革命，推动清洁能源广泛利用，提高城市发展的质量，打造零碳产业聚集区与先行区。国合华夏城市规划研究院吴维海博士2021年为贵阳高新区编制了《贵阳高新区零碳示范区发展规划》，2016年为贵州凯里市编制《凯里市创建国家级低碳城市试点方案》，对城市与园区低碳化发展构建了较为完善的情景假设、路径体系及行动方案。在此基础上，形成了零碳城市建设的总体框架。

一、零碳城市创建思路

（一）零碳城市内涵

建设零碳城市是我国实现碳中和的必由之路。零碳城市的内涵包括零碳交通、零碳建筑、零碳能源、零碳家庭等多个方面。零碳交通指以步行、自行车、公交车等公共交通为主要出行方式；零碳建筑指使用被动式节能、能源循环等技术；零碳能源指充分利用风能、太阳能、水能等可再生能源；零碳家庭指家庭积极参与节水节电、废物回收等工作。

从国家有关政策来看，零碳城市建设需要产业、交通、污水处理、土壤修复等方面的各类政策支撑与引导。

《关于印发地下水污染防治实施方案的通知》指出："综合考虑地下水水文地质结构、脆弱性、污染状况、水资源禀赋和行政区划等因素，建立地下水污染防治分区体系，划定地下水污染保护区、防控区及治理区。"

《土壤污染防治行动计划实施情况评估考核规定（试行）》《重点流域水生生物多样性保护方案》分别对土壤修复和生物多样性进行了规定。重点流域水生生物多样性保护要求，牢固树立创新、协调、绿色、开放、共享的发展理念，尊重自然、顺应自然、保护自然，共抓大保护，不搞大开发，以水陆统筹、部门协同、区域联动为手段，优化水生生物多样性保护体系，完善管理制度，强化保护措施，加强科技支撑，加快水生生物资源环境修复，维护重点流域水生生态系统的完整性和自然性，改善水生生物生存环境，保护水生生物多样性，促进人与自然和谐发展。

（二）零碳城市"四带动、四辐射、四效益"

零碳城市的示范价值，体现在四个带动和四个辐射。

四个带动：通过零碳城市建设，一是带动技术进步，二是带动产业转型，三是带动资源聚集，四是带动质量提升。

四个辐射：通过建设零碳城市，一是辐射低碳零碳科技成果转化与人才聚集，二是辐射零碳城市建设与零碳园区开发，三是辐射要素流动与碳汇交易、补偿，四是辐射区域经济发展与效能提升。

创建低碳零碳城市、低碳园区（企业），具有以下四大效益：

一是获得国家部委专项资金：国家发展改革委、财政部、生态环境部、工业和信息化部、科技部、农业农村部、人民银行等资金扶持。

二是分级政府高度重视与调研指导：习近平总书记高度重视，中央、国家部委和各省试点，政策与干部任用倾斜；总书记多次到贵州、浙江杭州、福建三明、四川成都、山东青岛等地考察调研，高度评价低碳城市与低碳龙头企业，相关城市、政府和企业获得业绩肯定与资金等支持。

三是高水平促进经济转型与技术革命：碳汇技术、碳减排成果，以及碳补偿、碳交易，具有技术外溢效应，形成强大的竞争力。

四是建设低碳循环经济，壮大低碳产业规模：碳减排技术、低碳城市与零碳企业获得超额利润与市场垄断，显著提高经济回报。如贵州大数据产业；特斯拉、宁德时代、长城汽车等新能源低碳企业。

（三）创建零碳城市主要路径

创建零碳城市的主要路径如下：一是产业转型，二是培育良好的营商环境与发展环境，三是发展循环经济和低碳产业，四是发展清洁能源，五是聚集绿色产业，六是培育数字经济等节能减排技术与重大项目。

推进城市零碳化行动计划，需确立零碳城市建设的具体路径：

一是以零碳城市与零碳国家建设为目标，编制零碳城市建设方案，分阶段部署实施；二是加强组织领导，确立减排工作路径，分解到政府、企业、居民等各领域；三是推进三大产业、交通、能源、建筑等协同实施碳减排计划；四是加大能源结构调整，推进"生态经济化、经济生态化"的项目化、具体化；五是实施政府主导、企业和社会参与、市场化运作、可持续发展的低碳零碳城市建设及生态产品价值实现路径，实现 GDP 和 GEP（生态系统生产总值）规模较快增长、GDP 和 GEP 之间转化效率较快增长，创建生态产品价值实现机制示范城市；六是打造零碳园区、零碳企业及零碳技术服务平台，全面建成零碳发展的体制机制、金融服务与监督考核体系。

（四）工业低碳零碳发展图谱

创新工业低碳零碳发展图谱，包括但不限于：源头减量、能源替代、节能提效、回收利用、碳捕捉、工艺改造等。

积极探索我国生态补偿方式的转变，总体上以纵向转移支付为主；但在地区间的横向转移上，全国实践集中在以流域为主的区域范围生态补偿方面，在大气、森林、湿地等领域的探索尚处于起步阶段。未来，按照"谁使用谁保护、谁受益谁补偿"的原则，加快形成"纵向为主、横向为辅、纵横联动"的生态补偿转移支付政策和制度体系。

加大重大项目全过程碳减排管理与监督考核。健全工程建设项目全生命周期绿色设计、绿色施工、绿色运营标准规范和评价体系。推进智能建造与建筑工业化协同发展，减少建筑垃圾的产生，降低建筑能耗、物耗、水耗水平，强化施工现场扬尘、噪声管控。

强化先进节能环保技术、工艺和装备研发，提高能效水平。支持企业加快生物质建材、工业固废新型建材等研发应用，推进建筑垃圾资源化利用。加强绿色建材推广应用，加快淘汰落后装备设备和技术。推进城乡建设绿色低碳发展，加强绿色低碳技术创新，巩固提升生态系统碳汇能力。以节能环保、清洁生产、清洁能源等为重点，增加农村清洁能源供应，推动农村发展生物质能。

二、零碳城市创建原则

新发展理念。基于绿色、创新、协调、开放等理念，进行零碳城市开发建设，提高城市建设的前瞻性、实用性和低碳化，要将零碳城市建设与新型基础设施建设、交通网络建设等规划一体化建设。

以人民为中心。城市建设是为了健康的经济、优美的环境、充分的就业，以及便利的生活。零碳城市打造要以人民的需求、健康的生活以及良好的生态为主线，进行零碳项目与园区等规划开发。

因地制宜。各地区经济基础、技术条件、发展需求各有差别，要因地制宜、循序渐进、量力而行、尽力而为，避免"大跃进"，避免"一刀切"，避免形式主义与官僚主义，避免千城一面，没有特色与亮点。

系统观念。零碳城市建设涉及各个方面，既要关照到经济发展的统筹，又要涉及环境与能源结构调整，还要顾及交通与建筑绿色化，同时零碳城市的建设要示范试点，进行资金筹措、技术实验和推广应用。

示范推广。基于技术实验、产业推广以及要素配置等考虑，首先进行重点技术、重点项目的城市试点，积累经验、优化技术、逐步推广，减少项目实施的各种可能风险。

三、零碳城市创建政策

城市是经济发展与技术创新的主要场所。城市以不足全球 2% 的土地面积，消耗了全球 78% 的能源，产生了超过 60% 的温室气体总排放量。因此，城市碳中和建设是实现碳中和目标的关键、难点所在。截至目前，国家开展了 3 批共计 87 个低碳省市试点，共有 82 个试点省市研究提出达峰目标，其中提出在 2020 年和 2025 年前达峰的各有 18 个和 42 个。

从国家政策来看，城市需要在政策、能源、产业、交通、固废处理、生活等各个领域统筹规划，筹措资金资源，持续协同发力。

《中华人民共和国固体废物污染环境防治法》明确："固体废物污染环境防治坚持减量化、资源化和无害化原则，强化政府及其有关部门监督管理责任，规定目标责任制、信用记录、联防联控、全过程监控和信息化追溯等制度，要求逐步实现固体废物零进口。完善工业固体废物污染环境防治制度，强化产生者责任，增加排污许可、管理台账、资源综合利用评价等制度。完善生活垃圾污染环境防治制度，明确国家推行生活垃圾分类制度，统筹城乡，加强农村生活垃圾污染环境防治。规定地方可以结合实际制定生活垃圾具体管理办法。完善建筑垃圾、农业固体废物等污染环境防治制度，建立建筑垃圾分类处理、全过程管理制度，健全秸秆、废弃农用薄膜、畜禽粪污等农业固体废物污染环境防治制度，将生产者责任延伸制度扩展适用至铅蓄电池、车用动力电池等产品，加大过度包装、塑料污染治理力度，明确污泥处理、实验室固体废物管理等基本要求。完善危险废物污染环境防治制度，规定危险废物分级分类管理、信息化监管体系、区域性集中处置设施场所建设等。加强危险废物跨省转移管理，通过信息化手段管理、共享转移数据和信息。加强医疗废物特别是应对重大传染病疫情过程中医疗废物的管理，进一步明确卫生健康、生态环境等部门的监管职责，突出医疗卫生机构、医疗废物集中处置单位等主体责任，完善应急保障机制。"这一政策包含了政府的治污责任、制度体系建设、重点控制领域、大数据管理、保障机制等基本要求，为城市治理提供了政策依据。

《国家生态文明建设示范市县建设指标》《国家生态文明建设示范市县管理规

程》和《"绿水青山就是金山银山"实践创新基地建设管理规程（试行）》等文件的下发，主要目的是践行习近平生态文明思想，贯彻落实党中央、国务院关于加快推进生态文明建设有关决策部署和全国生态环境保护大会有关要求，充分发挥生态文明建设示范市县和"绿水青山就是金山银山"实践创新基地的平台载体和典型引领作用。

围绕国家2030年碳达峰和2060年碳中和目标，湖北省生态环境厅以降碳减排为总抓手，制订碳排放达峰行动方案，并开展近零碳排放区试点示范工程建设。湖北首批将在城镇、园区、社区、校园、商业五个领域开展试点。2022年底，湖北将建成首批近零碳排放区示范项目。根据《湖北省近零碳排放区示范工程实施方案》，全省将以城镇、园区等区域为突破口，逐步扩大试点范围，多领域多层次推动近零碳发展。

从地市实践示范看，《无锡市碳排放峰值研究》指出，在没有重大经济波动和技术突破的情况下，无锡市大概率在2026年左右实现总量达峰，峰值规模在1.2亿—1.3亿吨（二氧化碳）。

四、零碳城市创建内容

积极推动零碳城市建设是国家部委、智库机构与地方政府的重要研究内容，也是城市管理的工作重点。主要可以采取如下的创建路径和具体内容。未来将根据全球和我国零碳标准建设进一步优化与完善。

1. 组织机制。成立碳达峰碳中和工作领导小组和专项办公室，办公室设在国家发展改革委，各部门主要领导为成员，共同研究双碳目标和政策。

2. 摸底调研。委托第三方智库牵头谋划，联合研究国家和地方"双碳"目标、有关政策以及测算方法、价值交易机制等。

3. 价值核算。按照全口径、多维度，调研政府、城市碳排放、双控及生态产品价值等现状与规模等，形成碳中和发展现状调查报告和系列报告。编制生态系统生产总值（GEP）核算技术规范、开展试点城市GEP核算、编制地方标志生态产品地域公用品牌评价标准。

4. 差距分析。分析对比"十四五"目标和现状的差距，测算和确立需要弥补的差距、达成目标需要开展的工作。

5. 规划方案。基于"双碳"目标和绿色发展主线，委托第三方编制"十四五"时期清洁能源规划、"十四五"时期新能源发展规划、"十四五"时期碳中和专项规划，创建低碳城市实施方案、循环经济示范城市，创建国家级生态产品价值实现机制试点城市实施方案、建设低碳零碳示范城市规划与行动方案。

6. 分解任务。按照省市县镇村、企业、居民、一二三产业和环境治理等口径，进行节能双控、行业减碳、技术改造、能源结构、经济结构、交通结构等优化目标指标分解，分 2025 年、2030 年、2060 年三个时间节点完成。

7. 补偿交易。多维度、全社会进行减碳节能及生态产品价值确定边界、价值核算、补偿规则、额度交易等。

8. 政策激励：政府、企业、社会、居民等多方参与，对其进行资金扶持、技术改造、开放合作以及考核激励等。

五、零碳城市创建标准

关于零碳城市建设标准，国家目前没有统一规定。智库机构和标准化部门应积极研究，出台标准体系和核算模型，推动零碳城市建设的标准化、规范化、系统化与流程化。

可能的零碳城市建设标准，包括但不限于：政策体系、规划标准、产业标准、能源标准、交通标准、建筑标准、园区标准、企业标准、生活标准、用地标准、核算标准、交易标准、补偿标准、惩罚标准以及考核标准等。

具体标准可以逐步细化行业和量化指标，并逐步形成国家标准、行业标准，争取创建国际标准，以标准引领零碳城市建设，以标准获得国际话语权。

学习借鉴欧美国家零碳城市、碳中和标准与模式，中国碳中和研究院致力于联合部委机构、标准化机构、地方政府等，共同研究和优化各类零碳城市、零碳园区、零碳企业等的标准与实施体系，推动碳达峰碳中和目标的实现。

六、零碳城市创建图谱

创建零碳城市的基本模式：一是智库等机构发起，与地方政府和城市共建，争取在一定条件下，沟通并纳入国家部委审批；二是地方自我发起并规划建设；三是国家部委发起创建等推进方式。

关于零碳城市创建工作，可以归纳为以下 12 个步骤。

具体城市可以差异化推进，积极创建、组织评审与验收推广：

1. 政策与组织机制。落实上级政策办法，完善本地零碳城市激励考核政策、土地与能源价格、交通建筑政策，以及财税金融政策等，引导城市和社会参与。

2. 零碳城市标准设计。制定或者借鉴国际、国家或上级城市建设标准，细化各类标准体系，明确创建的主管部门、衡量机制等。

3. 零碳城市建设流程。制定零碳城市创建的基本流程、重大步骤、关键节点、堵点难题、技术瓶颈、示范企业以及工作任务等。

4. 碳排放现状摸底。组织进行碳排放现状调研、数据核算以及产业调查、能源调研、交通建筑情况分析等，形成零碳城市创建基本情况分析报告，指导未来零碳低碳城市的规划与建设。

5. 重要目标和任务分工。根据全国总体碳达峰碳中和要求、国家和上级"十四五"经济规划、能源规划、产业规划、交通规划、建筑规划等，结合地方实际，进行碳指标分解与任务分配，确定各单位、各行业的责任与工作目标。

6. 分领域分行业创建。按照产业、行业、部门等分解碳汇、碳排放、碳补偿、碳交易、碳封存等具体计划与技术、项目，分步骤实施并动态管理。

7. 重大项目与示范工程。确立重点示范的项目、企业、园区及工程，确定需要构建的平台与资源，推动金融、税收、土地等政策优先支持，以项目与工程带动产业聚集、能源转型以及碳减排目标的全面实现。

8. 资金资源与激励机制。基于碳中和目标和激励机制，进行财政资金、债资金、产业基金、银行贷款、科研资金等筹措与调度，建立政策激励、干部任用、企业奖惩、居民积分、碳信用等制度，打造全方位的零碳推进支撑体系及实施策略。

9. 监管与服务平台建设。完善城市、行业、园区、企业等碳监测、碳减排、碳补偿激励机制，完善资源要素流动、碳交易与碳补偿综合服务平台。

10. 核算与交易补偿体系。完善碳汇、碳指标核算体系，推动碳抵消计划实施，完善碳交易与补偿渠道，推动碳汇和碳减排计划全面落地。

11. 创建评审与验收机制。按照国家和上级制度要求，确立创建零碳城市、零碳园区等评审规则与机制，确立验收时间和流程，进行自我验收、专家评审，推荐国家部委验收等。

12. 信息披露和成果推广。积极开展碳中和工作的信息披露，实现碳减排指标公开、企业减碳计划的定期公布，接受社会和媒体的监督检查等。对于好的案例和成果，在全市、全国推广示范。

七、零碳城市创建要点

创建零碳城市，要抓好创建工作的八大关键和要点：

一是组织体系。完善党委政府主要负责人为组长的零碳城市创建组织领导小组，设立专门办公室，强化部门责任、目标与分工。

二是政策激励。落实国家激励政策与考核制度，出台适应本地需要的具体激励政策和干部考核机制、碳减排监督机制等，以奖惩激励督促碳减排目标实现。

三是指标核算。加大碳指标核算，GEP 指标测算，以及生态产品价值实现机制管理，推动行业、产业、企业等碳汇、碳减排监督和补偿激励。

四是重点扶持。对重点项目、碳减排技术、成果转化、核心减排大户等实行优先扶持，人员、资金支持，确保重点项目的示范作用。

五是统筹协调。强化政策、资源、资金、人才、土地、交通等规划与建设的一体化，强化技术与产品、市场与扶持、产业与资金等统筹，强化资源要素支撑。

六是补偿机制。完善碳交易、碳补偿、碳抵消等体制机制和服务平台建设，鼓励试行自愿碳减排、购买碳额度，提前实现碳达峰碳中和，建设零碳城市、零碳产业。

七是违约处罚。强化政策公开、排放公开、资源公开、信息公开，增强碳减排的严肃性和公正性，避免不必要的纠纷或案件。

八是监督约束。强化碳减排奖励与干部考核监督机制，强化产业园与企业碳减排指标控制，有效推动碳减排目标的达成。

八、典型案例

（一）雄安新区打造零碳城市

雄安新区作为建设中的国家级新区，推进建成近零排放的城市。在减排方面，通过"优化能源消费结构"达到节能减排的目的。根据雄安新区规划目标，2022 年雄安新区能源消费总量为 380 万吨标准煤，其中天然气消费比重占 9%，煤炭消费比重占 50%，石油消费比重占 8%，电能占终端能源消费比重 34%，2022 年雄安新区的总二氧化碳排放量约 600 万吨。2035 年雄安新区的能源消费总量将为 860 万吨标准煤，如果不进行煤炭消费，天然气消费比重将小于 8%，石油消费比重也将下降为 0.2%，而电能占终端能源消费比重将大于 50%。且地热能、光伏、生物质等区内可再生能源利用规模进一步扩大，与区外调入的绿色电力、氢能一起组成雄安绿色清洁能源供应系统，经核算到 2035 年雄安新区将仅产生 107 万吨二氧化碳排放。在增汇方面，通过植树造林与城镇绿化，完成新区蓝绿空间占比70%、森林覆盖率40%的目标。包括建设城乡建设组团外围林地及农田林网、环村林带中森林面积共计约4.2万公顷；城乡建设组团内科技森林面积共计1.53万公顷。雄安新区实现规划目标后每年的二氧化碳吸收量将超过100万吨。

若规划目标实现，雄安新区有望2040年完全实现依靠可再生能源达到零碳排放的目标，确保雄安新区如期甚至提前实现规划目标，建成近零碳排放区。

（二）吉林白城打造零碳城市

吉林白城贯彻落实国家"双碳"战略，扛起"陆上风光三峡"建设重任，深入破解水、电、地"三个瓶颈"，构建清洁安全高效能源体系，实现碳达峰碳中和目标，推动白城低碳发展、绿色振兴。

新能源突出生产与消纳协同跟进：坚持"系统谋划、集成布局、整体推进、头部引领、形成闭环"，建设新能源保障、消纳、装备制造基地；打造中国北方氢谷、云谷、碳谷；建设吉电南送特高压通道，构建完整的新能源产业链，努力实现高效益消纳和高质量外送。

新能源产业打造低成本用电洼注：按照吉林省"十四五"期间建成"绿色、智能、低电价"产业园区的战略部署，聚焦供给侧的电源端，建设清洁能源供应基地；聚焦需求侧的负荷端，建设绿电产业发展基地；聚焦电网侧的配电端，建设电力平衡供应枢纽，探索建设"绿电产业示范园区"，形成低用电成本"洼地"，争创国家级碳中和示范园。

（三）烟台打造核能零碳供暖城市

全国零碳供暖城市创建暨国家能源核能供暖商用示范工程二期开工仪式在山东省海阳市举行。

核能供热是从核电机组抽取蒸汽作为热源，通过换热站进行多级换热，最后经市政供热管网将热量传递至用户。相比传统燃煤锅炉供热，核能供热全程无碳排放。

全国首个零碳供暖城市创建项目供暖面积450万平方米于2021年建成，将取代原有燃煤锅炉，每个供暖季节约原煤10万吨，减排二氧化碳18万吨、烟尘691吨、氮氧化物1123吨、二氧化硫1188吨，实现节能减排、高质量供暖多方共赢。

以创建海阳全国首个零碳供暖城市为契机，烟台市依托山东核电项目，勾勒核能供暖"三步走"规划图——2019年11月15日在海阳市落地全国首个核能商业供热项目，实现核电厂周边 10 公里范围内 70 万平方米的核能供暖；核能商业供热项目二期供暖面积增至 450 万平方米，实现海阳市城区供暖全覆盖，建成全国首个零碳供暖城市；下一阶段，核能供暖范围将延至核电厂周边半径 100 公里，达到 2 亿平方米供热能力，为胶东经济圈一体化提供清洁能源保障。"水热同传"项目打破了供水、供热需要三根管道的传统模式，利用一根管道将加热至 85℃ 的淡化海水输送到用户侧，水热分离后，热量进入热力系统，淡化海水进入供水系统，大幅降低供水、供热工程投资及运营成本，重新定义了能源供给模式。

（四）广东省近零碳排放区示范工程

根据《广东省近零碳排放区示范工程实施方案》要求，选择在城镇、建筑、交通、社区、园区、企业六个领域开展近零碳排放区示范工程建设试点，并将有良好的碳排放数据管理和低碳工作基础、有一定低碳技术研发与应用基础、减碳空间较大、有一定示范带动作用的试点项目纳入省级近零碳排放区示范工程项目库。试点项目申报以自愿为原则，在本省行政区域范围内，符合国家和省的产业政策要求。要求申报单位近 5 年来不得有专项资金申报、管理和使用方面的违法违纪行为。

申报条件：

1. 近零碳排放城镇试点。申报主体为该行政区域的政府机关或管理机构，并征得所在地级以上市政府的同意，具有较好的低碳工作基础，区域人口密度≥800 人/平方公里，建成区人均公园绿地面积≥20 平方米，可再生能源占比≥5%，单位 GDP 碳排放强度≤0.64 吨二氧化碳当量/万元，人均碳排放量≤4.31 吨二氧化碳当量/（人·年）。

2. 近零碳排放建筑试点。申报主体为建筑项目开发商、业主或具体管理运营单位（要求提供项目产权或授权证明），具有较好的低碳工作基础，单体建筑工程建筑面积≥5000 平方米，建筑群体工程建筑面积≥1 万平方米，获得绿色建筑三星或可再生能源占比≥5%。

3. 近零碳排放交通试点。申报主体为交通管理部门或交通行业企事业单位，具有较好的低碳工作基础，能源消费以电力、天然气为主，可再生能源占比≥5% 或获得绿色港口、绿色公路、绿色站场等绿色交通示范项目称号。

4. 近零碳排放社区试点。申报主体为社区居委会、村委会、开发商或物业公司，具有较好的低碳工作基础，社区绿地率≥30%，可再生能源占比≥5%，居住小区单位建筑面积能耗≤40千瓦时/（平方米·年），农村社区要基本完成农村环境综合整治任务。

5. 近零碳排放园区试点。申报主体为园区管委会或经济开发区管委会，具有较好的低碳工作基础，工业和商贸园区完成建设投资额≥10亿元，农业园区规模≥1000亩，可再生能源占比≥5%，工业园区固体废弃物处置利用率≥50%，工业用水重复利用率≥65%。

6. 近零碳排放企业试点。申报主体为在广东省内注册、具有独立法人资格的企事业单位，具有较好的低碳工作基础，年营业收入≥2000万元，可再生能源占比≥5%，能源消费以电力、天然气为主，单位产值或产品碳排放强度与国内同行业企业平均值相比低20%以上。

（五）无锡打造"净零碳城市"

2020年，无锡经济总量约1.23万亿元。能源活动是无锡最大的温室气体排放源，占排放总量的93.6%。2020年，无锡市全社会用电量760亿千瓦时，最高负荷达到1345.43万千瓦，两者均创历史新高。2020年无锡煤电装机占比超过50%，达到51.2%，风电、太阳能等新能源发电装机占比仅有13.5%。

2019年无锡能源消费总量达到3585.6万吨标准煤，约占江苏省的11%。其中煤炭消费总量2171万吨，占江苏的13.4%，单位国土面积耗能量是江苏省平均水准的1.09倍。从排放看，无锡2019年碳排放总量约为9098万吨，占江苏的12.89%，排名仅次于苏州、南京。2019年无锡碳排放强度（单位地区GDP碳排放量）为0.79吨二氧化碳/万元。2020年，无锡的三次产业结构为1∶46.5∶52.5，产业结构中能源消耗较大。

谋划零碳产业园。对各产业园产业和碳排放现状进行摸底，有序推进产业结构调整升级。一方面，淘汰高能耗的落后产能，腾出宝贵的能耗和主要碳排放指标用于支持优质重大项目。另一方面，扶持低碳、零碳、负碳的技术创新，引进低碳相关产业进驻，带动低碳产品在无锡研发和生产，扶持新的经济增长点，拉动低碳经济发展，促进产业绿色低碳转型。

根据《无锡太湖湾科技创新带发展规划（2020—2025年）》，建设碳中和先行示范区，开展"零碳排放区"示范工程，推行"碳普惠制"。在发展零碳产业上，形成技术的引进和自主创新、成果转化、实践应用三大场景。

无锡市高新区的单位GDP能耗0.205吨标煤，只有全国高新区平均值（0.464）的44%，江苏平均的58.7%，万元GDP能耗处于世界发达国家工业区先进水平。无锡高新区规划设立零碳科技产业园，打造长三角乃至全国知名的零碳技术集聚区、产业示范区，积极争创国家级绿色产业发展示范基地和国家高新区绿色发展示范园区。

以点带面是构建零碳科技产业园的基本思路。打造零碳科技产业核心区进行试点示范，带动22平方公里的零碳科技产业园，再推动220平方公里的高新区全覆盖，实现绿色低碳循环高质量发展。试点的内容突出零碳、低碳技术研发应用、成果转化和产业集聚，以及实现能源数字化和智能化、构建运营管理服务平台、打造零碳商务区试点示范、建设低碳社区等。

无锡高新区以国际、社会共建的方式成立零碳创新研究院，让国际合作、科技研发、技术引进、成果展示、示范应用等同步进行，聚焦无碳技术、减碳技术、去碳技术等重点领域开展项目招引、应用和产业化。

推动绿色转型，从源头降碳入手，实现零碳的核心是能源结构的转型即非化石能源的使用，在风电、水电、太阳能等非化石能源开发利用领域新技术的创新研发非常重要。

碳交易路线图。无锡是江苏省重点碳排放单位。分行业看，尽管2020年无锡高新技术产业产值占江苏全省比重达15.6%（居全省第二），但根据2019年无锡温室气体排放清单数据分析，电力和钢铁是碳排放量最大的两个行业。其中，电力行业2019年的排放量为4868.2万吨，占46.7%，钢铁行业碳排放量为1963.4万吨，占18.9%，两者加起来超过全市65%。分城市各经济板块看，江阴市占排放总量的60.48%，宜兴占21.27%，两个全国经济百强县是实现碳达峰的重点区域，能源则是重点领域。

无锡2020年通过核查的电力企业25家（燃气电厂3家，燃煤电厂21家，垃圾电厂1家），已纳入全国碳排放权交易配额管理。每年3—4月组织企业填报监测计划和排放报告（电力行业需在4月底前完成填报），5月由省级请有资质的第三方核查机构对企业提交的排放报告进行核查（相当于对企业的碳排放进行认定），之后再由省级根据核查结果分配配额，6月启动交易。

省级生态环境主管部门根据重点排放单位上年度实际产出量，以及本方案确定的配额分配方法和碳排放基准值，核定各重点排放单位的配额数量。再将核定后的本行政区域内各重点排放单位配额数量进行加总，形成省级行政区域配额总量。将各省级行政区域配额总量加总，最终确定全国配额总量。具体配额发放多少由国家根据企业前一年的碳排放量核查结果进行统一分配，一般预分配配额与发放核查结果之间存在一定的比例。

（六）北京市 2050 年实现碳中和

北京市碳排放近 8 年来呈波动下降趋势。北京碳排放（包含航空）在 2012 年达到峰值。2014—2015 年，北京市碳排放出现大幅下降，碳排放达峰目标已顺利完成。

北京碳排放（包含航空）2012 年达到峰值后，得益于 2013 年以来实施的清洁空气行动计划，2014 年到 2015 年碳排放总量显著下降。2016 年到 2019 年，受航空排放快速增长影响，排放总量出现小幅波动回升，但未超过 2012 年的最高值。2020 年受疫情影响，航空运输等领域的能耗和排放大幅下降，全市碳排放总量持续下降。

国际大都市碳排放达峰约需要六个条件：能源利用效率较高、人均 GDP 达到 2 万美元以上、人口总数达到峰值并趋于稳定、城市化率达到 75% 以上、三产比重超过 65%、环境质量诉求较高，北京已具备这些条件。同时北京多年来大力推进污染物和温室气体协同减排，环境质量持续好转，节能降碳始终走在全国前列。

北京在城市总体规划和"十二五""十三五"规划纲要中，确立了绿色低碳循环发展的总体思想和高标准目标任务，目前北京市的经济主要增长点，来自金融、科技等产业，这些产业具有能耗低、技术先进、附加值高等特点。2020 年，万元 GDP 能耗和碳排放分别下降至 0.21 吨标准煤和 0.42 吨二氧化碳，为全国最优水平。

北京提出的碳中和时间为 2050 年，将比全国目标提前 10 年。未来，北京将逐步实现终端用能"电气化"和电力供应"脱碳化"，持续推进机动车"油换电"，到 2050 年，城市交通实现近零排放，建筑领域基本实现近零排放。

（七）北京城市副中心地热"两能"空调系统

北京城市副中心建成全球范围内单批次最大规模的地热"两能"利用系统，创建"近零碳排放区"示范工程，办公区使用可再生能源比重达 40%。地热"两能"指浅层地热能和深层地热能，是可再生的绿色能源，具有本地化、储量大、零排放、可持续的特点。在北京城市副中心行政办公区地下，44 公里长的管线，河道、绿地下 1.1 万多组换热孔与管线汇集交错，两座巨型区域能源站，这些共同组成了贯穿办公区建筑群近 240 万平方米的"绿色空调"。全部应用了以浅层地热能为主、深层地热能为辅、其他清洁能源为补充的能源供给方案，建成

"1个智慧管理平台＋6座区域能源站"的能源供应保障体系，地热"两能"占设计热负荷的60%，实际能源贡献率接近系统的90%。地下管廊能源舱中布设的400—1000毫米管线总长达44公里，单批次规模创世界最大。1号、2号能源站建成后预计每年可为城市副中心节约2.2万吨标准煤，减少二氧化碳排放4.8万吨。

（八）阳山镇打造零碳小镇

阳山镇以"最美河道"创建和"污水零直排区"建设为抓手，狠抓源头治水治污，巩固提升"美丽河湖"剿劣成果，完善环境基础设施，积极开展工业集聚区块和镇村（社区）生活小区等截污纳管工作。结合"一河一图册"，采取"针灸式"治理水环境。启动新渎港及支浜调水引流综合整治工程和阳山小流域二期工程，把区域内的水系科学合理沟通，兼具生态景观效率，让水利工程与美丽乡村和老百姓实际需求相结合，让死水变成活水，臭水变成清水。

经过改造，阳山镇内8条市重点河道完成Ⅲ类水达标100%目标任务，全镇75条河道Ⅲ类水58条，完成Ⅲ类水达标70%目标任务，"最美河道"成为点亮美丽阳山的重要元素。阳山镇重点打造直湖港沿线1500亩小流域的农业面源治理试点，聚合"政—校—研"资源力量，协同破解农业面源污染防治难点，打造直湖港、陆区河等10条美丽示范河道，绘就"美丽河湖"新画卷。各村（社区）以"最美河道"建设为契机，在村中发展民宿、农家乐，打造集观光、休闲、度假于一体的现代美丽乡村。

阳山镇实施土壤污染防治行动计划，围绕"摸清底数，预防污染，严控风险，扩大修复"的总体思路，以固体废物控增量、减存量为重点，着力推进土壤污染防治。阳山镇严厉打击和遏制固体废物非法转移倾倒等环境违法犯罪行为，严控增量，排查非法填埋、倾倒等历史遗留问题，建立问题清单，实行销号管理，削减存量，完成金辉粉末北侧历史遗留地块长效管控工作。

阳山镇积极发展乡村振兴，打造"蜜桃小镇"，坚持把推进产业转型升级、推动绿色产业发展、发展循环低碳经济、推进资源能源全面节约，走出了一条风光美、文化农、产业强的乡村振兴道路。

第 十 二 章

CHAPTER 12

零碳产业园创建及案例

产业园是我国经济发展的主阵地，也是碳减排的主要战场。推进产业园零碳化发展是当前的重要工作任务。

一、零碳产业园创建思路

借鉴已有低碳示范区建设案例，提出我国各城市建设低碳零碳产业园的总体思路与创新图谱①。

坚持零碳目标引领，强化顶层设计。坚持产业链共建共享和园区开放共享，推动资源能源转化。鼓励主导产业低碳化发展，鼓励建设零碳产业园。围绕技术、模式、政策、绿色金融，推动生产要素绿色化、荷储源网一体化、产业链条垂直化、线上线下一体化、跨域产业协同化，高标准打造零碳产业园。

发展负碳产业集群。立足本地基础，加大招商引资力度，推进创建零碳产业、负碳产业集聚区，选取钢铁、石化制造等用能大户集中的产业园，优化园区治理、项目示范、模式创新、资金支持、土地指标等核心要素，统筹产业发展、企业达峰、行业碳中和的路径与目标，推动产业园绿色化、融合化、链条化发展。

建设清洁能源示范园。鼓励企业通过碳交易市场购买碳配额，或通过核证自愿减排系统购买碳积分，抵消部分非清洁能源电力消耗，提倡节能节水建筑。鼓励企业使用被动房、发电玻璃、光伏屋顶等新产品、新技术，扶持建设低能耗、高效率的办公楼宇。鼓励建设"光伏＋充电桩"新能源充电应用场景、"光伏＋储能电站"能源储存系统、"园区无人驾驶＋共享单车"新出行场景，鼓励建设能耗监测信息平台，推进园区单栋楼宇、单个楼层、单个房间能耗的独立智能控制，尽可能提高减排效率。

鼓励园区光伏和新能源应用。鼓励利用屋顶等设计太阳能光伏发电站，扶持清洁电源项目投产，鼓励建设屋顶花园，降低屋顶与室外能量交换。积极发展海绵城市，增加园区渗透地面面积，建设雨水收集和污水处理系统，采用生物净化等技术进行综合利用，提高雨水污水综合利用率。开展能源综合管理，实现建筑物温湿度精准控制，减少能源浪费。建设电动车、氢气等新能源充电桩，鼓励使用新能源汽车。

倡导零碳发展理念。加大规划编制和执行力度，精选低碳项目，严格新项目

---

① 吴维海：《贵阳高新区低碳示范区发展规划》，2021年，委托单位：贵阳高新区。

入园门槛，积极引进优势企业，优先开展碳减排技术研发、碳汇成果转化、行业示范，扶持打造低碳核心聚集区。以核心区和试点企业为依托，带动技术应用与产品推广，推动产业园绿色零碳、循环化、高质量发展。倡导零碳产业和低碳技术，提倡零碳办公和零碳生活。践行低碳出行理念，鼓励步行和公交出行，鼓励视频会议和在线办公。

二、零碳产业园创建原则

重点突破，循序渐进。以现有产业园为突破口，积累示范经验，逐步扩大试点推广，多领域多层次推动城市和区域的零碳化发展。

因地制宜，突出特色。统筹气候、能源、人才等制约因素，科学编制零碳产业园建设方案，制定零碳发展阶段性目标，探索统筹协同、特色鲜明、有行业竞争力的零碳发展模式与路径。

——技术引领，机制驱动。着重聚焦产业、能源、交通、建筑、消费、生态等领域，示范零碳技术与产品，加大融资、准入、核查、信息披露、考核评估等机制创新。

——政府引导，市场主导。成立跨部门协调机制，出台支持零碳产业园区创新发展的政策体系，完善激励考核政策，吸引社会资本投资，激发各方动力。

三、零碳产业园创建政策

从国内外实践来看，零碳产业园区规划与建设，需要各级政府、智库机构、行业组织、媒体单位、投资方等各方积极参与，长期跟踪。

从国家部委推进方向看，2021 年全国继续落实能耗"双控"政策，严控重化工行业新增产能规模，坚决压缩粗钢产量。同时，制定重点行业碳达峰行动方案和路线图，鼓励工业企业、园区建设绿色微电网，优先利用可再生能源，在各行业各地区建设绿色工厂和绿色工业园区。

为贯彻落实习近平生态文明思想和党中央关于碳达峰碳中和的重大战略决策，认真落实科技部关于科技创新支撑碳达峰碳中和的工作部署，加快推动国家高新区绿色高质量发展，2021 年 6 月 8 日，科技部火炬中心召开国家高新区"碳达峰碳中和"技术革命与产业变革高峰会议，专题研讨国家高新区实现"碳达峰碳中和"的创新路径和解决方案。科技部火炬中心牵头发起《国家高新区"碳达峰碳中和"行动宣言》，组织国家高新区认真研究碳达峰碳中和发展路径，编制绿色发展5年行动方案，推动设立绿色发展账户，引导国家高新区积极承担绿色发展的社会责任，为我国实现"双碳"目标贡献科技力量和解决方案。

《国家高新区"碳达峰碳中和"行动宣言》包含六大主旨，为国家省部区实现碳达峰碳中和指明了行动方向和重点任务。

一是牢固树立绿色发展理念。主动应对碳达峰碳中和带来的深刻变革，化挑战为机遇，深入开展高新区碳达峰碳中和发展战略及路径研究，科学制定发展规划，加快构建清洁、低碳、高效的产业体系、能源体系，引领支撑高新区高质量发展。加快推进适应碳达峰碳中和要求的体制机制改革，推动设立绿色发展账户，对高新区碳排放及相关绿色指标进行可量化、可追溯、可公开的统计监测评价，积极承担绿色低碳发展的社会责任。

二是加大支持前沿性、颠覆性绿色低碳技术研发。在碳捕捉、碳存储、碳利用、电网级电力存储、低碳制氢等关键领域，发现和支持一批前沿性绿色低碳技术项目，形成一批先进技术成果，培养一批绿色低碳技术高端科研人才。

三是加快绿色低碳技术产业化。积极推动一批引领性、重大性的绿色低碳技术在高新区落地转化，开展先进绿色低碳技术产业化项目示范，探索建设"零碳"示范园区（工厂）。培育绿色低碳技术转移机构和技术经理人，建立技术验证平台和交易平台，开展绿色低碳技术对接专场，促进绿色低碳技术转移转化。

四是积极培育支持绿色低碳科技企业。支持建设专注绿色低碳技术的科技企业孵化器、众创空间，做大做强绿色科技服务业，深度孵化一批掌握绿色低碳关键技术的硬科技企业。推动建设绿色低碳技术新型研发机构等科技创新服务平台，为企业绿色转型提供高质量技术供给。按照低碳、零碳、负碳分类筛选，为绿色低碳科技企业主动增信，引导各类创新要素向绿色低碳企业集聚。

五是完善支持绿色低碳技术创新的科技金融体系。积极与金融机构加深合作，设立专门支持绿色低碳技术产业化的科技金融产品。推动成立绿色低碳产业投资基金，聚焦支持绿色低碳科技初创企业。积极推广绿色低碳科技产品，视情予以绿色信贷、政府采购等政策支持。

六是着力推动绿色低碳产业集群化、国际化发展。聚焦清洁能源、大规模储能、CCUS等重点领域，加快建设绿色低碳技术产业集群，做大做强若干绿色低碳产业。主动引进全球先进绿色低碳技术和项目，加强与各国开展人才交流、项目合作。

四、零碳产业园创建内容

一般来说，零碳产业园区创建包括政策制定、标准优化、准入门槛、申请流程、机制创新、技术研发、产业转型、能源革命、交通优化、建筑减碳以及办公零碳化等重点内容。

探索绿色低碳发展机制。规划并探索能源、产业、建筑、交通及公共基础设施等领域低碳化发展，研究和实施源头减少二氧化碳排放技术和工艺。积极增加森林、农业、湿地等直接碳汇，通过碳减排交易、碳普惠等途径间接增加碳汇，努力实现碳中和。实施示范工程探索绿色低碳发展的新路径，推动产业园区早日实现碳达峰碳中和。

培育绿色技术创载体。加大园区招商引资力度，积极推进能源、工业、农林业、建筑、交通、废弃物处理等领域减碳增汇技术应用，鼓励示范园区、示范企业使用绿色技术，鼓励管理与流程创新。积极开展"政、企、学、研、产、金、用"一体化创新合作，打造绿色零碳技术创新实验示范区。

创新产业转型模式。推动新旧动能转换，鼓励传统产业绿色低碳发展，鼓励生态产业化、产业生态化，实现园区和企业近零碳排放。依托区位优势，因地制宜培育节能环保、土壤修复、污水处理、新能源装备、低碳认证、碳资产管理等新业态、新技术、新项目，打造绿色零碳产业聚集区。

打造零碳生产生活。加大低碳零碳宣贯，加大全社会零碳生活推广，强化国家政策解读，创建零碳园区、零碳社区、零碳商场、零碳楼宇、零碳个人示范，健全零碳生产生活激励政策，采取财政补贴、金融扶持等策略，加大温室气体排放和污染防治项目投资，不断降低能耗水耗，减少物耗及废物，推动实现生产生活生态系统的循环链接。

五、零碳产业园创建标准

关于零碳产业园建设标准，目前国家部委尚无明确的规定，有关标准制定都在推进与探索中。

广东省确立了近零碳排放园区试点的申报规定：申报主体为园区管委会或经济开发区管委会，有较好的低碳工作基础，工业和商贸园区完成建设投资额≥10亿元，农业园区规模≥1000亩，可再生能源占比≥5%，工业园区固体废弃物处置利用率≥50%，工业用水重复利用率≥65%。

借鉴广东省近零碳园区申报标准，结合全球碳减排趋势和各地产业园发展的基础、碳减排目标及路径，各城市、各园区可以研究出台适合本地区产业园创建的零碳产业园创建标准。如：可以规定申报单位为产业园管委会或园区管理公司，可以确定拥有的零碳技术数量、产业园规模，可以确定园区投资规模、再生资源和清洁能源使用比例或者可利用规模，可以确定固废处理比例、污水循环化比例，以及单位 GDP 能耗、园区碳减排目标等主要指标或者申请条件。

六、零碳产业园创建图谱

海南省海口江东新区管理局印发《零碳新城建设工作方案》（以下简称《方案》），围绕发展低碳能源、发展低碳交通、发展低碳建筑、发展低碳产业、发展碳汇交易、倡导零碳风尚、完善零碳制度七大方面，坚持政府引导、市场驱动，多措并举减碳固碳，到 2025 年初步建成全国领先的零碳新城，到 2030 年全面建成世界一流的零碳新城。

根据《方案》，零碳新城将发展低碳能源。推进能源生产和消费方式变革，大力发展可再生能源，完善以接受区外可再生能源为主，区内可再生能源为辅，多能互补的能源结构，构建低碳清洁、安全高效的能源体系；协调引入核电，发展光伏、风力、波浪能、地热能等发电，在所有民用建筑和有条件的构筑物建设光伏发电系统，推进智慧电网建设；推进综合能源站建设，发展集中供冷；建立健全阶梯电价气价制度，促进全社会节约用能。

发展低碳交通。优化交通模式，科学配置交通资源，推动交通系统协调发展，构建低碳综合交通体系；协调发展地铁、清洁能源公共汽车、清洁能源邮轮等公共交通，建设综合交通换乘站，提升公共交通覆盖面、通达度、舒适度，适时禁止非新能源公共交通工具驶入；鼓励发展电动、天然气、氢能等新能源汽车，推进电动汽车充电设施、综合能源补给站建设，打造新能源汽车应用展示区；完善非机动车、步行等慢行交通体系，促进减少机动车出行；协调推进智慧灯杆、智慧交通系统，推进交通智慧化，促进交通碳减排。

根据《方案》，零碳新城将发展低碳建筑。实施建筑领域能源消耗总量和单位国内生产总值能源消耗强度"双控制"，推动提升建筑能效；所有民用建筑执行绿色建筑标准，推广使用低碳建材、装配式建筑、被动式建筑、建筑捕风技术、节能照明等，对既有保留建筑分步实施低碳改造，创建低碳机关、低碳企业、低碳社区、低碳校园等；依照住房和城乡建设部《被动式超低能耗绿色建筑技术导则（试行）》，推广超低能耗绿色建筑、零碳建筑，形成零碳发展特色模式；全面推进 BIM 技术应用，建设 CIM 管理平台，实现绿色低碳建筑系统化设计、智慧化管理。

发展低碳产业。加快建立"政、产、学、研、用"有机融合机制，引导企业、高校、科研院所建立低碳技术创新联盟，形成技术研发、示范应用和产业化联动机制；推进产业准入负面清单管理，推行低碳生产方式，重点发展旅游业、现代服务业、高新技术产业，加快形成高端引领、协调融合、优质高效的低碳零碳产业体系，全面禁止高能耗、高污染、高排放产业和低端制造业发展；推动关联产业合理布局、集聚发展，促进生产和消费产生的各种废物回收和再生利用，促进污水、垃圾源头减量和资源化利用；发展零碳研究咨询服务，为零碳产业发展提供智力支持和技术支撑。

根据《方案》，零碳新城将发展碳汇交易。完善城市生态绿地系统，实现乔灌草立体搭配、点线面有机结合，持续提升城市绿化率，打造千里绿道网。推进湿地建设和生态修复，持续提升新区湿地率，打造万亩湿地碳汇；推动营造海底森林，优化经济藻类养殖和贝类养殖，推进海洋碳汇发展；推动建设碳排放交易市场，建立健全碳排放权交易体系，利用市场化手段推进节能降碳，拉动低碳经济。

倡导零碳风尚。以世界地球日、世界环境日、全国节能宣传周和低碳日、植树节等为契机，开展零碳宣传，提高全社会零碳意识；将零碳规划建设纳入党政领导干部培训体系，加强零碳学习培训；带头倡导低碳生活方式，营造低碳生活氛围，带动社会广泛参与，形成低碳出行、低碳消费等社会新风尚。

在近零碳园区试点方面，国家尚未出台具体标准。应立足各地特色与基础，编制零碳产业园规划，以规划引领，优化园区空间布局，严格实行低碳门槛管理，构建循环经济产业链，合理控制工业过程排放，推进减碳治污协同增效。积极打造具有优势和经济规模的产业集群，推广碳捕集、利用和封存（CCUS）技术，开展低碳产品认证，试行碳排放核算、节能诊断试点，绿色建筑、建设低碳交通、能源和水资源利用系统、实施生活垃圾分类、利用碳普惠平台践行低碳行为及提升碳资产管理能力。建立节能降碳与生态环境协同治理机制，推动单位GDP 碳排放和碳排放总量显著下降，打造各具特色的零碳产业园。

七、零碳产业园创建要点

零碳产业园创建的管控要点，主要有六个方面：以园区主要领导为组长的组织机制的坚强有力；产业主线要明确且转型路径清晰；重点项目和示范企业能发挥引领作用；奖励政策与机制落实到位；碳减排技术和主导产业减排措施有效且可持续；碳减排指标核算与碳减排监督机制公开透明且有约束力。

八、典型案例

（一）青岛高新区建设零碳园区

为落实科技部《国家高新区绿色发展专项行动实施方案》要求，青岛高新区坚持"绿水青山就是金山银山"的理念，以科技创新为核心，打好污染防治攻坚战，探索绿色发展示范新路径。

锚定目标加大环境监管力度。全区环境空气质量综合指数明显改善两成以上，环境空气优良率提高了 21.4 个百分点。这是青岛高新区通过推进燃煤锅炉超低排放改造、深入推进 VOC 治理、强化扬尘管控等措施，强化大气质量管控带来的显著成果。

作为发起《国家高新区"碳达峰碳中和"行动宣言》的 12 家高新区之一，青岛高新区锚定碳达峰碳中和目标，充分吸收借鉴国内外生态城市建设经验，高起点筹划建设成为生态新区，发布山东省首个区域生态建设指标体系，坚持系统谋划，通过加强科学研究、打造特色亮点、推进试点建设、寻求国际合作等举措，对区域开发强度、生态红线划定范围等内容规定明确的目标控制范围，对区域空气、水、噪声环境质量达标率、生活垃圾无害化处理以及清洁能源等内容设定了约束指标，坚持走在绿色发展前列。目前，青岛高新区已获批国家低碳工业园区试点园区、国家级生态工业示范园区、国家生态文明先行示范区等荣誉。

青岛高新区实施差异化监管，强化重点排污单位自动监控管理，对违法失信、有污染治理任务的企业依法依规严格监管，从源头上减少危险废物的产生，工业固体废物处置率达 100%。督促企业优化工艺流程，实施危险废物减量化措施，增强"非现场执法"能力，利用手机终端软件、污染源监控系统、固废监管平台和用电量监控等智能化手段，实行线上线下监管联动，不断提升监管效率。青岛高新区对企业危险废物的产生、贮存、转移等全过程进行监管，编制突发环境事件应急预案，实现危险废物规范化管理。同时，定期对园区内企业进行环境风险的排查，不定期对企业进行绿色环境指标抽查，加大环境监管力度。

科技创新助力绿色产业升级。位于青岛高新区的青岛佳明测控科技股份有限公司自主研发生产的 JMS – CLM Ⅱ型大肠菌群在线自动监测仪连续 4 年中标中国环境监测总站项目，已经供货 69 台监测仪。佳明测控的大肠菌群在线自动监测仪已达到世界领先水平，突破了单一水质微生物指标检测仪器的"枷锁"，构建了一机多用的水质检测实验室平台。

科技创新是青岛高新区的内在基因，以建设创新型产业集群为抓手，青岛高新区聚焦新一代信息技术、医疗医药、人工智能＋高端装备制造、现代科技服务业等低污染、低能耗、低排放的主导产业，大力发展绿色低碳技术。青岛高新区围绕主导产业链各环节梳理共性绿色低碳技术需求，实行重点攻关项目"揭榜挂帅"，探索建立、完善绿色发展需求导向和问题导向的项目形成机制，充分应用战略科技力量，加快形成以市场为导向、企业为主体、关键技术研发为支撑的产业技术创新体系，促进产业链与创新链绿色融合。在青岛高新区，海纳光电环保集团研发的多种型号光谱模块，逐步替代了进口的光谱分析模块，在国内新型环保核心领域彰显"中国制造"的实力；青岛海纳能源环保科技开发有限公司在对工业润滑油、非标汽柴油等成品废油的净化与分离的技术服务方面成果突出，产品及技术被列入《国家鼓励发展的重大环保技术装备目录》。

产城融合释放绿色发展潜力。青岛高新区获批为国家 AAA 级旅游景区，成为青岛首家以高新科技体验为特色的开放式科技生态景区；青岛高新区水系园林景观方案设计和专项规划荣获"亚洲都市景观奖"；澜湾艺术公园、祥茂河湿地公园已全部免费向公众开放，成为运动休闲、观光游览的好去处。围绕第三代城市综合体的框架深度规划，青岛高新区坚持产城融合，遵循"生产、生活、生态"三生共融理念，筑牢"生态经络、湿地岛链"的生态发展框架。坚持"一张蓝图绘到底"，严格实施总体规划，高标准建设水系绿地，拥有祥茂河等水系景观 600 万平方米，道路绿化 230 万平方米，打造"枕河听海、九水一区"城市品牌。

在青岛高新区，亚洲首个伊甸园项目开工建设。为响应国家 2030 年实现碳达峰和 2060 年碳中和目标的号召，青岛东方伊甸园项目在设计之初就把绿色发展理念贯彻项目全过程。在设计和建设过程中，通过合理改良土壤情况，增强碳汇能力；通过对大型场馆进行绿色低碳设计、结构优化，减少材料的使用。在未来运营过程中，青岛东方伊甸园项目将采取智能管理、低碳化改造，减少高碳排放材料使用，鼓励游客绿色低碳出行以及未来购买森林碳汇等方式践行绿色发展，以建设成为国家示范性的碳中和园区为目标，为国家碳达峰碳中和作出贡献。

青岛高新区以建设创新驱动发展示范区和高质量发展先行区为目标，构建科技型企业全生命周期雁阵培育体系，打造"雏雁成长、强雁振翅、头雁引领、雁阵齐飞"的发展格局，推动先进技术落地和产业化，形成绿色创新型企业群落，书写绿色发展"大文章"，用高水平生态环境保护推动高质量发展。

（二）无锡高新区建设零碳科技产业园

2021年5月19日无锡高新区设立无锡零碳科技产业园。"十四五"期间，该产业园推动绿色技术供给、构建绿色产业体系，着力打造长三角乃至全国知名的低碳技术集聚区、产业示范区。

园区企业车间自动化程度高，利用物联网及AI技术实时调节生产设备，通过购入变频化空压机、真空泵等，减少二氧化碳的排放。通过改善照明的LED灯等，减少二氧化碳（CO_2）排放。

以点带面构建零碳产业体系。无锡高新区2020年单位GDP能耗0.205吨标准煤/万元，达到发达国家先进水平。低碳产业初具规模：高新区现有低碳领域企业300多家，主营业务收入超600亿元。高新区现已建成一批运用光伏、储能、微电网等多种技术，涵盖企业、园区、社区等多场景的行业应用示范。截至2020年，高新区分布式光伏电站建成并网容量达到160MW。此次选址太湖湾科创城设立无锡零碳科技产业园，由现状基础、目标定位与空间布局、重点工程、保障措施四部分内容组成，核心区突出"零碳""低碳"技术研发应用、成果转化和产业集聚，以核心区的试点示范带动整个22平方公里无锡零碳科技产业园（太湖科创城）片区的技术应用推广，带动整个220平方公里高新区的绿色低碳循环高质量发展。

（三）杨市镇零碳小镇建设

杨市镇有湘军将领故居群，有云桂堂、师善堂、存厚堂、老刘家等湘军将领故居10多处，湘军文化是杨市镇文化的灵魂。杨市镇生态条件得天独厚，无大型工业厂房，有创建零碳镇的基础。市文旅投计划以杨市镇示范基地为核心，在适当区域建设田园综合体，打造"湘军故里、零碳先锋"的品牌，落实"绿色发展、生态优先"的理念，紧扣杨市湘军文化主题，大力发展文旅产业。

坚持总体规划、分步实施的原则，以"湘军故里、零碳先锋"为主题，依托杨市镇湘军将领故居群作为旅游精品线路"湘军寻古"重要节点的优势，在2021年至2025年的5年内分三期逐步推动杨市零碳小镇农业文化旅游"三位一体"融合发展。以打造湘军故里品牌为目标，将云桂堂进行开发利用，激活云桂堂的文化、旅游双效益，让文物"活起来"；建设零碳车间，做好"草饲粪肥"生态循环农业，形成"生态牧歌"的生态生活场景；与市园林处以项目的形式合作推进一片以玫瑰花、月季花等观赏性较强且具有一定深加工经济效益的花卉为主的创意花海项目。整期项目计划投资 1000 万元，全部由企业投资。

（四）上海市第二批低碳（试点）社区创建评价指标体系

1. 范围

本指标体系规定对上海市第二批创建低碳社区试点的评价指标及评价原则；本指标体系适用于上海市行政辖区内城市既有社区、农村社区；对新建社区，也可参照本指标体系进行评价。

2. 基本要求

2.1 低碳社区必须是能够紧密结合区域内生态环境特征，以管理低碳化、配套基础设施低碳化和社区生活低碳化为目标，积极应用绿色技术、使用绿色能源、推广绿色建筑、倡导绿色生活的具有典型示范意义的社区。

2.2 低碳社区内居民、物业公司、居委会能够积极参与低碳社区创建工作，形成人人有责、共同参与的社区氛围。

2.3 低碳社区必须是近 3 年未出现重大环境安全责任事故或未出现不和谐事件的社区。

2.4 低碳社区创建实施主体既可以是独立的居住小区，也可以是多个居住社区群，其地域范围最大不超过一个街道，最小不小于一个居委会。

3. 低碳社区创建资格

申请低碳社区创建的社区，需提交低碳社区试点实施方案，待方案经主管部门评审通过后，方具有低碳社区创建资格。

4. 低碳社区创建时限

社区获得创建资格后的 2 年为低碳社区创建期，社区需在此时限内完成创建工作，创建期满后进行低碳社区评价。

5. 评分内容与指标

5.1 分为必评项目和加分项目。

5.2 实得分 = 累加得分

城市既有社区基本项 100 分，加分项 33 分；农村社区基本项 100 分，加分项 21 分。

6. 低碳社区评价

创建期结束后，经评价后获得主管部门颁发的低碳社区试点单位称号。

第 十 三 章

CHAPTER 13

生态产品价值实现机制

生态产品价值实现是国家对自然资源由从实物形态的拥有到对价值形态的持有、从所有到利用的重大转变，也是实现碳达峰碳中和的基础保障。研究生态产品内涵、生态产品价值实现机制、价值补偿、生态品原产地示范等具有重大的战略意义。

一、生态产品内涵

（一）生态产品内涵

生态产品是党的十八大报告提出的新概念，是生态文明建设的核心理念。

生态产品是"自然生态系统产生的生态系统服务"，即生态效益，包括物质产品和生态服务。

生态系统为了维系生态安全、保障生态调节功能、提供良好人居环境而提供的生态产品，可分为三类：一是供给服务类产品，如木材、水产品、中草药、植物果实种子等；二是调节服务类产品，如水涵养、水净化、水土保持、气候调节等；三是文化服务类产品，如休闲旅游、景观价值等。

（二）碳达峰碳中和与生态产品价值实现机制的关系

生态产品价值实现机制是碳中和目标达成的重要支撑。到 2030 年，生态产品价值和生态系统生产总值（GEP）核算体系更加完善，在市场交易、政府采购、产业转型等领域得到高效应用；GEP 的 GDP 转化率显著提高，率先建成全国生态产品价值实现机制示范区。

到 2022 年 6 月底，编制完成政府主导、企业和社会各界参与、市场化运作、可持续发展的生态产品价值实现运行方案；编制 GEP 核算技术规范、编制 GEP 核算报告、制订创建国家级生态产品价值实现机制实施方案。

到 2025 年，初步形成生态产品价值核算评估体系，形成多元化生态产品价值实现模式，建立生态产品价值实现制度体系，提供生态产品价值实现可复制可推广的经验模式。

二、生态产品价值核算原则

（一）生态产品价值核算概念

生态产品价值核算指对生态产品带来的经济财富和社会福利进行货币化的经济价值量核算，是建立健全自然资源资产产权制度、资产监管体制、空间规划体系等制度的前提，也是资源有偿使用、生态补偿的重要依据。

（二）生态产品价值核算的工作原则

保护优先、合理利用。尊重自然、顺应自然、保护自然，守住自然生态安全边界，彻底摒弃以牺牲生态环境换取一时一地经济增长的做法，坚持以保障自然生态系统休养生息为基础，增值自然资本，厚植生态产品价值。

政府主导、市场运作。充分考虑不同生态产品价值实现路径，注重发挥政府在制度设计、经济补偿、绩效考核和营造社会氛围等方面的主导作用，充分发挥市场在资源配置中的决定性作用，推动生态产品价值有效转化。

系统谋划、稳步推进。坚持系统观念，搞好顶层设计，先建立机制，再试点推开，根据各种生态产品价值实现的难易程度，分类施策、因地制宜、循序渐进推进各项工作。

支持创新、鼓励探索。开展政策制度创新试验，允许试错、及时纠错、宽容失败，保护改革积极性，破解现行制度框架体系下深层次瓶颈制约，及时总结推广典型案例和经验做法，以点带面形成示范效应，保障改革试验取得实效。

三、生态产品价值实现机制参与者

（一）生态产品价值实现机制的主要参与者

生态产品价值核算实现机制的参与者很多，包括：党中央、国务院、各级党委、政府、各部委、科研院所、企业（投资机构，会计师事务所、律师事务所，审计机构）、农民等。

（二）生态产品价值实现机制的基本路径

生态产品价值实现机制是碳达峰碳中和重要的实施策略，需要与低碳经济协同研究和统筹推进。

立足新发展理念，因地制宜、量力而行、尽力而为、统筹谋划，进行低碳经济、循环经济示范城市建设，鼓励发展零碳产业、负碳产品等，健全碳交易平台和碳补偿机制，是高端科研院所、商协会和智库学者等应尽的光荣义务和历史责任。同时，"双碳"目标的分解与考核，需要与国家部委、各级政府业绩，与企业减排指标，与居民生活方式，与政府办公节能、绿色建筑节能，以及生态治理一体化部署，与 GDP 增长质量、产业结构、能源结构、交通结构以及激励机制等协同谋划。积极推进生态品原产地等"中国模式""中国经验"的试点与复制，构建以生态产品价值实现机制、生态品原产地示范为驱动的"美丽中国"实施路线图，尽快推动实现碳达峰和碳中和发展目标。

四、生态产品保护补偿机制

完善纵向生态保护补偿制度。中央和省级财政参照生态产品价值核算结果、生态保护红线面积等因素，完善重点生态功能区转移支付资金分配机制。鼓励地方政府在依法依规前提下统筹生态领域转移支付资金，通过设立市场化产业发展基金等方式，支持基于生态环境系统性保护修复的生态产品价值实现工程建设。探索通过发行企业生态债券和社会捐助等方式，拓宽生态保护补偿资金渠道。通过设立符合实际需要的生态公益岗位等方式，对主要提供生态产品地区的居民实施生态补偿。

建立横向生态保护补偿机制。鼓励生态产品供给地和受益地按照自愿协商原则，综合考虑生态产品价值核算结果、生态产品实物量及质量等因素，开展横向生态保护补偿。支持在符合条件的重点流域依据出入境断面水量和水质监测结果等开展横向生态保护补偿。探索异地开发补偿模式，在生态产品供给地和受益地之间相互建立合作园区，健全利益分配和风险分担机制。

健全生态环境损害赔偿制度。推进生态环境损害成本内部化，加强生态环境修复与损害赔偿的执行和监督，完善生态环境损害行政执法与司法衔接机制，提高破坏生态环境违法成本。完善污水、垃圾处理收费机制，合理制定和调整收费标准。开展生态环境损害评估，健全生态环境损害鉴定评估方法和实施机制。

五、生态产品价值实现利益导向机制

探索构建覆盖企业、社会组织和个人的生态积分体系，依据生态环境保护贡献赋予相应积分，根据积分情况提供生态产品优惠服务和金融服务。引导各地建立多元化资金投入机制，鼓励社会组织建立生态公益基金，合力推进生态产品价值实现。严格执行《中华人民共和国环境保护法》，推进资源税改革。在符合相关法律法规基础上探索规范用地供给，服务于生态产品可持续经营开发。

六、生态品原产地示范

（一）生态品原产地示范

为统筹规划并推动生态产品价值核算机制与零碳试点，国合华夏城市规划研究院联合中国出入境检验检疫协会等智库协会，联合开展了生态品原产地示范标准化建设，并于2021年6月1日在襄阳与湖北省襄阳市等政府科研院所等联合发

布"襄阳宣言"，全面推进生态减碳示范。

国家层面统筹抓好试点示范工作，选择跨流域、跨行政区域和省域范围内具备条件的地区，开展生态产品价值实现机制试点，重点在生态产品价值核算、供需精准对接、可持续经营开发、保护补偿、评估考核等方面开展实践探索。鼓励各省（自治区、直辖市）积极先行先试，并及时总结成功经验，加强宣传推广。选择试点成效显著的地区，打造一批生态产品价值实现机制示范基地。

鼓励打造特色鲜明的生态产品区域公用品牌，将各类生态产品纳入品牌范围，加强品牌培育和保护，提升生态产品溢价。建立和规范生态产品认证评价标准，构建具有中国特色的生态产品认证体系。推动生态产品认证国际互认。建立生态产品质量追溯机制，健全生态产品交易流通全过程监督体系，推进区块链等新技术应用，实现生态产品信息可查询、质量可追溯、责任可追查。

（二）生态品原产地证书

中国出入境检疫检验协会制定的生态品原产地证书分为四类：

1. 生态原产地保护产品证书。

2. 生态原产地保护文化产品证书。

3. 生态原产地保护服务产品（含目的地旅游）证书。

4. 生态原产地产品保护示范区（含农林牧渔业产品示范区、工业产品示范区、文化产品示范区、服务产品示范区、产业融合示范区）证书。

七、典型案例

（一）自然资源部推荐 11 个生态产品案例

福建省厦门市五缘湾片区通过开展陆海环境综合整治和生态修复保护，以土地储备为抓手推进公共设施建设和片区综合开发，依托良好生态发展现代服务产业，提升了生态价值。福建省南平市构建"森林生态银行"自然资源管理、开发和运营的平台，对碎片化的森林资源进行集中收储和整合优化，并引入社会资本和专业运营商具体管理。

重庆市通过设置森林覆盖率约束性考核指标，形成了森林覆盖率达标地区和不达标地区之间的交易需求，搭建了生态产品直接交易的平台。同时，以地票制度为核心，拓展地票生态功能，建立了市场化的"退建还耕还林还草"机制，实现了统筹城乡发展、推动生态修复、增加生态产品、促进价值实现等多重效益。

浙江省余姚市梁弄镇通过实施全域土地综合整治，加大对自然生态系统的恢复和保护力度，推动绿色生态、红色资源与富民产业相结合，发展红色教育培训、生态旅游等"绿色＋红色"产业，吸引游客"进入式消费"，将生态优势转化为经济优势。

江苏省徐州市贾汪区潘安湖采煤塌陷区以"矿地融合"理念，推进采煤塌陷区生态修复，将千疮百孔的塌陷区建设成为湖阔景美的国家湿地公园，为徐州市及周边区域提供了优质的生态产品，并带动区域产业转型升级与乡村振兴。

山东省威海市将生态修复、产业发展与生态产品价值实现"一体规划、一体实施、一体见效"，优化调整修复区域国土空间规划，明晰修复区域产权，引入社会主体投资，持续开展矿坑生态修复和后续产业建设，把矿坑废墟转变为生态良好的5A级华夏城景区。

江西省赣州市寻乌县在统筹推进山水林田湖草生态保护修复的同时，因地制宜发展生态产业，利用修复后的土地建设工业园区，引入社会资本建设光伏发电站，发展油茶种植、生态旅游、体育健身等产业，逐步实现"变废为园、变荒为电、变沙为油、变景为财"。

云南省玉溪市实施了抚仙湖流域腾退工程，推动抚仙湖流域整体保护、系统修复和综合治理，大幅增加了优质生态产品的生产能力，实现了生态环境持续向好、用地结构持续优化、一二三产业和谐发展。

湖北省鄂州市积极探索生态价值核算方法，统一计量自然生态系统提供的各类服务和贡献，并将结果运用于各区之间的生态补偿，让"好山好水"有了价值实现的途径。

（二）东临新区生态产品价值实现机制试点实施意见

为全面贯彻习近平新时代中国特色社会主义思想和党的十九大精神，认真落实长江经济带发展战略部署，推动国家生态文明试验区（江西）建设，加快将东临新区生态优势转化为经济优势，根据《抚州市生态产品价值实现机制试点方案》精神，结合新区实际，现就推进东临新区生态产品价值实现机制试点工作制定本意见。

一、指导思想

以习近平新时代中国特色社会主义思想为指导，认真落实习近平总书记考察江西重要讲话精神，牢固树立"两山"理念，紧紧围绕"提供更多优质生态产品以满足人民群众日益增长的优美生态环境需要"主线，结合新区生态优势，着力探索农林水资源、古村古建等生态产品价值实现新路径。充分发挥金融支持作用促进生态产品价值实现，构建多元化生态产品价值实现途径，为建设生态新区打下坚实基础。

二、基本原则

（一）生态优先，绿色发展。统筹推进山水林田湖综合治理，通过保护与修复生态环境，提升生态资产，增强生态产品供给能力。在确保生态安全的前提下，探索生态产品价值实现有效路径。

（二）突出重点，统筹兼顾。结合新区资源优势和特色，全力推动农林水资源价值实现、古村古建活化利用两项特色创新试点，统筹兼顾其他各类生态产品，鼓励社会力量参与生态建设和环境保护，提供更多优质生态产品。

（三）先行先试，规范有序。创新思路，大胆尝试，积极探索生态产品价值实现的多元路径。不断完善相关制度，健全技术标准，做出亮点，形成示范，保障试点工作有序开展。

三、试点目标

通过试点创新，形成独具东临新区特色的生态产品价值实现模式。一是围绕农村承包土地经营权和林权、水权及其衍生的经营权抵押贷款，不断创新金融产品，突破生态产品抵押路径不畅的融资难题，形成农林水资源生态产品价值实现的"新区模式"；二是创新古村落古建筑托管方式，探索古村落产权、托管经营权确权颁证并达成交易，以实现古村落古建筑的活化利用，打造古村古建活化利用生态产品价值实现的"新区样板"。至2020年底，实现农林水资源及古村古建抵押贷款1.5亿元以上。

四、工作任务

按照全市统一部署，结合新区实际，打造2个特色，突出5个重点，统筹推进新区生态产品价值实现。

（一）特色工作

1. 农林水资源价值实现。探索建立农林水资源生态产品经营权确权颁证、价值评估核算、抵押登记、交易流转、风险分担工作机制，在巩固农村承包土地经营权抵押贷款试点成果的基础上，进一步创新金融产品和服务方式，将"两权"抵押贷款延伸至花木园、茶园、黄栀子及水资源等领域，突破生态产品抵押路径不畅的融资难题，将生态优势转化为经济优势，推动新区生态经济实现跨越式发展。

2. 古村古建活化利用。探索建立古村古建宅基地流转、经营权托管、土地性质转换、确权颁证、价值评估核算、线上线下交易、保护修缮、开发利用等工作机制，创新推出"古村落金融贷"，筹措更多的资金用于古村古建保护和开发利用，繁荣东临新区古村落旅游市场，实现古村落古建筑生态产品价值增值。

（二）重点工作

1. 创新绿色金融。加快推进有条件的金融机构、优势企业发行绿色金融债和短期融资券等。加快推动中小型绿色企业发行绿色集合债，探索发行项目收益票据。建立和完善生态补偿机制，与金融机构开展合作，共同探索生态补偿资金项目市场化运作模式。

2. 加快整合国有农垦资产。开展国有农业资产清查、价值评估工作，积极筹建东临新区农垦集团，协助做好抚州市农垦实业集团公司组建有关工作。

3. 探索实施采矿权抵押贷款。利用自然资源产品，发展绿色制造产业，探索采矿权抵押贷款，通过金融支持，助力采矿企业实行边开采、边复绿的循环开发模式，力争绿色区域不减少。

4. 大力推进耕地占补平衡。坚持绿色发展理念，切实转变补充耕地方式，着力通过土地综合整治、高标准农田建设等途径增加有效耕地面积，大力推广测土配方施肥新技术等举措，切实增强新增耕地质量，确保耕地占补平衡质量和数量。

5. 深入推进林业碳汇交易。践行"绿水青山就是金山银山"理念，积极应对气候变化，创新生态补偿机制，对新区符合碳汇项目的林地进行全面调查，推进林地实施碳汇项目。

（三）其他工作

统筹推进组建绿色产业基金、推动"险资入金"、发行气候债、推广电子金融保证业务、做强数字经济产业基地、实施"河权到户"改革、加强社会信用体系建设及发展文化旅游产业、中医药产业、康养产业等生态产品价值实现。积极对接市直相关部门开展"省自主创新计划适配基地或检测中心、省数字经济创新发展试验区（基地）、省网络安全科普示范基地及安全学习实训基地、国家中医药健康旅游示范区、绿水青山就是金山银山国家级实践创新基地"等相关创建工作。

五、保障措施

（一）加强组织保障。成立东临新区生态产品价值实现机制试点工作领导小组，由区党工委书记任组长，区党工委副书记、管委会主任任第一副组长，管委会副主任任副组长，各相关单位主要负责人为成员。领导小组下设试点工作办公室，由黄国锐同志兼任办公室主任。根据工作分工，试点工作办公室分设3个工作组，人员从相关单位抽调，具体负责各项工作的推进落实。各牵头单位要根据本方案确定的工作任务具体制订每项试点工作的实施方案年度推进计划报试点工作办公室备案。

（二）落实资金保障。积极争取国家和省相关部门在交通运输、能源、农业、水利、生态环保等重大基础设施建设中给予资金政策支持。建立多元化投融资体系，引导社会资金投入有一定收益的生态保护与生态产品开发项目。建立生态产品价值实现信贷风险缓释机制，设立财政风险补偿金，发挥保险的风险补偿和风险分担功能。将生态产品价值实现试点工作经费列入财政预算，足额保障试点各项工作需要，确保试点工作快速推进。

（三）加大宣传力度。试点工作办公室负责试点工作的总体宣传和信息披露工作。各相关部门要建立单位联络员制度，指定专人加强信息报送，强化信息交流与成果分享。充分发挥电视、广播、报纸、互联网、微信公众号等各类媒体的宣传主阵地作用，积极宣传各类试点建设的进展和成果，总结推广好经验、好做法，为建立生态产品价值实现机制提供良好的舆论氛围。

（四）强化调度考核。试点工作内容多、涉及面广、专业性强，各地各有关部门要通力协作、合力共为。试点办要加强工作统筹调度，及时掌握工作进展情况，总结归纳试点工作中好的经验做法。牵头部门要发挥领衔作用，主要领导要定期调度，分管领导要直接负责，做到事事有人办、件件有落实。配合部门要按照职责分工，抽调单位精兵强将，紧密配合，确保工作任务顺利完成。各牵头单位要于每月24日前将本单位所负责的工作进展情况、存在问题及下步打算形成材料报送试点办，试点办认真梳理后形成汇报材料报领导小组正副组长，并抄送成员单位。对推进工作不力的，将进行通报，并列入年终考核的重要依据。

（三）关于建立健全生态产品价值实现机制的意见

建立健全生态产品价值实现机制，是贯彻落实习近平生态文明思想的重要举措，是践行绿水青山就是金山银山理念的关键路径，是从源头上推动生态环境领域国家治理体系和治理能力现代化的必然要求，对推动经济社会发展全面绿色转型具有重要意义。为加快推动建立健全生态产品价值实现机制，走出一条生态优先、绿色发展的新路子，现提出如下意见。

一、总体要求

（一）指导思想。以习近平新时代中国特色社会主义思想为指导，全面贯彻党的十九大和十九届二中、三中、四中、五中全会精神，深入贯彻习近平生态文明思想，按照党中央、国务院决策部署，统筹推进"五位一体"总体布局，协调推进"四个全面"战略布局，立足新发展阶段、贯彻新发展理念、构建新发展格局，坚持绿水青山就是金山银山理念，坚持保护生态环境就是保护生产力、改善生态环境就是发展生产力，以体制机制改革创新为核心，推进生态产业化和产业生态化，加快完善政府主导、企业和社会各界参与、市场化运作、可持续的生态产品价值实现路径，着力构建绿水青山转化为金山银山的政策制度体系，推动形成具有中国特色的生态文明建设新模式。

（二）工作原则

——保护优先、合理利用。尊重自然、顺应自然、保护自然，守住自然生态安全边界，彻底摒弃以牺牲生态环境换取一时一地经济增长的做法，坚持以保障自然生态系统休养生息为基础，增值自然资本，厚植生态产品价值。

——政府主导、市场运作。充分考虑不同生态产品价值实现路径，注重发挥政府在制度设计、经济补偿、绩效考核和营造社会氛围等方面的主导作用，充分发挥市场在资源配置中的决定性作用，推动生态产品价值有效转化。

——系统谋划、稳步推进。坚持系统观念，搞好顶层设计，先建立机制，再试点推开，根据各种生态产品价值实现的难易程度，分类施策、因地制宜、循序渐进推进各项工作。

——支持创新、鼓励探索。开展政策制度创新试验，允许试错、及时纠错、宽容失败，保护改革积极性，破解现行制度框架体系下深层次瓶颈制约，及时总结推广典型案例和经验做法，以点带面形成示范效应，保障改革试验取得实效。

（三）战略取向

——培育经济高质量发展新动力。积极提供更多优质生态产品满足人民日益增长的优美生态环境需要，深化生态产品供给侧结构性改革，不断丰富生态产品价值实现路径，培育绿色转型发展的新业态新模式，让良好生态环境成为经济社会持续健康发展的有力支撑。

——塑造城乡区域协调发展新格局。精准对接、更好满足人民差异化的美好生活需要，带动广大农村地区发挥生态优势就地就近致富、形成良性发展机制，让提供生态产品的地区和提供农产品、工业产品、服务产品的地区同步基本实现现代化，人民群众享有基本相当的生活水平。

——引领保护修复生态环境新风尚。建立生态环境保护者受益、使用者付费、破坏者赔偿的利益导向机制，让各方面真正认识到绿水青山就是金山银山，倒逼、引导形成以绿色为底色的经济发展方式和经济结构，激励各地提升生态产品供给能力和水平，营造各方共同参与生态环境保护修复的良好氛围，提升保护修复生态环境的思想自觉和行动自觉。

——打造人与自然和谐共生新方案。通过体制机制改革创新，率先走出一条生态环境保护和经济发展相互促进、相得益彰的中国道路，更好彰显我国作为全球生态文明建设重要参与者、贡献者、引领者的大国责任担当，为构建人类命运共同体、解决全球性环境问题提供中国智慧和中国方案。

（四）主要目标。到 2025 年，生态产品价值实现的制度框架初步形成，比较科学的生态产品价值核算体系初步建立，生态保护补偿和生态环境损害赔偿政策制度逐步完善，生态产品价值实现的政府考核评估机制初步形成，生态产品"难度量、难抵押、难交易、难变现"等问题得到有效解决，保护生态环境的利益导向机制基本形成，生态优势转化为经济优势的能力明显增强。到 2035 年，完善的生态产品价值实现机制全面建立，具有中国特色的生态文明建设新模式全面形成，广泛形成绿色生产生活方式，为基本实现美丽中国建设目标提供有力支撑。

二、建立生态产品调查监测机制

（五）推进自然资源确权登记。健全自然资源确权登记制度规范，有序推进统一确权登记，清晰界定自然资源资产产权主体，划清所有权和使用权边界。丰富自然资源资产使用权类型，合理界定出让、转让、出租、抵押、入股等权责归属，依托自然资源统一确权登记明确生态产品权责归属。

（六）开展生态产品信息普查。基于现有自然资源和生态环境调查监测体系，利用网格化监测手段，开展生态产品基础信息调查，摸清各类生态产品数量、质量等底数，形成生态产品目录清单。建立生态产品动态监测制度，及时跟踪掌握生态产品数量分布、质量等级、功能特点、权益归属、保护和开发利用情况等信息，建立开放共享的生态产品信息云平台。

三、建立生态产品价值评价机制

（七）建立生态产品价值评价体系。针对生态产品价值实现的不同路径，探索构建行政区域单元生态产品总值和特定地域单元生态产品价值评价体系。考虑不同类型生态系统功能属性，体现生态产品数量和质量，建立覆盖各级行政区域的生态产品总值统计制度。探索将生态产品价值核算基础数据纳入国民经济核算体系。考虑不同类型生态产品商品属性，建立反映生态产品保护和开发成本的价值核算方法，探索建立体现市场供需关系的生态产品价格形成机制。

（八）制定生态产品价值核算规范。鼓励地方先行开展以生态产品实物量为重点的生态价值核算，再通过市场交易、经济补偿等手段，探索不同类型生态产品经济价值核算，逐步修正完善核算办法。在总结各地价值核算实践基础上，探索制定生态产品价值核算规范，明确生态产品价值核算指标体系、具体算法、数据来源和统计口径等，推进生态产品价值核算标准化。

（九）推动生态产品价值核算结果应用。推进生态产品价值核算结果在政府决策和绩效考核评价中的应用。探索在编制各类规划和实施工程项目建设时，结合生态产品实物量和价值核算结果采取必要的补偿措施，确保生态产品保值增值。推动生态产品价值核算结果在生态保护补偿、生态环境损害赔偿、经营开发融资、生态资源权益交易等方面的应用。建立生态产品价值核算结果发布制度，适时评估各地生态保护成效和生态产品价值。

四、健全生态产品经营开发机制

（十）推进生态产品供需精准对接。推动生态产品交易中心建设，定期举办生态产品推介博览会，组织开展生态产品线上云交易、云招商，推进生态产品供给方与需求方、资源方与投资方高效对接。通过新闻媒体和互联网等渠道，加大生态产品宣传推介力度，提升生态产品的社会关注度，扩大经营开发收益和市场份额。加强和规范平台管理，发挥电商平台资源、渠道优势，推进更多优质生态产品以便捷的渠道和方式开展交易。

（十一）拓展生态产品价值实现模式。在严格保护生态环境前提下，鼓励采取多样化模式和路径，科学合理推动生态产品价值实现。依托不同地区独特的自然禀赋，采取人放天养、自繁自养等原生态种养模式，提高生态产品价值。科学运用先进技术实施精深加工，拓展延伸生态产品产业链和价值链。依托洁净水源、清洁空气、适宜气候等自然本底条件，适度发展数字经济、洁净医药、电子元器件等环境敏感型产业，推动生态优势转化为产业优势。依托优美自然风光、历史文化遗存，引进专业设计、运营团队，在最大限度减少人为扰动的前提下，打造旅游与康养休闲融合发展的生态旅游开发模式。加快培育生态产品市场经营开发主体，鼓励盘活废弃矿山、工业遗址、古旧村落等存量资源，推进相关资源权益集中流转经营，通过统筹实施生态环境系统整治和配套设施建设，提升教育文化旅游开发价值。

（十二）促进生态产品价值增值。鼓励打造特色鲜明的生态产品区域公用品牌，将各类生态产品纳入品牌范围，加强品牌培育和保护，提升生态产品溢价。建立和规范生态产品认证评价标准，构建具有中国特色的生态产品认证体系。推动生态产品认证国际互认。建立生态产品质量追溯机制，健全生态产品交易流通全过程监督体系，推进区块链等新技术应用，实现生态产品信息可查询、质量可追溯、责任可追查。鼓励将生态环境保护修复与生态产品经营开发权益挂钩，对开展荒山荒地、黑臭水体、石漠化等综合整治的社会主体，在保障生态效益和依法依规的前提下，允许利用一定比例的土地发展生态农业、生态旅游获取收益。鼓励实行农民入股分红模式，保障参与生态产品经营开发的村民利益。对开展生态产品价值实现机制探索的地区，鼓励采取多种措施，加大对必要的交通、能源等基础设施和基本公共服务设施建设的支持力度。

（十三）推动生态资源权益交易。鼓励通过政府管控或设定限额，探索绿化增量责任指标交易、清水增量责任指标交易等方式，合法合规开展森林覆盖率等资源权益指标交易。健全碳排放权交易机制，探索碳汇权益交易试点。健全排污权有偿使用制度，拓展排污权交易的污染物交易种类和交易地区。探索建立用能权交易机制。探索在长江、黄河等重点流域创新完善水权交易机制。

五、健全生态产品保护补偿机制

（十四）完善纵向生态保护补偿制度。中央和省级财政参照生态产品价值核算结果、生态保护红线面积等因素，完善重点生态功能区转移支付资金分配机制。鼓励地方政府在依法依规前提下统筹生态领域转移支付资金，通过设立市场化产业发展基金等方式，支持基于生态环境系统性保护修复的生态产品价值实现工程建设。探索通过发行企业生态债券和社会捐助等方式，拓宽生态保护补偿资金渠道。通过设立符合实际需要的生态公益岗位等方式，对主要提供生态产品地区的居民实施生态补偿。

（十五）建立横向生态保护补偿机制。鼓励生态产品供给地和受益地按照自愿协商原则，综合考虑生态产品价值核算结果、生态产品实物量及质量等因素，开展横向生态保护补偿。支持在符合条件的重点流域依据出入境断面水量和水质监测结果等开展横向生态保护补偿。探索异地开发补偿模式，在生态产品供给地和受益地之间相互建立合作园区，健全利益分配和风险分担机制。

（十六）健全生态环境损害赔偿制度。推进生态环境损害成本内部化，加强生态环境修复与损害赔偿的执行和监督，完善生态环境损害行政执法与司法衔接机制，提高破坏生态环境违法成本。完善污水、垃圾处理收费机制，合理制定和调整收费标准。开展生态环境损害评估，健全生态环境损害鉴定评估方法和实施机制。

六、健全生态产品价值实现保障机制

（十七）建立生态产品价值考核机制。探索将生态产品总值指标纳入各省（自治区、直辖市）党委和政府高质量发展综合绩效评价。推动落实在以提供生态产品为主的重点生态功能区取消经济发展类指标考核，重点考核生态产品供给能力、环境质量提升、生态保护成效等方面指标；适时对其他主体功能区实行经济发展和生态产品价值"双考核"。推动将生态产品价值核算结果作为领导干部自然资源资产离任审计的重要参考。对任期内造成生态产品总值严重下降的，依规依纪依法追究有关党政领导干部责任。

（十八）建立生态环境保护利益导向机制。探索构建覆盖企业、社会组织和个人的生态积分体系，依据生态环境保护贡献赋予相应积分，并根据积分情况提供生态产品优惠服务和金融服务。引导各地建立多元化资金投入机制，鼓励社会组织建立生态公益基金，合力推进生态产品价值实现。严格执行《中华人民共和国环境保护法》，推进资源税改革。在符合相关法律法规基础上探索规范用地供给，服务于生态产品可持续经营开发。

（十九）加大绿色金融支持力度。鼓励企业和个人依法依规开展水权和林权等使用权抵押、产品订单抵押等绿色信贷业务，探索"生态资产权益抵押＋项目贷"模式，支持区域内生态环境提升及绿色产业发展。在具备条件的地区探索古屋贷等金融产品创新，以收储、托管等形式进行资本融资，用于周边生态环境系统整治、古屋拯救改造及乡村休闲旅游开发等。鼓励银行机构按照市场化、法治化原则，创新金融产品和服务，加大对生态产品经营开发主体中长期贷款支持力度，合理降低融资成本，提升金融服务质效。鼓励政府性融资担保机构为符合条件的生态产品经营开发主体提供融资担保服务。探索生态产品资产证券化路径和模式。

七、建立生态产品价值实现推进机制

（二十）加强组织领导。按照中央统筹、省负总责、市县抓落实的总体要求，建立健全统筹协调机制，加大生态产品价值实现工作推进力度。国家发展改革委加强统筹协调，各有关部门和单位按职责分工，制定完善相关配套政策制度，形成协同推进生态产品价值实现的整体合力。地方各级党委和政府要充分认识建立健全生态产品价值实现机制的重要意义，采取有力措施，确保各项政策制度精准落实。

（二十一）推进试点示范。国家层面统筹抓好试点示范工作，选择跨流域、跨行政区域和省域范围内具备条件的地区，深入开展生态产品价值实现机制试点，重点在生态产品价值核算、供需精准对接、可持续经营开发、保护补偿、评估考核等方面开展实践探索。鼓励各省（自治区、直辖市）积极先行先试，并及时总结成功经验，加强宣传推广。选择试点成效显著的地区，打造一批生态产品价值实现机制示范基地。

（二十二）强化智力支撑。依托高等学校和科研机构，加强对生态产品价值实现机制改革创新的研究，强化相关专业建设和人才培养，培育跨领域跨学科的高端智库。组织召开国际研讨会、经验交流论坛，开展生态产品价值实现国际合作。

（二十三）推动督促落实。将生态产品价值实现工作推进情况作为评价党政领导班子和有关领导干部的重要参考。系统梳理生态产品价值实现相关现行法律法规和部门规章，适时进行立改废释。国家发展改革委会同有关方面定期对本意见落实情况进行评估，重大问题及时向党中央、国务院报告。

（四）生态原产地产品保护评审工作指南（中国出入境检验检疫协会）

一、适用范围

适用于生态原产地产品或示范区申请人。

适用于生态原产地产品保护的评审。

适用于生态原产地产品保护示范区建设的评审。

二、申请评审流程

1.1　申请人自愿向协会申请产品注册保护。

1.2　申请人与协会签订协议书。

1.3　申请人必要时可以自愿联系咨询培训机构开展现场培训。

1.4　申请人自主选择评审机构开展评审活动。

1.5　评审机构向申请人提供评审报告。

1.6　申请人向协会提交申请书、申请材料、评审报告及其附件。

1.7　协会办公室审核是否认定注册。

1.8　协会批准公示、公告、注册保护、颁发证书。

1.9　保护证书有效期3年，有效期截止前6个月可提出申请复评。

三、申请人及申请条件

申请人包括政府、国内外行业组织、企业、自然人。

申请条件：

符合国家的法律法规、标准要求。

符合《生态原产地产品保护管理办法》《生态原产地产品评审通则》《生态原产地产品评审技术规范》《生态原产地产品保护示范区及评审技术规范》等标准及规定。

受理产品范围的判定由办公室/技术委员会决定。

不受理产品（服务）范围：

不符合国家法律法规要求的产品：

——国家明令淘汰和禁止的产品；

——典型的高污染、高排放、高耗能产品；

——没有合法有效营业执照；

——没有合法有效注册商标；

——没有建设用地许可证（或权属证明）；

——没有生产许可证（要求有的）；

——没有排放许可证；

——严重违反劳动合同法；

——严重损害劳动者身心健康企业的产品；

——产品质量检测不合格；

——禁止生产加工的产品或服务（包括陆地野生动物产品、禁止的一次性消耗类产品、不健康的娱乐保健服务）；

——伪造、假冒产地的产品；

——伪造冒用认证标志的产品；

——掺杂掺假、以假充真、以次充好的产品；

——不符合保障人体健康和人身、财产安全的标准和要求的产品；

——违反《广告法》禁止、处罚规定的产品；

——包括含有转基因成分、非传统中医药药品、强制性清洁生产企业的产品、烟草、易爆易燃及有毒有害产品；

——3年内发生重大事故及负面影响企业的产品；

——发生重大生态、环境、资源、安全、质量等事故的产品；

——被行政处罚企业的产品；

——被通报批评企业的产品；

——列入失信名单企业的产品；

——企业法人为限制高消费者的产品；

——来自疫区的养殖产品；

——有重大社会负面影响企业的产品。

违背生态文明法律法规的产品：

——不符合国家生态文明建设导向的产品：围湖造田、围垦湿地、围垦河道、毁林开垦、开垦草原、烧山开荒、在禁牧休牧区放牧；

——危害生态功能区、水源保护地、自然保护区、居民生活区、公共活动区的产品；

——在禁采区内采挖、采石、采沙、采土、采水、采草、盗伐；

——将林地改为非林地的种植、养殖、生产加工或服务的产品；

——在禁渔休渔区捕捞的产品；

——破坏生物物种资源、生物多样性的产品。

不符合原产地规则／标准的产品：

——侵犯原产地名称知识产权的产品；

——委托加工生产的产品；

——收购贴牌的产品；

——简单加工组装的产品；

——服务产品不符合原产地判定标准。

第 十 四 章

CHAPTER 14

碳捕捉碳封存

碳捕捉与封存（CCS）是一种减排技术工艺，该技术涉及捕捉二氧化碳，将二氧化碳从工业或相关能源的排放物中分离出来，将其压缩纯化以便运输，后将其注入精心挑选的地点岩层或深海中，防止大量二氧化碳排放到大气中达到永久封存的目的。

一、碳捕捉碳封存概念

固碳也叫碳封存（Carbon Seqnestration），指以捕获碳并安全存储的方式来取代直接向大气中排放 CO_2 的技术，包括物理固碳和生物固碳。物理固碳是将二氧化碳长期储存在开采过的油气井、煤层和深海里。生物固碳指利用植物的光合作用，将大气中的二氧化碳转化为碳水化合物，以有机碳的形式固定在植物体内或土壤中提高生态系统的碳吸收和储存能力，减少二氧化碳在大气中的浓度，减缓全球变暖趋势。

碳捕捉（Carbon Capture and Storage，CCS）指将工业生产中的二氧化碳用各种手段捕捉然后储存或者利用的过程，即捕捉大气中的二氧化碳，经压缩之后进入枯竭的油田和天然气领域或者其他安全的地下场所。它能够减少燃烧化石燃料产生的温室气体。

二、碳捕捉碳封存技术

二氧化碳捕集、利用和封存（CCUS）对于实现全球 2℃ 温控目标和碳中和具有重要的实践价值。

CCUS 系统涉及捕获、运输、地质封存、海洋封存、矿石碳化和二氧化碳的工业利用。

CCUS 技术的碳捕集分为化学吸收法、物理吸附法、膜分离法、化学链分离法等。其中，化学吸收法的市场前景最好。捕获环节为将化工、电力、钢铁、水泥等行业利用化石能源过程中产生的二氧化碳进行分离和富集的过程，主要分为燃烧后捕集、燃烧前捕集和富氧燃烧捕集。

燃烧后系统从一次燃料在空气中燃烧所产生的烟道气体中分离 CO_2。这些系统通常使用液态溶剂从主要成分为氮（来自空气）的烟气中捕获少量的 CO_2 成分（一般占体积的 3%—15%）。

燃烧前系统在有蒸汽和空气或氧的反应器中处理一次燃料，产生主要成分为一氧化碳和氢的混合气体（"合成"气体）。在第二个反应器内（"变换反应器"）

通过一氧化碳与蒸汽的反应生成其余的氢和CO_2，并从最后产生的由氢和CO_2组成的混合气体分离出一个CO_2气流和一个氢流。燃烧前系统与燃烧后系统相比成本较高，但由变换反应器产生的CO_2浓度较高（在烘干条件下一般占体积的15%—60%），以及在这些应用中采用的高压则更有利于CO_2的分离。

氧化燃料系统用氧代替空气作为一次燃烧进行燃料，产生以水汽和CO_2为主的烟道气体。这种方法产生的烟道气体具有很高的CO_2浓度（占体积的80%以上）。

二氧化碳的运输。将捕获的二氧化碳从捕获地点运输至封存地点。目前管道是成熟的市场技术，也是最常用的方法。也可以将液态二氧化碳装在船舶、公路或铁路罐车中运输，通常会被装在绝缘罐中。现有和规划中的煤化工厂和发电厂均位于重点封存地周边200公里范围以内。只有氧燃料燃烧200兆瓦CCUS示范项目的二氧化碳运输距离超过200公里。

地质封存。可以用于二氧化碳的地质封存有：石油和天然气储层、深盐沼池构造和不可开采的煤层。将二氧化碳压缩液注入地下岩石构造中。含流体或曾经含流体的多空岩石构造是潜在的封存地点的选择对象。在沿岸和沿海的沉积盆地中也存在合适的封存构造。假设煤床有充分的渗透性且这些煤炭以后不可能开采，那么也可以用于封存。

海洋封存。潜在的封存方案是将捕获的二氧化碳直接注入深海（深度在1000米以上），大部分二氧化碳在这里与大气隔离若干世纪。该方案的实施办法是：通过管道或船舶将CO_2运输到海洋封存地点，从那里再把CO_2注入海洋的水柱体或海底。被溶解和消散的CO_2随后会成为全球碳循环的一部分。海洋占地表的70%以上，海洋的平均深度为3800米。由于CO_2可在水中溶解，大气与水体在海洋表面不断进行CO_2的自然交换，直到达到平衡为止。

矿石碳化指利用碱性和碱土氧化物，如氧化镁（MgO）和氧化钙（CaO）将CO_2固化，这些物质目前都存在于天然形成的硅酸盐岩中，例如蛇纹岩和橄榄石。这些物质与CO_2化学反应后产生诸如碳酸镁（$MgCO_3$）和碳酸钙（$CaCO_3$，通常称为石灰石）这类化合物。

一般来说，碳石矿化的过程是自然发生的，在自然界，这个过程非常缓慢。因此，封存已捕获的各种二氧化碳的进程必须大大加快，使之成为一种方法。

工业利用是工业上对CO_2的利用，包括CO_2作为反应物的生化过程，例如，那些在尿素和甲醇生产中利用CO_2的生化过程，以及各种直接利用CO_2的技术应用，比如在园艺、冷藏冷冻、食品包装、焊接、饮料和灭火材料中的应用。但此种利用量总体较少，对减缓气候变化的贡献不大。

三、碳捕捉碳封存与碳中和关系

碳捕捉碳封存是一种二氧化碳减排技术，也是碳中和的重要路径之一。目前全球碳捕捉碳封存技术还不成熟，还需要继续突破碳捕捉等技术限制，并且目前该技术的使用成本偏高，有待进一步降低成本，改进工艺。

四、碳捕捉碳封存实现路径

碳封存指捕捉到的二氧化碳通过公路、铁路、管道和船舶等方式来运输，而管道运输被认为适用于大批量的二氧化碳运送，经济性较好。封存二氧化碳，一般要求注入距离地面至少 800 米的合适地下岩层，在这样的深度下压力才能将二氧化碳转换成"超临界流体"，使其不易泄漏；也可注入废弃煤层和天然气、石油储层等，达到埋存二氧化碳和提高油气采收率的双重目的。

CCUS 技术由碳捕集、碳封存和利用三部分组成，碳捕集技术目前大体上分为三种：燃烧前捕集、燃烧后捕集和富氧燃烧捕集。燃烧前捕集技术主要是在燃料煤燃烧前，先将煤气化得到一氧化碳和氢气，然后再把一氧化碳转化为二氧化碳，再通过分离得到二氧化碳；燃烧后捕集是将燃料煤燃烧后产生的烟气分离，得到二氧化碳；富氧燃烧捕集是将二氧化碳从空气中分离出来，得到高浓度的氧气，再使燃料煤进行充分燃烧后，捕获较为充足的二氧化碳。

CCUS 有物理法和化学法，国内常用低温甲醇提取，技术难度较低，碳捕捉与封存成本高，不利于大规模推广。

CCUS 实施路径，可能有如下几个方面：

一是明确面向碳中和的 CCUS 技术路径。二是完善 CCUS 政策支持与标准体系。三是完善法律框架，确立建设、运营、监管、终止等标准体系。四是规划布局 CCUS 基础设施建设。五是实施 CCUS 商业化，开展 CCUS 产业化应用，实现多种 CCUS 技术与碳排放的融合。六是突破 CCUS 关键技术。

五、全球碳捕捉碳封存实践

CCUS 技术在美国等国家已经广泛使用。聚乙二醇二甲醚和低温甲醇提取是燃烧前捕集技术的两大工艺，20 世纪 60 年代开始在美国商业化，全球有百余个项目使用该技术。全球 CCUS 低成本部署需要多个国家或地区参与，80% 以上源汇分布在 300 公里的经济合理运输距离内，但当前实现 CCUS 技术减排的成本较高。

日本 J‒POWER 公司开发了把二氧化碳储存于地下的新技术，以特殊的状态将二氧化碳储存于更浅地层，降低火力发电站等排放的二氧化碳回收储存费用。该技术将液体状态的二氧化碳注入从海底向下挖掘 500 米左右的地层中，使其随着温度和压力的变化变为水合物固体，可在凝固的水合物下面注入更多液体二氧化碳，以水合物构成"盖子"的形式储存二氧化碳。

中国碳捕捉碳封存主要在煤化工、火电、天然气及甲醇、水泥、化肥等行业。在地质封存领域，以提高石油采收率为主，围绕东北松辽盆地、华北渤海湾盆地、西北鄂尔多斯盆地及准格尔盆地等开展。生态环境部环境规划院发布《中国二氧化碳捕集利用与封存（CCUS）年度报告（2021）》指出，中国已投运或建设中的 CCUS 示范项目约为 40 个，捕集能力 300 万吨/年。从实现碳中和目标的减排需求来看，依照现在的技术发展预测，2050 年和 2060 年，需要通过 CCUS 技术实现的减排量分别为 6 亿—14 亿吨和 10 亿—18 亿吨二氧化碳。预计到 2030 年，我国全流程 CCUS（按 250 公里运输计）技术成本为 310—770 元/吨二氧化碳；到 2060 年，将逐步降至 140—410 元/吨。

第十五章

CHAPTER 15

碳交易市场发展

在全球碳交易市场逐步发展的现实条件下，强化碳交易、碳市场管理是我们面临的重大战略任务。根据国际能源署（IEA）2020年发布的《2020能源技术展望》报告，在可持续发展情景下，预计全球能源系统将在2070年全面实现净零排放；而在低碳发电技术部署加速的情况下，全球将驶入"更快创新情景"，将在2050年全面实现净零排放。

一、全球碳核算与补偿机制

碳核算是测量生产、生活等活动向地球生物圈直接和间接排放二氧化碳及其当量气体的措施。从核算对象来说，开展碳核算包含以下两点条件：一是划定造成温室效应的气体，二是确定工业活动等主体。

温室气体是大气中吸收和重新放出红外辐射的自然和人为的气态成分，包括二氧化碳（CO_2）、甲烷（CH_4）、氧化亚氮（N_2O）、氢氟碳化物（HFCs）、全氟化碳（PFCs）、六氟化硫（SF_6）和三氟化氮（NF_3）等。由于不同气体对温室效应的影响程度不同，联合国政府间气候变化专门委员会（Intergovernmental Panel on Climate Change，IPCC）提出二氧化碳当量（CO_2e）概念，以统一衡量气体排放对环境的影响。而基于全球变暖潜能值（GWP），可以看到不同气体相对于二氧化碳而言对温室效应的影响程度。

在我国，对于能源活动和工业生产过程而言，根据《省级温室气体清单编制指南》，HFCs、PFCs和SF_6等主要涉及铝、镁等少数工业生产过程，N_2O已纳入空气污染监控范围，对多数企业而言碳核算的主要对象是CO_2和CH_4。根据《2017年中国温室气体公报》，二氧化碳（CO_2）和甲烷（CH_4）分别是影响地球辐射平衡的主要和次要长寿命温室气体，在全部长寿命温室气体浓度升高所产生的总辐射强迫中的贡献率分别约为66%、17%。

从工业活动主体来说，根据《IPCC国家温室气体排放清单指南》和《省级温室气体清单编制指南》，碳核算主要覆盖五种活动：能源活动、工业生产、农业生产、林业和土地利用变化以及废弃物处理。

针对上述核算主体对象，碳核算可根据数据来源、测量方式、数据形式、数据质量、测量地域及时间范围等因素，生成不同类型的碳核算结果产出。

二、碳中和碳汇标准体系

碳中和项目需采取标准化的实施过程持续推进。英国标准协会发布

《PAS2060：2010 碳中和评价规范》规定，碳中和要做到"两声明、一披露、一抵消"。"两声明"指碳中和承诺声明与碳中和达成声明，"一披露"指碳足迹披露，"一抵消"指抵消温室气体排放。碳抵消与碳中和的实施流程及效果需要由独立的第三方进行认证，并满足额外性、永久性、泄露性和重复计算性等原则。

建立碳中和标准规范体系。借鉴《PAS2060：2010 碳中和评价规范》等标准的经验，建立符合中国实际情况的碳中和技术标准、管理标准与评价标准，加强碳中和行业资质管理，完善企业碳中和第三方认证体系，确保行业碳中和持续健康发展。

建立碳中和认证支持机制。加强行业引导，鼓励企业树立碳中和发展理念，推动企业开展碳中和认证。对于参与碳中和认证，推广应用低碳、零碳与负碳技术的相关企业给予补贴和奖励，促进经济体系向零碳经济全面升级。

推动建立企业碳排放信息披露机制。推动企业开展碳排放信息公开，加快构建碳中和社会监督机制，发挥社会各界的监督作用，落实碳中和目标。

探索排放抵消和自愿补偿相结合的多元发展模式，逐步提高碳交易抵消机制对碳汇的需求，将国家核证自愿减排量（CCER）纳入全国碳市场，促进更大范围的碳中和交易，构建森林、草地、湿地等生态系统碳汇价值的市场化实现机制，为重点区域的碳汇开发与生态保护提供资金支持，发挥生态补偿的调节作用，扩大补偿的范围，提高补偿的标准。

建立政府主管部门授权、第三方负责、各方自愿参与的碳中和项目（或声明）运行机制。补偿机制有我国温室气体自愿减排交易、参与国际 CDM 项目等。

从标准化角度看，《大型活动碳中和实施指南（试行）》，已有温室气体排放核算和报告系列国家标准（GB/T 32150、GB/T 32151.1－12），国家温室气体自愿减排方法学中的森林经营、竹林经营碳汇项目方法学，行业制定的温室气体审定/核查机构要求（CNAS－CC04）、林业碳汇项目审定和核证指南（LY/T 2409—2015）等，都可以为我国建立碳中和标准体系提供技术支撑。

在标准化方面，制定碳中和实施规范或指南，充分使用已有标准。如国际标准《温室气体产品碳足迹量化要求和指南》（ISO 14068）、《环境标志和声明Ⅲ型标志》（ISO 14025，已转化为国家标准 GB/T 24025）、《环境标志和声明——足迹信息交流的原则、要求和指南》（ISO 14026）、与 GB/T 24025 相关的产品种类规则（PCR）国家标准。

碳排放抵消可以考虑纳入 CCUS 项目（碳捕集、利用和封存）的碳减排量，促进 CCUS 项目的实施。2020 年 7 月,加拿大的 Quest CCUS 项目获得加拿大阿尔伯塔碳市场的支持。其中,每吨二氧化碳减排量,能够取得 2 吨碳减排额。

表 15 – 1　主要国家碳中和体系

主体	碳中和类型	运行机制	形式	主要步骤	费用(不包括购买抵消碳信用)	依据的标准规范
UNFCCC	组织、活动	UNFCCC 秘书处负责	在 UNFCCC 网站上声明	(1)量化和报告他们的温室气体排放量,也称为碳足迹; (2)通过自己的行动尽可能减少温室气体排放; (3)抵消所有剩余排放量,包括联合国核证的减排量(CERs)	不收费	(1)签约者自我选择量化标准(需要在报告中声明); (2)UNFCCC 提供的模板
澳大利亚	组织、产品、服务、活动、建筑物、行政区域	政府授权的机构	认证	(1)签订和维护许可协议; (2)计算排放量; (3)制定和实施减排战略; (4)购买抵消量; (5)安排独立验证; (6)发布公开声明	收费	澳大利亚系列碳中和标准
法国	组织	碳 4 公司和 9 家合作伙伴	碳排放披露项目(CDP)公布	(1)减少直接和间接排放; (2)减少其他组织的排放; (3)改善碳汇	不收费	核算: (1)法国环境与能源控制署的方法(Bilan Carbone); (2)ISO 14064; (3)GHG protocol
英国	组织、产品、活动	政府授权的机构	认证	(1)碳排放核算; (2)碳减排; (3)抵消; (4)认证	收费	(1)PAS2060; (2)抵消方面:黄金标准、自愿碳标准、《英国林地减碳守则》

续表

主体	碳中和类型	运行机制	形式	主要步骤	费用（不包括购买抵消碳信用）	依据的标准规范
哥斯达黎加	组织、产品、活动	政府	核证	（1）碳排放核算； （2）碳减排； （3）抵消； （4）核查； （5）声明	收费	（1）哥斯达黎加标准 INTE B5：2016（碳中和示范要求）； （2）核算：ISO14064-1（组织）；WRI GPC（社区）； （3）核查：ISO 14063，ISO 14065 和 ISO 14066
中国	活动	自愿性	自我承诺或第三方评价	（1）"碳中和"计划； （2）实施减排行动； （3）量化温室气体排放； （4）"碳中和"活动； （5）"碳中和"评价	第三方评价收费	生态环境部《大型活动碳中和实施指南（试行）》

三、我国碳汇碳交易特征

国合华夏城市研究院认为，当前，我国碳汇碳交易呈现七个方面的基本特征：

一是政策驱动。目前碳汇、碳交易等行为由党中央、国务院总体部署，国家部委出台政策积极推动，地方政府与企业等通过政策引导与推动，以碳交易市场为载体，采用政府价格指导以及奖惩激励机制等，推动钢铁、水泥等行业逐步进入碳交易市场，不断扩大碳汇、碳交易的内容和补偿模式，推动各地区试点先行，实现重点行业的碳达峰碳中和。

二是试点示范。以钢铁、石化等重点能耗产业为示范，首先将大型钢铁行业和企业纳入碳交易市场，逐步扩大范围和优化机制，在更大范围推广。

三是逐步规范。当前，碳汇、碳交易的规则、制度、标准、核算等均不完善，都在试点与优化的过程中。

四是价低量少。前期试点范围较少，在碳交易市场上的交易企业数量和行业很少。碳交易价格与欧美国家比较相对偏低，社会认可度有待培育。

五是中国特色。目前，碳汇、碳交易尚未形成国际标准，各国之间没有达成一致的交易规则和市场，全球的碳交易市场融合尚需时日。

六是标准缺失。我国碳交易标准、规则，以及国际规则与标准的互认、统一需要不断的努力和推进。

七是开放不足。由于我国碳达峰碳中和处于起步阶段，与欧美发达国家时间差距大，与亚洲、非洲等经济不发达、尚未参与碳交易的国家也有不同的特点，对外开放的内容、平台、规则、标准和模式尚需各方的推进与探索。

四、我国碳交易市场

我国拥有全球最大的碳交易规模，积极推动碳交易市场建设，是我国当前的重要工作。国家部委应该尽早研究并设置清晰的碳排放总量目标。在总量约束下，由市场供求决定配额交易，形成清晰的价格信号，从而引导预期，稳定预期，促进低碳投资。

我国碳市场覆盖排放量超过 40 亿吨，将成为全球覆盖温室气体排放量规模最大的碳市场。从 2011 年开展试点，到 2013 年试点地区碳交易陆续上线，到 2021 年全国统一开市，我国碳市场审慎推进。电力行业是碳市场首个覆盖的行业。石化、化工、建材、钢铁、有色、造纸、航空等高排放行业将陆续纳入碳交易体系。2021 年 8 月 13 日，全国碳市场碳排放配额（CEA）挂牌协议交易成交量 51001 吨，成交额 2754055 元，开盘价 55.43 元/吨，最高价 55.43 元/吨，最低价 54.00 元/吨，收盘价 54.00 元/吨。

自 2011 年开展碳排放权交易试点工作以来，截至 2020 年，全国 8 个碳市场试点配额累计成交 4.55 亿吨二氧化碳，累计成交额约 105.5 亿元。

2020 年 12 月，生态环境部发布《碳排放权交易管理办法（试行）》，印发配套的配额分配方案和重点排放单位名单，全国碳市场第一个履约周期正式启动。2021 年 2 月 1 日起该办法正式施行，向 2000 多家电力企业下达碳排放配额，低碳化已成为电力行业发展的刚性约束。电力行业加快推进低碳转型，不少电力公司公布了零碳方案。

2021 年 4 月，中国人民银行等联合发布《绿色债券支持项目目录（2021 年版）》，目录删除了涉及煤炭等化石能源生产和清洁利用的项目类别。3 月，国家电网公司发布碳达峰碳中和行动方案，提出将以"碳达峰"为基础前提，"碳中和"为最终目标，加快推进能源供给的多元化、清洁化、低碳化和能源消费的高效化、减量化、电气化。预计 2025 年、2030 年，非化石能源占一次能源消费的比重将分别达到20%、25%左右，电能占终端能源消费的比重将分别达到30%、35%以上。

8 月 10 日发布的《国家发展和改革委　国家能源局关于鼓励可再生能源发电企业自建或购买调峰能力增加并网规模的通知》鼓励发电企业建设或购买峰值，调整能源。

五、我国碳信用碳标准

依托国家社会信用体系与信用监管政策，积极推动构建我国各级政府、企业实体、社会组织及个人碳信用体系建设，全面推动碳积分制度，打造零碳银行、零碳信用企业，以及零碳信用个人。

全面探索构建企业碳信用、碳积分体系，强化碳信用企业和国家标准建设。

倡导建设我国碳信用标准委员会及研究机构，积极参与和构建区域性、全球化碳金融、碳信用组织或产业联盟，逐步构建区域性、全球化的碳金融、碳信用组织与碳金融结算、核算与交易规则，打造全球一体化碳金融核算、碳信用积分与碳汇补偿、碳指标国际交易体系。

六、典型案例

（一）加拿大 Quest 项目封存第五百万吨 CO_2 案例

2020 年 7 月，加拿大 Quest 项目实现第 500 万吨二氧化碳封存的里程碑。该项目由壳牌牵头，2015 年 11 月开始，从油砂精炼装置进行碳捕集，并把二氧化碳注入地底 2000 米的砂岩构造进行封存。Quest 项目实际成本比预计低 35%。壳牌预计如果再建第二个 Quest 项目，资本投资成本能够再降低 30%。

该项目使用资本金补贴加碳市场减排额资助方式，取得加拿大政府和阿尔伯塔省政府共计 8.65 亿加元的资金支持，主要用于项目资本投资。项目采用创新的方式得到加拿大阿尔伯塔碳市场的支持，即每 1 吨二氧化碳减排量，能取得 2 吨碳减排额（Emission Performance Credit），企业可以使用碳减排额进行履约。

为促进二氧化碳地质封存项目的开展，加拿大阿尔伯塔省改革了碳抵消机制，允许非提高石油采收率（EOR）的 CCS 项目的每吨减排取得多于 1 吨的减排量。因此，Quest 项目通过实现每吨减排量，取得 2 吨减排额，有利于支撑 CCS 项目的运行成本。阿尔伯塔省的碳排放价格在 30 加元/吨，在该机制下，控排企业可以通过从市场购买碳减排额或缴纳 30 加元/吨的排放费用。

（二）荷兰新建火电设施强制关闭

欧盟在节能减排方面态度积极，1994 年，除去意大利，欧盟间所有成员国共同签署了《能源宪章》，为欧盟成员国间的传统能源贸易、项目建设、技术交流等合作提供便利。2020 年，欧盟提出，要在 2030 年完成自 1990 年基础上减排至少 55% 的目标。为实现这个目标，欧盟各成员国在绿色发展上提速。荷兰作为成员欧盟国，在取缔火电方面政策更为激进——自 2018 年起荷兰政府强制关停大量煤电项目及设计煤炭发电的工厂，同时包括投产煤炭电设施。

荷兰决定到 2030 年逐步淘汰煤电，这是确保何兰到 2030 年完成温室气体排放量水平减少相关政策的一部分。2020 年初，荷兰政府要求鹿特丹周边的马斯夫拉克特 3 煤电厂必须在 2030 年前关闭，这座煤炭发电厂是由德国能源公司 Uniper 投资运营，2016 年正式启动，到 2030 年使用 15 年，不足设计服役年限 40 年的一半。Uniper 根据《能源宪章》的条令起诉荷兰政府，要求 10 亿欧元的赔偿，但荷兰政府驳回 Uniper 的请求，表示关闭前的十年过渡期足够。德国最大的电力供应商莱茵集团同样以违反《能源宪章》为由起诉了荷兰政府，因为荷兰政府强制要求荷兰境内 2015 年完工的莱茵集团发电厂在 2030 年前关闭。

荷兰的案例给了我们以下几条启示：

启示一：荷兰政府"一刀切"的取缔政策造成了对公共设施的大量浪费，不利于社会资源的节约，也不利于国民经济的稳定。

启示二：过于激进关停煤炭发电厂会导致发电厂与投资商的利益受到损害，打击投资者在传统能源工程的积极性，同时，缺乏弹性的制裁外国公司对荷兰国家形象造成不良影响，不利于吸引外资，荷兰政党轮替增加了能源发展思路和政策的摇摆性，未来对于新能源企业或出台限制性技术要求，同时，贸易合作国为保护本国企业在荷兰利益而增加条件，不利于先进技术的引入。

启示三：欧盟碳减排目标提出较早，碳交易市场相对完善，但欧盟各国间缺乏碳减排的统一政策或法规，导致欧盟成员国间难以形成政策协同，加剧了各国间在节能减排领域产生摩擦的可能性，不利于绿色产业的发展。

第 十 六 章

CHAPTER 16

碳金融创新与碳金融图谱

碳达峰碳中和目标实现需要海量的资金支持。单靠财政投入难以完成，必须推动绿色信贷、绿色债券、绿色产业基金、上市融资等碳金融服务手段，优先支持和服务碳汇、碳减排、碳封存等重大项目和技术攻关，才能推动碳减排工作的有序进行。

一、全球碳金融概况

全球碳中和已经进入了碳汇、碳减排、碳交易等各项工作的攻坚克难阶段。欧盟、日本等发达国家在碳金融创新方面走在了全球前列。研究全球碳金融的典型案例和具体实践，推动我国碳金融创新工作，有助于"3060"碳达峰碳中和目标的顺利实现。

（一）全球碳中和投资总体缺口很大

欧委会联合欧洲投资银行旗下的欧洲投资基金启动了总额为7500万欧元的"蓝色投资基金"，为活跃于蓝色经济中的初创企业、中小企业等提供股权融资，支持企业研发创新。2021年2月26日举办的二十国集团（G20）财长与央行行长会议决定恢复设立可持续金融研究小组，研究应对气候变化带来的金融风险，加强气候相关信息的披露，支持绿色转型。全球资产排名前20大银行中，欧洲和美国的银行大多提出自身运营或投资组合的碳中和计划和时间表。

从全球来看，2021—2050年，世界各国气候融资规模预计超过120万亿元，每年超过4万亿元，其中亚洲占55%左右。目前全球气候融资约6000亿美元，仅是资金需求额的15%左右，行业缺口很大。

从亚洲来看，2021年到2030年每年投资规模至少1.7万亿美元，政策性银行和行业贷款只能满足约2.5%，每年资金缺口超过各国GDP的5%（不含中国），财政与政府公共资金投资不足40%。

根据日本经济产业省路线图草案，绿色投资是引领日本减少化石燃料，加速清洁能源转型的关键。日本政府将投资扶持海上风电、氢氨燃料、核能、汽车、海运、农业、碳循环等14个行业的技术创新，促进潜在增长。日本经济产业省将通过监管和补贴、税收优惠等激励措施，聚集超过240万亿日元（约合2.33万亿美元）的私营绿色投资，力争到2030年实现90万亿日元（约合8700亿美元）的年度额外经济增长，到2050年实现190万亿日元（约合1.8万亿美元）的年度额外经济增长。另外日本政府将成立2万亿日元（约合192亿美元）的绿色基金，支持私营领域绿色技术研发和投资。

（二）全球碳金融服务模式

日本设立 2 万亿日元的绿色基金，以支持民营企业对绿色技术的投资。韩国推出的"数字和绿色新政"计划投入 73.4 万亿韩元支持节能住宅和公共建筑、电动汽车和可再生能源发展。拜登则承诺，上台后将投入 2 万亿美元的气候支出和政策，使美国不迟于 2050 年实现净零排放。

我国政府资金额度总体小，行业资金缺口需要市场弥补，应大力拓展绿色金融政策体系，激励金融市场支持绿色投融资。积极开发与碳排放权相关的金融产品和衍生服务，增加交易品种，扩大交易范围。明确碳排放权等环境权益的法律属性及抵质押权利，以及金融机构、碳资产管理公司等非控排主体的市场准入资格等。加大与银保监等金融监管合作，把碳配额现货、衍生品及其他碳金融产品纳入金融监管。

以浙江为例，为推动金融创新，浙江银保监局等 10 部门联合出台《浙江银行业保险业支持"6＋1"重点领域助力碳达峰碳中和行动方案》，重点围绕能源、工业、建筑、交通、农业、居民生活六大领域以及绿色低碳科技创新（简称"6＋1"），明确时间表、路线图和具体工作举措。从支持绿色产业发展、完善绿色金融服务机制、强化转型期金融风险管理、加强数字化改革引领、推进行业自身建设等五大路径出发，确定 20 条重点任务，形成 38 项重点领域的差异化金融支持具体举措。2021—2025 年，力争全省绿色信贷年均增速高于 20%，余额达到 2.5 万亿元，占各项贷款比重每年提升 1 个百分点；气候融资每年新增 2000 亿元以上。引导绿色保险参与气候和环境风险治理，每年为环境风险治理领域提供的风险保障额度超 650 亿元。

（三）全球碳交易市场及规则

据国际组织测算，我国碳排放峰值将超过 100 亿吨，美国碳排放的峰值为 57 亿吨，欧盟 44 亿吨，我国从碳达峰到碳中和仅 30 年，远低于欧美国家 50—70 年。

目前国际上有 30 多个国家和地区已经或计划采用碳市场机制进行碳减排，其中，欧盟和美国加州的碳市场相对成熟，目前碳价在每吨 50 欧元以上。

中国是规模仅次于欧盟和美国的全球第三大碳交易市场，截至 2020 年底，国内八个碳交易试点累计成交 3.4 亿吨二氧化碳，覆盖钢铁、电力、水泥等 20 多个行业近 3000 家企业。但国内碳交易市场相比欧盟、美国等有不小差距，2020 年中国碳交易试点共成交 1.3 亿吨二氧化碳，仅为欧盟的 1.7%、美国的 6.7%。

除中国外，大多发展中国家还没有建立碳市场。

生态环境部已经要求重点排放企业披露环境信息，火电、钢铁、水泥、电解铝等 16 类重污染行业上市公司定期发布年度环境报告，披露污染物排放情况、环境守法、环境管理等。环境信息披露制度建设需进一步完善，先覆盖环境高污染、高排放行业企业，逐步扩大范围至上市企业、大中型企业等，过渡到投融资机构等领域；披露实质性的环境信息，包括主要的排放物，如二氧化碳、二氧化硫、氮氧化物、污水、固废等。保障企业披露环境信息的可靠性、可比性，利用第三方机构等对环境信息进行评价、监督，引导和激励投资者对绿色产业和绿色企业的投资热情。

碳交易市场主要有两个交易品种，分别为碳配额和国家核证资源减排量（CCER），碳配额为市场的主要交易品种，CCER 为补充机制。

中国是世界上最大的煤炭消费国，但在清洁能源方面也占据主导地位。2021年 7 月 16 日，中国启动全国碳排放权交易所，该计划首批纳入 2225 家电力企业，在接下来的 3—5 年，将扩大到石化、化工、建材、钢铁、有色金属、造纸和航空七个高排放行业。在 2021 年两会上，碳达峰碳中和首次被写入政府工作报告，中国明确了 2030 年前实现碳达峰、2060 年前碳中和的总目标。全国性的碳交易市场将成为全球规模最大的碳交易市场。根据全国碳市场总设计专家组的测算，2020—2030 年中国碳价运行区间为 7—15 美元/吨，目前碳价基本在区间下限。横向比较看，美国（加州）、新西兰、瑞士等地的碳价格在 20 美元/吨以上，欧盟（EU—ETS）和韩国的碳价格高达 50 美元/吨。从其他国家经验看，随着碳中和进程的深入，碳配额逐步紧缩，碳价格逐年走高。全国碳市场从发电行业开始，目前规模超过 40 亿吨。中国碳排放主要来自电力和工业。未来碳市场覆盖范围将进一步扩展到钢铁、建材、石油、化工、有色金属等工业行业，最终年覆盖二氧化碳排放量超过 70 亿吨，占全国碳排放量的 70% 以上。

2021 年 6 月 7 日，欧盟竞争监管机构考虑修改欧盟国家援助法，允许欧盟国家对可再生能源项目提供高达 100% 的补贴。欧盟理事会通过设立总额 175 亿欧元的绿色转型基金的法案，来资助减轻严重依赖化石燃料或高强度排放温室气体产业的成本，促进经济多样化。

（四）碳中和碳交易效率与公平

"碳达峰碳中和"涉及"效率与公平"主题。"效率"指在"碳达峰碳中和"过程中实现碳排放（或碳减排）资源配置的最大产出。"公平"指"碳达峰碳中和"过程中要兼顾不同地区和群体之间发展水平的差异，不能让"碳达峰碳中和"成为新的"价格剪刀差"，在碳排放资源配置过程中造成新的"不公平"，损害落后地区（企业）的发展利益。

碳排放权交易在理论上是公认的"效率优先"激励型政策工具，生产效率高的排放主体通过有效的碳市场获得更多排放配额和资源，进而提高整体排放效率（即提高单位碳排放的产出水平）。在优胜劣汰过程中，必然会产生"公平"问题，使得低效率的排放主体在市场竞争中处于不利的竞争位置，受到结构调整等因素影响而被挤出市场，致使其利益受损，并最终损及其本身的发展。现有的碳排放配额分配制度大多采取以"公平"为主的历史基线法，在初期按照排放主体的历史排放规模分配排放配额，同时以持续缩紧配额空间的方法，给排放主体加压，促使其不断提高排放效率。这种方法既在初期保障了不同排放主体的发展，又在长期鼓励了碳减排技术进步和能力建设，使排放主体有时间和条件适应新的市场竞争需要。

二、我国碳金融现状与政策

（一）我国碳金融现状

国家发展改革委价格监测中心认为，中国要在 2030 年实现碳达峰，每年需要资金 3.1 万亿—3.6 万亿元；要在 2060 年前实现碳中和，需要在产业结构调整、新能源发电、先进储能和绿色零碳建筑等领域新增投资 139 万亿元。

清华大学气候变化与可持续发展研究院 2020 年 10 月发布的《中国长期低碳发展战略与转型路径研究》设定了 4 种不同的目标和情景，估算每种目标和情景下中国所需的投资规模。其中在 2℃温控目标情景下，中国能源消费将在 2030 年左右达峰，2050 年下降到 52 亿吨标准煤当量。这一情景和中国提出的"3060"目标最接近，在该情景下，2020—2050 年需要投资约 127 万亿元。以 2030 年实现碳达峰的年均资金需求为 3.1 万亿—3.6 万亿元测算，当前资金供给每年只有5265 亿元，每年资金缺口超过 2.5 万亿元。

绿色金融、碳金融概念已提出多年，并且在很多领域做了实践探索。2016 年8 月中国人民银行等七部门印发《关于构建绿色金融体系的指导意见》，把绿色金融定义为"支持环境改善、应对气候变化和资源节约高效利用的经济活动，即对环保、节能、清洁能源、绿色交通和绿色建筑等领域的项目投融资、项目运营、风险管理等所提供的金融服务"。2019 年我国新增绿色金融供给 1.4 万亿元，新增绿色金融需求 2 万亿元，供需缺口 0.6 万亿元。未来碳达峰碳中和相关投资需求将进一步提升至每年 3.5 万亿元左右，绿色金融供给规模缺口进一步扩大。

2017 年，上交所成立绿色金融与可持续发展推进领导小组，制定《上海证券交易所服务绿色发展推进绿色金融愿景与行动计划（2018—2020 年）》。2021 年 6 月，证监会明确鼓励上市公司自愿披露为减少其碳排放所采取的措施及效果。

（二）我国碳金融政策

2020 年 10 月，生态环境部、国家发展改革委等五部门联合印发《关于促进应对气候变化投融资的指导意见》，提出强化金融政策支持，支持和激励各类金融机构开发气候友好型的绿色金融产品。《关于促进应对气候变化投融资的指导意见》中强调，"到 2022 年，营造有利于气候投融资发展的政策环境，气候投融资相关标准建设有序推进，气候投融资地方试点启动并初见成效，气候投融资专业研究机构不断壮大，对外合作务实深入，资金、人才、技术等各类要素资源向气候投融资领域初步聚集。到 2025 年，促进应对气候变化政策与投资、金融、产业、能源和环境等各领域政策协同高效推进，气候投融资政策和标准体系逐步完善，基本形成气候投融资地方试点、综合示范、项目开发、机构响应、广泛参与的系统布局，引领构建具有国际影响力的气候投融资合作平台，投入应对气候变化领域的资金规模明显增加"。

《关于促进应对气候变化投融资的指导意见》提出，"完善金融监管政策，推动金融市场发展，支持和激励各类金融机构开发气候友好型的绿色金融产品。鼓励金融机构结合自身职能定位、发展战略、风险偏好等因素，在风险可控、商业可持续的前提下，对重大气候项目提供有效的金融支持。支持符合条件的气候友好型企业通过资本市场进行融资和再融资。鼓励通过市场化方式推动小微企业和社会公众参与应对气候变化行动。有效防范和化解气候投融资风险"。

2021 年政府工作报告提出，"实施金融支持绿色低碳发展专项政策，设立碳减排支持工具"，进一步强化了发展碳金融市场的政策预期。

我国建立多层次的绿色金融产品和市场体系。2020 年底绿色贷款余额近 12 万亿元，存量规模位居世界第一，绿色贷款不良率远低于全国商业银行不良贷款率。绿色债券存量 8132 亿元，位居世界第二，绿色债券目前没有发生违约。每年绿色债券所募集资金投向的项目节约了标准煤 5000 万吨，相当于减少二氧化碳排放 1 亿吨以上。我国绿色金融集中在银行贷款上。2018—2020 年发生的绿色金融业务中，绿色信贷占比高达 90%，绿色债券和绿色股权的比例分别只有 7%

和 3%。截至 2021 年第一季度，全国本外币绿色贷款余额达 13 万亿元，同比增长 24.6%，高于同期各项贷款增速 12.3 个百分点。绿色信贷的环境效益逐步显现。以 2020 年为例，绿色信贷每年可支持节约标准煤超过 3.2 亿吨，减排二氧化碳当量超过 7.3 亿吨。

2021 年 6 月 11 日，国家发展改革委发布《关于 2021 年新能源上网电价政策有关事项的通知》表示，2021 年起，对新备案集中式光伏电站、工商业分布式光伏项目和新核准陆上风电项目，中央财政不再补贴，实行平价上网。2021 年新建项目上网电价，按当地燃煤发电基准价执行；新建项目可自愿通过参与市场化交易形成上网电价，以更好地体现光伏发电、风电的绿色电力价值。2021 年起，新核准（备案）海上风电项目、光热发电项目上网电价由当地省级价格主管部门制定，具备条件的可通过竞争性配置方式形成，上网电价高于当地燃煤发电基准价的，基准价以内的部分由电网企业结算。该通知自 2021 年 8 月 1 日起执行。

2021 年，中国人民银行工作会议明确提出，落实碳达峰碳中和重大决策部署，完善绿色金融政策框架和激励机制。会议指出，要做好政策设计和规划，引导金融资源向绿色发展领域倾斜，增强金融体系应对气候变化相关风险的能力，为金融行业参与碳中和工作指明了方向。

经济合作与发展组织（OECD）认为，在实现经济增长的同时减少污染、碳排放和垃圾，并提高自然资源使用效率的金融都是绿色金融。绿色项目回报率低、期限长、风险大，应该鼓励评级高且有绿色项目企业发行绿色债券，引导保险、养老金和社保基金等参与绿色项目，通过信贷资产证券化、发行绿色债券基金等，增强绿色金融资产流动性，提高金融机构参与绿色项目的积极性。

（三）我国碳金融投资缺口

预计我国碳中和总投资规模 70 万亿—180 万亿元，年投资规模在 3.5 万亿元左右。分行业看，投资向能源领域倾斜，能源供应领域集中近八成投资需求；工业投资需求占比仅 3% 左右，远低于其碳排放占比。

金融机构在实体经济碳达峰碳中和过程中发挥资金供给、产业引领、跨时空交换风险和收益、提供流动性等作用，金融机构通过提供碳远期、碳掉期、碳期权、碳租赁、碳债券、碳资产证券化和碳基金等碳金融产品和衍生工具，大幅提高碳市场的流动性和交易价格有效性，发挥"无形之手"的引导作用。

（四）碳金融创新实践

自 2021 年 7 月 1 日起，中国人民银行印发的《银行业金融机构绿色金融评价方案》（以下简称《方案》）正式施行，对金融机构的绿色贷款、绿色债券业务开展综合评价，评价结果将纳入央行金融机构评级。在《方案》等政策的指挥棒的调动下，金融机构会更有针对性地将碳达峰碳中和目标嵌入自身的政策标准、风险控制、产品开发、业绩评价全流程，进一步加快投融资结构的低碳转型步伐。根据《方案》，绿色金融评价工作将每季度开展一次，评价指标包括定量和定性两类，定量指标权重80%，定性指标权重20%。

定量指标共4项，分别为绿色金融业务总额占比、绿色金融业务总额份额占比、绿色金融业务总额同比增速、绿色金融业务风险总额占比；定性指标共3项，即执行国家及地方绿色金融政策情况、机构绿色金融制度制定及实施情况、金融支持绿色产业发展情况，权重分别为30%、40%、30%。

2021年7月7日召开的国务院常务会议明确提出，设立支持碳减排货币政策工具，以稳步有序、精准直达方式，支持清洁能源、节能环保、碳减排技术的发展，并撬动更多社会资金促进碳减排。

做为大型银行，工行持续提升绿色贷款余额，提出将金融资产优先配置于可再生能源领域，提升可再生能源项目在能源融资组合中的占比，力争2030年末可再生能源投融资余额较2020年末增加一倍，并设立逐步退出煤炭融资的路径图和时间表。

绿色债券的标准已基本统一。央行会同国家发展改革委、证监会联合发布《绿色债券支持项目目录（2021年版)》，不再将煤炭等化石能源项目纳入支持范围。同时，银行间市场已推出碳中和债务融资工具和碳中和金融债，重点支持符合绿色债券目录标准且碳减排效果显著的绿色低碳项目。截至2021年第一季度末，银行间市场"碳中和债"已累计发行656.2亿元。

在监管和信息披露方面，央行推动建立"强制披露制度"，统一披露标准，推动金融机构和企业实现信息共享。

金融机构应该提前率先实现碳达峰碳中和目标。我国金融机构碳排放仅为全国碳排放总量的千分之三或更低。国外很多金融机构都已经实现碳中和，全球财富500强有130多家金融机构，其中约50家外资金融机构实现了碳中和，还有很多机构提出要在2030年、2035年实现碳中和。已实现碳中和的世界前500强的金融机构，没有一家中资金融机构。

中国银行业协会制2021—2025年工作组规划，组织编写《中国银行业支持实现碳达峰和碳中和目标的联合倡议》，邀请各主要会员单位联合签署该倡议。

三、我国碳金融结构与缺陷

从绿色金融供给看，2020 年绿色贷款占绿色金融存量的 90% 以上，绿色债券、绿色股权比重分别为 6.2% 和 3.0%。从投资结构看，2019 年我国绿色信贷 43.7% 投向交通运输行业，仅 24.4% 投向能源供应领域。从国际经验看，能源领域是绿色金融主要投资方向，我国绿色金融存在资金供求不匹配问题。

国家开发银行印发的《支持能源领域实现"碳达峰碳中和"战略目标工作方案》提出，"十四五"期间，设立总规模为 5000 亿元等值人民币的能源领域"碳达峰碳中和"专项贷款，其中 2021 年安排发放 1000 亿元，助力构建清洁低碳安全高效的能源体系，支持 2030 年前实现能源领域率先达峰，进而推动 2060 年前实现碳中和。

我国绿色金融产业应该健全完善绿色金融标准体系、金融机构监管和信息披露要求、激励约束机制、绿色金融产品和市场体系、绿色金融国际合作，优化绿色金融产品创新体系和监督服务机制，提高绿色金融对碳达峰碳中和的支持力度和投资质量。

四、我国绿色金融图谱

（一）绿色贷款

将碳中和目标植入银行信贷的政策标准、风险控制、产品开发、业绩评价全流程。加快投融资结构转型，扩大绿色投融资占比，制订碳中和信贷计划，通过金融产品和服务创新，帮助贷款企业及供应链上下游实现节能减排。按东道国自主原则、可再生能源优先原则、循序渐进原则、成本可负担原则支持境外能源项目、低碳技术开发与应用。

政策性贷款。政策性贷款着重服从于国家现实、长远的经济发展战略和产业政策。贷款投向的选择和确定，以国家的政策为依据，带有一定指令性。被政策性贷款支持的产品（商品）和项目具有必保和优先性质，且利率一般低于基准利率。在信贷管理上，一般都单列规模、专项管理、定向投放、专款专用。引导和辅导获得国家开发银行、中国农业发展银行、中国进出口银行等政策性贷款。

银团贷款。银团贷款指由一家或几家银行牵头，若干家银行共同参与，组建责任、权利共同体，签署共同贷款协议，为一个项目或公司提供融资服务的银行放款业务。银团贷款能够服务于地方政府大型基础设施项目、企业集团，满足其重大资金需求等，以多家金融机构参与合作的融资模式，实现外部融资。参与的银行实施利润分享、风险共担、统一管理和份额决策。其还可以帮助申请国家和省市商业银行贷款和项目贷款等。

（二）融资租赁

为低污染低排放行业企业提供设备租赁业务，对光伏发电等清洁能源、新能源汽车、充电桩及绿色数据中心等"低碳"行业，实施融资租赁服务。目前融资租赁的品种主要有：

简单融资租赁。简单融资租赁是指由承租人选择需要购买的租赁物件，出租人通过对租赁项目风险评估后出租租赁物件给承租人使用。在整个租赁期间承租人没有所有权但享有使用权，并负责维修和保养租赁物件。出租人对租赁物件的好坏不负任何责任，设备折旧在承租人一方。

回租融资租赁。回租融资租赁是指设备的所有者先将设备按市场价格卖给出租人，然后又以租赁的方式租回原来设备的一种方式。回租租赁的优点在于：一是承租人既拥有原来设备的使用权，又能获得一笔资金；二是由于所有权不归承租人，租赁期满后根据需要决定续租还是停租，从而提高承租人对市场的应变能力；三是回租租赁后，使用权没有改变，承租人的设备操作人员、维修人员和技术管理人员对设备很熟悉，可以节省时间和培训费用。设备所有者可将出售设备的资金大部分用于其他投资，把资金用活，而少部分用于缴纳租金。回租租赁业务主要用于已使用过的设备。

杠杆融资租赁。杠杆融资租赁的做法类似银团贷款，是一种专门做大型租赁项目的有税收好处的融资租赁，主要是由一家租赁公司牵头作为主干公司，为一个超大型的租赁项目融资。首先成立一个脱离租赁公司主体的操作机构——专为本项目成立资金管理公司提供项目总金额 20% 以上的资金，其余部分资金来源则主要是吸收银行资金和社会闲散游资，利用 100% 享受低税的好处"以二博八"的杠杆方式，为租赁项目取得巨额资金。其余做法与融资租赁基本相同，只不过合同的复杂程度因涉及面广而随之增大。由于可享受税收好处、操作规范、综合效益好、租金回收安全、费用低，一般用于飞机、轮船、通信设备和大型成套设备的融资租赁。

委托融资租赁。一种方式是拥有资金或设备的人委托非银行金融机构从事融资租赁，第一出租人同时是委托人，第二出租人同时是受托人。这种委托租赁的一大特点就是让没有租赁经营权的企业，可以"借权"经营。电子商务租赁即依靠委托租赁作为商务租赁平台。另一种方式是出租人委托承租人或第三人购买租赁物，出租人根据合同支付货款，又称委托购买融资租赁。

项目融资租赁。承租人以项目自身的财产和效益为保证，与出租人签订项目融资租赁合同，出租人对承租人项目以外的财产和收益无追索权，租金的收取也只能以项目的现金流量和效益来确定。出卖人（即租赁物品生产商）通过自己控股的租赁公司采取这种方式推销产品，扩大市场份额。通信设备、大型医疗设备、运输设备甚至高速公路经营权都可以采用这种方法。其他还包括返还式租赁，又称售后租回融资租赁；融资转租赁，又称转融资租赁等。

经营性租赁。在融资租赁的基础上计算租金时留有超过 10% 以上的余值，租期结束时，承租人对租赁物件可以选择续租、退租、留购。出租人对租赁物件可以提供维修保养，也可以不提供，会计上由出租人对租赁物件提取折旧。

国际融资转租赁。租赁公司若从其他租赁公司融资租入的租赁物件，再转租给下一个承租人，这种业务方式叫融资转租赁，一般在国际间进行。此时业务做法同简单融资租赁无太大区别。出租方从其他租赁公司租赁设备的业务过程，由于是在金融机构间进行的，在实际操作过程中，只是依据购货合同确定融资金额，在购买租赁物件的资金运行方面始终与最终承租人没直接的联系。在做法上可以很灵活，有时租赁公司甚至直接将购货合同作为租赁资产签订转租赁合同。这种做法实际是租赁公司融通资金的一种方式，租赁公司作为第一承租人不是设备的最终用户，因此也不能提取租赁物件的折旧。转租赁还可以解决跨境租赁的法律和操作程序问题。

（三）绿色债券及基金

发展绿色债券市场。2016 年 3 月启动绿色公司债券试点，截至 2020 年，上交所市场累计发行绿色债券约 2500 亿元。其中，2020 年共计发行绿色债券 680 亿元。2020 年末债市、股市规模达 114 万亿元、80 万亿元，绿色债券、绿色股权规模仅 8132 亿元、3947 亿元，占比均不足 1%。截至 2021 年第一季度末，银行间市场"碳中和债"累计发行 656.2 亿元。

绿色金融符合国家推动地方可持续发展经济的战略，绿色债券是其重要融资手段。针对地方绿色低碳生态产业项目、公益性项目，进行规划评估、资金追踪及协助出具相关年度报告，策划发行绿色债券、获得绿色金融信贷和进行项目辅导与推进审批。

城投债（公司债/企业债/中期票据/定向工具/短期融资券）。城投债通过发行债券在市场融资，主要有两种方式：一种是企业债，另一种是公司债。适用融资项目：企业专项债发债内容为国家发展改革委认定的相关领域和重点项目；公司债发债内容为中国证券监督管理委员会核准的内容；发行和偿还主体为城投公司（需要评级）；承销主体通常为银行、券商、信托公司；在交易所流通并发行。短期及中期票据在银行间市场发行。根据具体融资项目与当时资金成本来选择城投债品种。

资管市场是连接融资端与投资端的重要桥梁，为绿色技术创新和绿色项目提供资金保障。地方政府与金融机构、产业资本联合成立碳达峰基金，重点关注绿色低碳先进技术产业化项目，以成熟期投资为主。通过资本赋能加快绿色低碳转型提速，助力绿色低碳产业集群发展。

（四）PPP 项目

PPP（政府和社会资本合作）模式是公共服务供给机制的重大创新，即政府采取竞争性方式择优选择具有投资、运营管理能力的社会资本，双方按照平等协商原则订立合同，明确责权利关系，由社会资本提供公共服务，政府依据公共服务绩效评价结果向社会资本支付相应对价，保证社会资本获得合理收益。

融资对象为属于公共服务领域的公益性项目，合作期限原则上在 10 年以上；合作主体中政府方签约主体应为县级及县级以上人民政府或其授权的机关或事业单位；社会资本负责项目投资、建设、运营并承担相应风险、政府承担政策、法律等风险；聚焦重点领域，优先支持基础设施补短板以及健康、养老、文化、体育、旅游等基本公共服务均等化领域有一定收益的公益性项目；列入《政府核准的投资项目目录》的企业投资项目，按照《企业投资项目核准和备案管理条例》规定，实行核准制；PPP 项目需录入全国 PPP 综合信息平台项目库或全国 PPP 项目信息监测服务平台。

五、碳金融创新与风险控制

（一）推动碳金融创新

央行研究设立碳减排支持工具，以促进实现碳达峰碳中和目标，完善绿色金融体系。推动金融机构开展碳核算，在风险可控的原则下，探索发展与碳排放权相关的金融产品和服务。鼓励金融机构和碳资产管理公司参与碳汇交易，创新碳排放权的质押融资等金融产品。挖掘与提升碳价值，创新碳金融产品，建立以碳融资为主，碳金融衍生品、碳基金等的碳金融产品体系。鼓励保险公司、基金公司、期货公司、信托公司和其他金融机构积极参与，提升碳融资多样化水平。

支持符合条件的金融机构以低成本资金精准投向绿色领域。央行应该鼓励绿色贷款、绿色债券作为金融机构申请使用货币政策工具的合格抵质押品，提高"含绿"资产的流动性。鼓励地方政府出台绿色金融支持政策，运用财政贴息、担保机制、风险补偿等政策手段，提高绿色金融商业可持续性。探索碳金融、气候债券、蓝色债券、环境污染责任保险、气候保险等创新型产品。

（二）气候变化对金融机构造成的风险及应对措施

信用风险。更高的排放标准和环保要求会影响企业的现金流和资产负债，导致企业利润、偿债能力下降，增加金融机构信用风险。

市场风险。碳排放价格上升，导致高碳行业的股票价格下跌，给金融市场带来连锁反应。

经营风险。气候变化可能导致金融机构的贷款和投资出现损失或金融机构营业中断，且保险机构无法较准确地预测未来灾害发生的频率及严重程度，会面临损失。

流动性风险。气候变化可能导致部分资产流动性降低，金融机构也可能随着市场环境变化难以获得稳定的资金来源。

针对气候变化对金融系统的影响，许多国家的中央银行开始采取行动应对气候变化，帮助金融部门和实体经济防范风险。2017年，中国、法国等8个国家的中央银行和金融监管机构成立"央行与监管机构绿色金融网络"（Central Banks and Supervisors Network for Greening the Financial System，NGFS），探索绿色金融发展的政策共识。

国际清算银行在2020年提出"绿天鹅"概念，警告气候变化会引起金融系统性风险，建议各国央行和监管机构加快应对气候变化和适应气候变化。国际货币基金组织、气候债券倡议组织、国际清算银行等都对各国中央银行和金融监管机构应对气候变化风险可以采取的政策工具提出了建议，主要包括审慎监管政策和货币政策。这些政策基本可以分为针对气候风险的政策和促进气候融资的政策。

央行应该构建关于气候风险的审慎监管框架。探索引入"绿色支持因素"和"棕色惩罚因素"推动绿色融资发展，降低绿色资产（环境友好型资产）的资本金要求而增加棕色资产（碳排放量较高的产业及资产）的资本金要求。

央行和金融监管机构可强制设定额外资本，如果银行不能妥善管理和应对气候风险，央行将提高对该银行的资本金要求。系统化地披露气候相关风险，将可持续性纳入公司和国际会计框架。对各类型金融机构从风险管理、指标、治理、战略四个方面提出披露要求，实现对气候风险更准确的定价。同时，成立气候相关风险财务信息披露工作小组。

评估气候相关金融风险。央行和监管机构帮助银行、保险公司和其他金融机构评估自身面临的气候风险，开发预测及评估气候相关风险的"压力测试"，识别气候相关风险的不良冲击对金融机构偿付能力和金融体系稳定性的可能影响。

央行利用在公开市场运作中采取的资产购买手段，可以直接购买绿色债券等其他资产，包括可再生能源和核电，以促进基础设施绿化，更高效地利用所有资源，增强对气候变化的适应能力。

中央银行按照可持续投资的标准对其储备资产进行管理。中央银行可以使用其管理的养老金购买绿色资产，促进绿色发展。

将绿色金融工具列为外汇储备的额外工具，优先考虑绿色投资和 ESG 投资，增加外汇储备基金的绿色债券投资组合，参与 ESG 主体的公共股权投资等。

再融资政策，考虑将气候因素纳入央行的抵押品框架内，鼓励更多的银行投资绿色债券。中国人民银行已明确规定，将绿色信贷和绿色债券纳入货币政策操作合格担保品之内。

信贷分配政策与绿色准备金要求。建立绿色信贷框架，引导银行将更多的贷款提供给绿色产业。实施绿色差异化准备金要求。对于持有特权绿色资产的商业银行，央行将降低其存款准备金要求，进而扩大绿色投资。贷款配额政策。要求商业银行和非银行金融机构持有的一定比例的绿色贷款，优先将贷款投放给绿色产业和目标经济部门，如农业、林业、可再生能源及较弱的社区等，同时对这些行业设定较低的贷款利率。

自 2021 年 7 月 1 日起，中国人民银行印发的《银行业金融机构绿色金融评价方案》（以下简称《方案》）正式施行。《方案》对金融机构的绿色贷款、绿色债券业务开展综合评价，评价结果将纳入央行金融机构评级。

准确掌握既有的存量融资中不符合低碳排放要求的数量，它们涉及的市场主体的数量，明确其中有多少企业是可以通过技术改造、转型升级等措施逐步达标，又有多少要退出市场、必须淘汰。这些企业一共涉及多少银行贷款和其他融资，对银行业的信贷资产质量究竟会带来多大影响。截至 2020 年末，我国 21 家主要银行绿色信贷余额为 11.59 万亿元，规模居世界首位。但 11.59 万亿元绿色信贷额只占这 21 家银行信贷总余额 131.07 万亿元的 8.84%。

加快统一国内绿色金融的标准，提高和国际标准的兼容性。构建强有力的绿色信息披露机制。加强金融机构的信息披露，如绿色产品的运作模式、余额和比重、具体投放方向以及投放后的环境效益等。

六、典型案例

（一）江苏银行大力发展碳金融

早在 2017 年，江苏银行就成为城商行首家、全国第二家赤道银行，多年来，在把握低碳风口、搭乘循环经济快车方面，积累了丰富经验。

绿色是高质量发展的鲜明底色，"3060 目标"的提出，意味着中国经济将全面向低碳转型，落实在制造业上，就是以绿色制造技术代表未来制造技术的发展方向，在制造业转型升级中提升绿色成色，达到"碳达峰""碳中和"目标要求。

制造业的"碳中和"演进，离不开金融机构的支持。在新能源上，江苏是我国乃至全球光伏产业规模最大、配套环境最完善，龙头企业最集中的地区，目前光伏发电是和煤炭等高能耗能源竞争的重要力量，但发展光伏存在初期建设投入问题，需要银行贷款。江苏银行在清洁能源领域较早布局，在国内首创"光伏贷"，将融资节点前移至建设期，使光伏企业发展初期的资金需求得到有效满足。江苏银行通过引入财政低息资金和风险分担等机制，推出全国首创的"绿色创新组合贷""环保贷""节水贷"等产品，目前已累计支持项目 164 个，累计发放贷款金额近百亿元。

江苏银行深入推广"金环"对话机制，先后在江苏省内 13 个地市，举办政银企对接活动 20 个场次，通过多维度对接"赤道原则"，加强绿色金融产品创新，着力破解企业融资难题。目前，该行气候融资余额已达 894 亿元，绿色租赁融资余额 275 亿元，实现二氧化碳减排当量 549 万吨。该行计划在"十四五"期间，气候融资专项支持额度不低于 2000 亿元，清洁能源产业支持额度不低于 500 亿元，支持减污降碳、清洁能源、清洁交通、零碳建筑等领域重点项目的发展，推动实现碳减排超 1000 万吨。

江苏银行也是全省首家合作银行。江苏银行与科技部门首创的政府风险补偿类产品"苏科贷"，已支持科创企业逾万户、贷款余额超千亿元，服务高新技术企业 6125 户、贷款超 700 亿元。2017 年，江苏银行国内首家研发推出的全流程线上化的物联网动产融资产品，实现对企业存货的智能化识别、定位、跟踪、监控和管理，赋予动产以不动产的属性，为制造业消除因信息不对称带来的融资难题，为传统产业加速智能化升级赋能。

运用大数据技术，2015年江苏银行就推出国内首家全线上、纯信用的小微网贷产品"e融"系列产品，受到客户追捧。2020年年报显示，江苏银行2019年把"e融"系列互联网金融产品集成到"随e融"平台，依托大数据、人工智能等前沿科技提升小微企业审批通过率和精准度，通过深挖数据价值带来"提额"服务，为企业提供一站式、全线上的融资支持。

（二）浙江省实施"6+1"绿色金融支持计划

浙江银保监局等10部门联合发文，划定"6+1"绿色金融重点支持领域，推进该省实现"碳达峰""碳中和"目标。2021—2025年，力争浙江省将绿色信贷年均增速提高到20%以上，余额达到2.5万亿元，占各项贷款比重每年提升1个百分点；气候融资每年新增2000亿元以上。引导绿色保险全面深入参与气候和环境风险治理，每年为环境风险治理领域提供的风险保障额度超650亿元。

浙江将健全环境、社会和治理（ESG）风险管理体系，开展情景分析和压力测试，并强调将以数字化改革为引领，强化信息共享和多跨协同场景运用。

划定"6+1"重点领域。《浙江银行业保险业支持"6+1"重点领域　助力碳达峰碳中和行动方案》（以下简称《行动方案》）将能源、工业、建筑、交通、农业、居民生活等六大领域以及绿色低碳科技创新（简称"6+1"）纳入重点支持范围。《行动方案》将碳达峰碳中和融入绿色金融发展整体布局，推动建立与碳排放强度控制相匹配的绿色金融政策体系，健全以节能降碳增效为导向的绿色金融服务机制，全面打造绿色金融发展示范省，为浙江高质量发展建设共同富裕示范区、打造美丽中国先行示范区、争创社会主义现代化先行省提供强有力的金融支撑。

浙江省将建立绿色低碳项目清单制管理。建立节能减碳技术改造项目、绿色低碳项目、绿色低碳科技成果转化项目"三张清单"，配套专项授信额度，推动信贷资源向绿色低碳项目倾斜。引导保险资金加大绿色低碳项目投资力度。同时，全力保障低碳高效产业发展融资需求，支持高碳高效产业低碳转型。严格控制高碳低效产业信贷投放，倒逼企业改造提升或退出。严格限制新上高耗能、高排放项目融资。

浙江将研究制订细分行业和领域的授信支持政策方案，着力加大对可再生能源、绿色制造、绿色建筑、绿色交通等领域金融支持，推动绿色低碳技术研发与应用。同时，支持开展银团贷款、绿色转贷款等业务合作，扩大绿色融资覆盖面、降低融资成本。探索更多以绿色为主题的银行理财、信托、基金等金融产品，丰富居民投资渠道，共享绿色发展成果。

浙江将探索将气候相关风险纳入全面风险管理。健全环境、社会和治理（ESG）风险管理体系，制定气候风险评估标准，开展情景分析和压力测试，评估风险敞口，做好应急预案。强化绿色资产风险分类管理，同时有效防范化解高耗能、高排放金融风险，并充分发挥保险参与环境与气候风险治理作用。

《行动方案》强调以"数字化改革"为引领强化信息共享和多跨协同场景运用。依托浙江省金融综合服务平台等渠道，进一步扩大企业环境信用信息、绿色项目、绿色制造、绿色工厂、绿色建筑等绿色信息共享范围，并对接浙江省企业碳账户、工业碳平台、有关碳交易平台等，强化碳排放、碳交易等信息集成共享。

（三）福建省三明市建设省级绿色金融改革试验区

福建省三明市全面推进建设省级绿色金融改革试验区，研究制定"十四五"期间三明市碳减排路线图，建设绿色、低碳、创新型城市，探索净零碳排放，打造绿色金融支持绿色经济发展可复制、易推广的试验区模式。积极发挥红色三明、工业三明、绿色三明、文明三明优势，规划产业低碳转型路径，重点推进传统产业绿色转型升级和特色现代农业、文旅康养产业、绿色低碳经济、绿色产业园区发展，全力建设生态高颜值、发展高质量的新三明，力争在"十四五"期间实现"三大目标"：

绿色金融改革促进绿色金融产品和服务快速发展。到2025年，形成组织体系完整、政策支持有力、基础设施完善、产品工具丰富的绿色金融体系，并在绿色信贷、绿色债券、绿色基金、绿色租赁、绿色信托、绿色保险等领域，建立健全资金渠道多元、金融服务有效、健康可持续的绿色投融资服务体系。

绿色金融改革推动绿色低碳经济快速发展。绿色贷款、绿色融资比重不断提高，"十四五"期间，三明市绿色产业企业上市公司达到4家以上，绿色融资余额年均增速不低于20%，到2025年各类绿色融资余额达到500亿元以上，其中绿色债券等直接融资规模达到100亿元以上。

绿色金融改革助推生态环境质量持续提升。绿色经济占比不断提高，工业企业主要污染物排放总量持续削减，单位GDP能耗和主要污染物、二氧化碳排放量降幅超过全省和全国平均水平。超额完成治水、治气和节能、减排、降耗等省定目标，辖区集中式饮用水水源地和水环境功能区达标率100%，市区空气质量达到或优于国家二级标准天数比例99%以上，受污染耕地安全利用率大于99%，污染地块安全利用率大于91%，生态质量走在全省前列，绿色发展方式和生活方式基本形成。

确立了重点任务。

1. 创新绿色产业发展体系

创新推动传统工业绿色转型升级。利用绿色金融服务传统工业绿色化转型升级，支持建设创新型的节能减耗、低碳循环、安全生产的现代工业产业集群、产业链和绿色低碳循环工业示范园区。结合企业技术改造专项行动，重点推进工业产业（项目）绿色化改造，建立绿色供应链，全面提升改造厂区环境，打造以三钢集团为代表的国家级"绿色工厂"和工业旅游示范基地。积极推进产业园区循环化绿色改造，全力支持三明市高端装备制造产业基地、高端石墨和石墨烯产业基地、氟新材料绿色产业基地、稀土绿色生态循环经济产业基地建设。鼓励金融机构用好"绿创贷"、科技型企业保证保险贷、技改基金等产品。积极向上争取政府专项债额度，支持三明市绿色园区改造。

创新推动特色现代农业加快发展。把生态优势、资源优势转换成发展优势、产业优势，通过贷款贴息、专项基金等方式，撬动更多绿色金融资源、社会资本投向特色现代农业，支持绿色农产品生产、休闲农业与生态旅游、现代生态循环农业产业基地、国家农村产业示范园等项目建设。探索"绿色企业＋绿色金融"模式，重点推进蛋鸡、茶叶、蔬菜、水果、花卉苗木、淡水渔业和食用菌7个特色现代农业主导产业发展。着力推动保险机构拓展农业保险品种，积极开发生态农业、设施农业、农产品质量安全、农业新技术应用、休闲农业等领域保险产品。

创新推动绿色文旅康养产业做优做大。以"生态＋"为主线，发挥"林深、水美、人长寿"优势，坚持"一县一品"差异化发展路径，积极争取发行专项债，整合绿色信贷、绿色租赁、绿色基金等多元化金融服务，推进全域绿色文旅康养全产业链发展。利用"9·8"投洽会、"11·6"林博会等平台，吸引更多社会金融资本和产业项目招商，培育培训研学、休闲旅居、生态观光、山地运动、自然观鸟等康养业态，持续打响"中国绿都·最氧三明"品牌。到2025年，争取建成、运营国家级、省级森林康养基地12个以上，培育省、市级森林康养龙头企业20家以上。

创新推动绿色低碳城市建设。发挥三明市森林覆盖率全国领先和可率先实现净零碳排放的优势，积极规划三明市中长期能源、交通、建筑净零碳排放，制造业接近净零碳排放的发展路线图。围绕建设全国第一个净零碳排放城市的目标，加大对清洁能源、清洁交通、建筑节能与绿色建筑、低碳基础设施、节能环保等产业（项目）的投资和招商引资力度；积极推动绿色金融和绿色建筑协同发展，创新绿色建筑开发贷、合同能源管理抵押贷、绿色建筑按揭贷等业务，探索绿色建筑性能保险、超低能耗建筑性能保险等产品；积极推进垃圾分类，加快推进餐厨、厨余垃圾处理项目建设投产，努力构建从垃圾分类到垃圾收运再到垃圾区别处置，最终实现再生资源循环利用、节约原生资源的全产业链条，打造可复制、可推广的绿色低碳城市发展模式，推进生产、生活、生态融合发展，构建绿色生产生活方式。

2. 创新完善绿色融资体系

创新绿色信贷产品。加快完善林权市场化配置与交易定价机制，鼓励银行业机构大力推广"福林贷""快农贷""林权抵押按揭贷"等金融产品，积极开发叫得响、有实效的绿色信贷产品。探索将符合规定条件的资源类（包括林权、农村承包地的土地经营权、农民住房财产权）、环境权益类（包括排污权、用能权、碳排放权）、知识产权类（包括专利权、商标权、著作权）等纳入可抵质押物范畴，建立"资产＋"绿色融资模式。落实绿色项目多层次银担分险机制，鼓励政府性融资担保机构提高绿色融资担保业务比重和加大增信支持力度，提高绿色信贷担保率。

加大绿色债券发行力度。支持符合条件的企业发行企业债、公司债、非金融企业债务融资工具，募集资金优先用于传统生产方式和技术的绿色化升级改造，以及绿色公共交通设施、文旅康养产业项目等。支持市政、污水处理、垃圾处理、能源、城市公共交通、社区改造、节能环保等绿色基础设施项目运营主体，发行绿色资产证券化产品。引导和鼓励金融机构发行绿色债券，募集资金用于支持绿色产业（项目）发展。支持金融机构在依法合规、风险可控的前提下，发行以绿色信贷资产为基础资产的证券化产品。力争到2025年累计发行绿色债100亿元以上。

推动上市融资和再融资。制订"一企一策"上市辅导方案，积极推动符合条件的绿色产业企业在主板、中小板、创业板、科创板、"新三板"和区域性股权市场等多层次资本市场上市、挂牌融资，力争到2025年三明市绿色企业上市公司累计达 4 家以上。支持相关林业上市企业通过增发、配股等方式进行再融资。

探索多种形式环境权益交易。加强对用能权交易企业的监督管理，持续推进用能权交易工作，动态跟踪交易主体变更、合并、分立等重大变化情况。全面落实排污权交易制度，推进排污权质押贷款，增强排污权流动性和融资能力。开展碳排放权交易试点，加强碳排放统计监测核算能力建设，加强林业碳汇经营管理。探索设立林权交易平台。

发展绿色保险投资和服务。鼓励保险资金投资绿色项目，引导保险资金通过股权、债权、股债结合等多种形式投资绿色低碳产业、特色现代农业和文旅康养产业、传统产业转型升级、绿色产业园区等重点项目建设，提供长期稳定的资金支持。推广重点园区整体投保环境污染责任保险和安全生产责任保险模式，力争到 2025 年实现三明市园区投保全覆盖。创新推出"水质指数"保险，建立三明市"水质预警"快速响应联动机制。支持保险机构创新产品和服务，引导保险机构探索差别化保险费率机制，将保险费率与企业环境风险管理水平挂钩，发挥费率杠杆调节作用，助力绿色经济发展。

3. 创新完善绿色金融基础设施体系

建立健全绿色金融组织体系。鼓励三明市各银行机构积极主动向省行、总行争取政策支持，力争到 2020 年底三明市主要银行机构绿色金融事业部（业务中心）全覆盖，到 2025 年设立 10 家以上绿色金融专营分支机构。规划建设三明生态新城金融商务区，加快"引金入明"，吸引更多金融机构、金融中介服务机构落户，鼓励现有金融机构在生态新城设立分支机构。探索设立 ESG 股权投资基金。

建立健全绿色产业、企业和项目识别体系。因地制宜制定三明市绿色产业、企业和项目认定办法，采取绿色分类贴标等方式，多维度设定认定指标。在此基础上，制定地方性绿色融资统计标准，完善绿色融资考核指标统计体系，统一统计口径，扩大绿色融资指标统计覆盖面。建立绿色产业、企业和项目数据库，实时更新、动态管理，定期推介给各金融机构。

建设线上绿色金融服务体系。依托省"金服云"平台，支持建成具有三明特色的绿色金融云平台。引导绿色产业企业在"金服云"平台注册，到 2025 年绿色产业的企业注册率实现全覆盖。完善平台绿色要素和功能，植入各类相关功能和数据，实现银企信息对称共享，尽快实现政银企网上对接和银行机构线上抢单、绿色产业项目奖补政策线上申报等功能，打造便利化融资平台，切实提高绿色贷款覆盖面、可得性。设立三明市绿色金融服务中心，负责建设省级绿色金融改革试验区和运营三明绿色金融云平台。

4. 创新完善绿色金融政策支撑体系

建立健全绿色金融激励引导机制。支持三明市申报"财政支持深化民营和小微企业金融服务综合改革试点城市"，将绿色信贷、绿色票据纳入央行再贷款、再贴现优先支持范围，引导金融机构加大绿色信贷投入，制订三明市金融机构发展绿色金融奖补方案，加强对绿色金融发展专项资金的使用管理，确保专款专用、用出成效。

建立健全绿色金融考评机制。将绿色融资规模纳入三明市金融机构服务地方经济发展考评办法，并大幅提高权重，综合考核金融机构在绿色产品创新、绿色融资规模、绿色信贷优惠利率、绿色金融服务方面的成效，强化考核导向和考核结果运用，激发金融机构积极性。

建立健全绿色金融风险防控机制。建设经济金融司法协同中心，建立绿色金融风险研判、预防、调整、化解机制，推动"政司银企"联动，有效防范化解绿色金融风险。设立风险资金池，建立"政银担""政银保"和第三方机构多方参与的风险分担模式，对绿色产业、企业和项目融资产生的偿付风险予以分担补偿。鼓励金融机构探索开展环境风险压力测试，加强对客户环境风险的动态评估，加强项目环境效益与成本分析，完善内部报告制度、公开披露制度和责任追究制度，积极稳妥做好风险防范化解和处置工作，促进绿色金融持续健康发展。

（四）中国银行碳金融实践

中国银行坚持以国内商业银行为主体、全球化综合化为两翼的战略发展格局，立志打造绿色金融新名片，成为绿色金融服务首选银行。

加强顶层设计，优化公司治理结构。中国银行董事会负责批准本行绿色金融发展规划，定期听取绿色金融进展情况的汇报并提出指导意见。党中央提出碳达峰碳中和目标以后，中国银行在党委会下设立了绿色金融及行业规划发展领导小组，由党委书记、董事长担任组长，党委副书记、行长担任副组长，统筹、指导、协调绿色金融工作。发挥执行委员会下设的绿色金融管理委员会作用，做好相关具体工作落实。

制定绿色金融战略，完善绿色金融政策。中国银行 2018 年制定了《绿色金融发展规划》，制定"十四五"绿色金融专项规划，明确提出绿色金融战略目标和配套措施等，并将在执行中逐年细化当年工作方案，确保绿色金融工作不偏航，不松劲。

推进"一体两翼"布局，增加金融产品供给。以国内商业银行为主体，持续创新绿色信贷、绿色债券等产品，支持绿色产业加速发展、高碳行业减碳控排、棕色行业转型升级。发挥全球化经营优势，加快境外绿色产品创新，扩大绿色债券全球服务优势，支持全球尤其是"一带一路"国家的绿色低碳建设。发挥综合化经营优势，不断开发绿色保险、绿色租赁、绿色基金、绿色投资产品，为客户提供一揽子绿色金融服务。

纳入全面风险管理，开展气候压力测试。将气候风险纳入全面风险管理框架，建立相应的识别、量化、分析、缓释、报告制度，将气候风险管理要求嵌入业务全流程，了解客户和产品的"颜色"，防范"洗绿""漂绿"风险；开展压力测试，分析风险来源和数量，做好风险预警，使气候风险可防可控，绿色金融行稳致远。

践行大行担当，主动披露气候相关信息。中国银行加入成为气候相关财务信息披露工作组（TCFD）支持机构，将按照它的披露建议和我国监管机构的要求，及时充分披露气候相关信息，增强透明度，主动接受社会公众监督。

以身作则，研究制订自身运营碳达峰碳中和计划。中国银行制订运营碳达峰碳中和计划，尽早明确包括范围一、范围二和部分范围三的碳达峰碳中和路径和方法，公布时间表，带动客户、供应商伙伴一起以实际行动支持我国和全球碳达峰碳中和的努力。

（五）宝武碳中和股权投资基金

由中国宝武钢铁集团有限公司携手国家绿色发展基金股份有限公司、中国太平洋保险（集团）股份有限公司、建信金融资产投资有限公司共同发起的宝武碳中和股权投资基金2021年7月15日在上海签约设立，总规模500亿元，首期100亿元。

宝武碳中和股权投资基金未来将依托中国宝武相关规划布局，聚焦清洁能源、绿色技术、环境保护、污染防治等方向，参与长江经济带的转型发展，跟踪国家清洁低碳安全高效的能源体系建设，深度挖掘风、光等清洁能源潜在发展地区和投资市场上优质的碳中和产业项目。中国宝武发布了实现碳达峰碳中和目标的时间表：2021年发布低碳冶金路线图、2023年力争实现碳达峰、2025年具备减碳30%的工艺技术能力、2035年力争减碳30%、2050年力争实现碳中和。

（六）国雄资本成立碳中和产业基金

国雄资本在北京成立总规模为 5 亿元的碳中和产业基金，助力中国构建零碳新工业体系。此举旨在实质性增加全国范围内森林碳汇，全方位为自愿减排市场提供广阔的发展空间。同时，以社会力量为主导，倡导低碳生活方式，促进低碳消费低碳城市的建设。

第 十 七 章

CHAPTER 17

零碳智库创建与百城千企零碳行动

部委智库和各类科研院所既是研究国家重大战略和碳达峰碳中和产业政策的重要力量，也是践行零碳行动的主要参与主体之一，有义务积极践行零碳理念，打造零碳智库，为党政部门、社会组织、企业和各行业推进零碳生活、建设零碳机构做出积极的行动和表率。基于此，国合华夏城市规划研究院首先提出了"12345"零碳智库创建行动，发出"扇子革命"倡议书，并积极推动实施。

一、零碳智库的概念

低碳生活、低碳办公的概念在我国已经提出10多年，由"低碳"到"零碳"是一个实质性的巨大变化，它表明我国已经全面进入了绿色生态发展的"碳中和"推进时代，中华民族14亿多人已经全面行动起来，共同践行人类命运共同体、责任共同体，为保护人类共同的家园而积极主动降碳，并且在经济发展、生活减碳等方面持续做出自己的努力和贡献。

智库作为各国政府决策不可缺少的智慧聚集平台，具有政策敏感性强、研究能力较高、行动路线研判精准、社会责任心强等特点。部委智库和地方科研机构一般来说属于服务类机构，自身办公能耗较低，对国家政策的实施路径有着前瞻、专业的研究和预判，能够以较低的成本、精准路径的规划设计和推动自身的低碳零碳行动，逐步形成各级党政办公、社团组织、行业机构和企业等学习和借鉴的路线图和样板。国合华夏城市规划研究院作为长期研究部委政策、服务地方经济的专业智库，一直把研究和推动碳达峰碳中和目标实现作为我们的光荣使命和历史责任。因此，我们有必要从我做起，规划设计一套低碳零碳办公的施工图和场景图，积极践行，不断优化，并逐步使其成为行业标准与标杆，从而为推动党政机关、社会组织和企业的零碳办公提供可借鉴的案例。为此，2021年6月国合华夏城市规划研究院倡议发起"12345"零碳智库创建行动，成为全国首家发出类似创意的智库。

二、"12345"零碳智库创建行动

国合华夏城市规划研究院2021年6月开始实施的"12345零碳智库行动"，主要内容包括：

"1"一个目标：尽快将国合华夏城市规划研究院建设成为"国内领先、行业一流的零碳智库"。

"2"两大体系：整合构建智库平台、规划编制、碳汇减排、项目实施、产业引进和要素流动服务体系；探索产业结构、能源结构、交通结构、建筑结构、绿色办公、低碳生活等示范、技术应用、项目投资、减碳行动与工程服务体系。

"3"三大能力：国家政策解读与经济实践能力；智库研究与"碳中和"落地能力；典型示范与对外推广能力。

"4"四大研究：国内外低碳案例研究；国家政策与行业应用研究；双碳目标与地方高质量发展研究；低碳智库与低碳社会研究。

"5"五大计划：低碳智库三年行动计划；低碳智库共建宣言行动；"中国碳中和研究院（智库）"；"碳中和示范城市"（园区、企业、村庄）创建行动；"双碳"国际论坛和高端培训行动。

三、国合院低碳零碳实践

习近平主席向全世界做出了实现"双碳"目标的庄严承诺，表明我国进入了全面、绿色、低碳、高质量发展的新时代。

国合华夏城市规划研究院作为国家部委机构发起设立的新型智库，为推进落实国家2030年、2060年"双碳"目标，与国家有关部委机构、地方政府、科研院所等开展了碳中和研究，共同发布了"襄阳宣言"，并从我做起，推动组建"中国碳中和研究院"，探索打造国内首家低（零）碳智库和产业联盟。

为聚集各方力量，推动各地实现"碳中和"目标，国合研究院倡议设立"中国碳中和产业联盟"公益平台，聚焦"碳达峰碳中和"痛点，共同开展低碳零碳规划、低碳零碳政策、低碳零碳供能、低碳零碳生产、低碳零碳办公、低碳零碳生活、低碳零碳建筑、低碳零碳交通、碳金融等课题研究和实践试点，为部委部门、地方政府、企业组织和社会各界提供全方位、全过程、全链条的"碳汇、碳减排、碳捕捉"服务，为国家和地方如期实现"碳达峰碳中和"目标做出积极的、独有的贡献。

从2010年开始，国合研究院核心研究团队参与实施了福建三明林权抵押贷款改革、贵州凯里低碳城市、贵阳高新区低碳园区、青岛中德生态产业园、潍坊节能环保产业园等项目的规划编制与调研论证。其中，青岛、福建三明、贵州等地的项目受到国家领导人视察或肯定、批示。

通过编制威海海洋经济规划、国务院国资委"十二五"规划、中节能集团规划、东营黄河流域规划、中宁生态规划、利津再生资源产业园规划等，国合研究院推动相关城市和企业循环化高水平发展。宁夏回族自治区、威海市、东营等地的项目受到国家领导人考察调研或作出重要指示。

国合研究院于 2015 年前后撰写出版循环经济、低碳城市规划、碳中和图谱与城市管理案例、企业示范案例等内容的图书；持续规划辅导并打造甘肃白银市生态企业"万亩沙漠修复变果园和森林草地"、潍坊乡村振兴"三个模式"等项目；2021 年 6 月 1 日国合研究院与湖北襄阳当地政府、中国出入境检疫检验协会、多家智库等联合发出生态产品价值核算实现机制襄阳共同宣言；6 月 18 日与中国市场杂志社、中国西部发展与研究促进会、国统信息、首页等联合发出全球碳中和共同行动；6 月中旬，国合研究院倡议实施"12345"零碳智库创建行动；7 月 17 日，国合研究院联合多家院所、部委专家、地方政府和企业等组织零碳峰会，共建共享中国碳中和研究院，共同倡议中国碳中和图谱及零碳城市行动宣言。

四、百城千企零碳行动

（一）"百城千企零碳行动"主要内容

为贯彻落实习近平总书记提出的我国力争 2030 年前实现碳达峰，2060 年前实现碳中和的世界庄严承诺，党中央、国务院多次作出具体部署，各部委各省市都将双碳目标写进了"十四五"规划和 2030 年远景目标，并进行了系列规划谋划，制订了低碳零碳行动计划。

为全面推进"双碳"目标实现，国合华夏城市规划研究院（以下简称国合研究院）积极推动部委有关部门、部委系统智库、商协会、科研院所、知名高校、地方政府、央企国企、投融资机构、国家级媒体以及院士专家、部委部长司长、教授学者与头部企业等，于 2021 年 7 月 17 日在北京共同举行了首届中国碳中和图谱及零碳城市峰会，联合发起设立"中国碳中和研究院"（产业智库联盟）。峰会发布"中国碳中合行动宣言"，联合启动"百城千企零碳行动"仪式，在全国甄选 100 个城市（地市、县区、园区）作为首批零碳城市试点，选择 1000 家左右企业作为重点辅导的零碳企业示范。国合研究院积极对接有关部委部门，与国家标准制定机构、部委智库、投资机构、科研机构、一流媒体、各地政府园区、行业碳减排技术企业等共建产业链、价值链、供应链、金融链、信息链和创新链，持续打造低碳零碳城市（园区、乡村、企业、社区）等零碳示范工程，积极争取资金和政策，多渠道引进碳汇、碳减排、碳封存技术，全面推动产业、能源、交通、建筑、用地等结构调整，共同打造低碳零碳产业聚集区或产业集群，共同辅导本地企业走向全国，走向"一带一路"和世界各国，快速高效形成区域性低碳零碳经济先行区、技术成果研发与应用基地（产业园）。

（二）"百城千企零碳行动"工程的主要任务

一是标准制定，联合成立标准研究与推进中心、院士专家委员会，开展企业标准、行业标准、社团标准、国家标准以及国家标准的研究、颁布或推荐；二是定期召开零碳城市、园区与企业内部研讨会、成果推广会，组织城市、全国和国际高峰会议，重点推广城市、园区和创建企业的成果与技术等；三是拍摄"百城千企零碳行动"示范工程大型纪录片（专题片）、技术成果宣传片等，进行全网全国甚至海外播放，提高创建城市、园区或企业影响力；四是举行零碳城市、园区和零碳企业示范案例研讨或技术推广，定向宣传特定城市或企业；五是开展系列科研、经贸、投资、交流、互访、调研峰会或座谈活动；六是推进成立中国碳中和产业基金，在地方设立零碳小镇、零碳金融小镇或示范区；七是联合打造碳中和数据中心或零碳经济示范区；八是共同开展示范标准、零碳指数与碳金融、行业指数等研究，开展碳汇交易与期货、融资租赁、保理、碳关税等研究。

（三）创建零碳城市（园区）或零碳企业的重点工作

部委智库、科研院所、投资机构和地方政府、头部企业等联合创建零碳城市、零碳园区和零碳企业，共同打造国家级、全球化零碳发展的城市和产业示范，并联合开展如下重点示范工作。

一是共同实施零碳发展规划与创建行动。

基于"双碳"目标和绿色发展主线，编制地方政府或产业园"十四五"时期清洁能源规划、"十四五"时期新能源发展规划、"十四五"时期碳中和专项规划、碳达峰城市实施方案，创建循环经济示范城市实施方案、国家级生态产品价值实现机制试点城市实施方案，建设低碳零碳城市发展规划与三年行动方案、零碳园区创建方案、零碳企业创建方案、零碳社区建设方案等。

二是引进孵化培育低碳零碳园区或产业集群。

培育孵化和引进碳汇、碳减排技术和企业入住本市或园区，整体推进光伏产业发展，引进新能源存储技术、新能源建筑材料、清洁能源、再生能源、固废处理技术，建立回收与污染物处理技术，建立零碳物流与零碳交通、网红直播基地、碳数据监测中心、博士基地、部委智库、院士专家工作站或示范基地、国家级技术平台基地、地方碳中和研究院或示范基地等。

三是策划对接部委资源牌照及各类资金。

策划和引进低碳零碳产业及项目，辅导申请国家发展改革委、财政部、生态环境部、自然资源部、工业和信息化部、科技部、农业农村部、人民银行等部委的资金与政策扶持，争取省市等专项资金，帮助设立产业基金，引进海外资金，进行上市发债、项目融资，打造特色金融小镇等。

四是向部委部门推荐技术、成果或案例并在全国媒体或市场推广。

全面对接国家级媒体拍摄并宣传城市、企业的零碳行动专题片，进行全网全国海外播放，系统宣传市县产业和城市名片。充分发挥智库资源优势，引进孵化和提炼技术成果，向全国、地方政府、园区或部委部门推荐，提高影响力或产业规模。

五是挖掘提升"我们一直在行动"的成功经验和操作模式，推动各地零碳城市、资金资源和零碳项目做大做强。

国合研究院已经完成了相关循环经济和低碳零碳项目。从 2010 年开始，其辅导参与完成福建三明，贵州凯里、贵阳高新区，山东青岛、潍坊、威海的海洋经济规划、林权抵押贷款等试点探索，青岛、福建三明、凯里、威海等城市的低碳零碳项目受到国家领导人考察或肯定、批示。

国合研究院编制完成了低碳零碳城市规划策划。完成编制威海海洋经济规划、潍坊节能环保产业园、青岛中德生态园、凯里市循环经济规划、凯里低碳城市创建方案、国务院国资委"十二五"规划、中节能集团、东营黄河流域规划、中宁生态保护与高质量发展规划、聊城全域水城规划、利津再生资源与循环经济产业园规划等。宁夏、威海等地区和城市受到国家领导人考察调研并做出重要指示。

国合研究院 2021 年 6 月 1 日与湖北襄阳政府、中国出入境检疫检验协会、部委系统智库等联合发出生态产品价值核算实现机制襄阳共同宣言；2021 年 6 月 18 日与中国市场杂志社、中国西部发展与研究促进会等联合发出全球碳中和共同行动；2021 年 6 月中旬，国合研究院国内首家倡议实施"12345"零碳智库创建行动；同年 7 月 17 日，国合研究院联合多家国家级院所、部委专家、地方政府和企业等组织"首届中国碳中和图谱及零碳城市峰会"，共建共享"中国碳中和研究院"，发出"中国碳中和行动宣言"，共同倡议推动"百城千企零碳行动"。

国合研究院推进创建零碳城市、零碳产业园、零碳企业等，以零碳为主线，整合激活各方力量，联合推动产业和能源结构转型，带动交通建筑低碳化，有效扩大城市和园区（企业）经济规模与影响力，共同促进国家、部委机构、各地政府、产业园和龙头企业等绿色化、零碳化、融合化发展。

（四）创建"零碳城市、零碳园区、零碳企业"申请表

为创建零碳城市、零碳园区、零碳企业，设立了申请参与创建的报名表，见表 17 - 1。

表 17 - 1　　　　　创建"零碳城市、零碳园区、零碳企业"申请表

申请单位名称：　　　　　　　　　　　　　　　　　　　　　联系电话：

申请单位全称		（　）城市 （　）企业，请打钩
办公地址		行业：
申请事项	1. 创建零碳城市；2. 创建零碳园区；3. 创建零碳企业；4. 其他	
单位负责人姓名	职称职务	
申请单位业务范围		
联系地址	省　　市　　县区　　街道	
联系人姓名	联系人电话	
联系邮箱	联系微信	
申请单位法人身份证		
申请单位营业执照		
2021 年经济情况		
是否申请碳中和研究院理事单位或理事、专委会？	理事单位： 个人理事： 专委会：	
有无低碳零碳研究文章、技术成果或低碳产品提交会务组？如有请填写。	1. 低碳零碳文章： 2. 碳汇/低碳/零碳/碳减排技术与产品等：	
真实性承诺	申请人对上述信息真实性负责，并承担全部责任。 申请人签名或单位盖章： 　　　　　　　　　　　　　　年　月　日	
辅助说明		

五、百座零碳城市建设图谱

（一）零碳城市创建图谱

实现碳达峰碳中和是一项系统工程，需要多管齐下、综合施策。实现碳达峰

碳中和，既要做好碳排放的"减法"，也要做好生态碳汇的"加法"。扩大绿色空间，推进大尺度绿化，建设一批城市公园，确保创森工作成功验收。提升水系生态品质，推进重点流域综合治理与生态修复。突出拓展区生态功能，建设景观生态林。

贯彻国家部委政策与零碳城市创建指引，发挥部委智库的平台作用，以创建100家左右零碳城市为引领，积极筛选和推动城市、产业园、企业共建零碳示范。研究零碳城市标准，制定零碳城市实施路径与施工图。加大与部委机关沟通汇报，争取政策支持，充分挖掘各城市、产业园等资源潜力，积极推动可再生能源、清洁能源优先发展，大幅提升绿电应用比重，努力构建绿色低碳安全高效的能源体系。各示范城市将碳排放总量和强度"双控"指标作为产业落地约束条件，鼓励科技含量高、资源消耗低、碳排放少的产业发展。推行绿色建筑和超低能耗建筑，新建公共建筑全面执行三星级绿色建筑标准，对老旧小区等存量建筑实施节能改造。积极打造绿色低碳交通体系，探索设立超低排放区，推广应用新能源车，沿河、沿绿、沿路建成慢行系统。倡导绿色低碳生活方式，推进绿色家庭、绿色学校、绿色社区、绿色商场等创建活动。

培育绿色发展新动能。鼓励各城市出台财政税收和金融引导政策，大力发展绿色金融，推动绿色债券发行和绿色产业基金设立，争取建设全国自愿减排等碳交易中心，积极争取绿色金融体系构建、标准制定、政策服务等先行先试。大力培育绿色低碳产业集群，鼓励绿色科技创新，支持开展前沿技术研发攻关，推动科技成果就地转化。同时，大力培养碳减排、碳金融的党政干部和企业家队伍，提高全社会碳汇、碳减排的政策水平和自觉行动。

（二）零碳城市实现路径

未来40年的最大发展机遇就是"碳中和＋生态"。

地方政府积极实施零碳城市创建工作的路径，包括但不限于：

一是推进产业转型。选择低能耗循环化城市、产业和前瞻项目，鼓励技术创新与环保产业引进，坚决控制或禁止高能耗低收益项目，鼓励发展低碳产业与现代服务业。

二是优化营商环境和发展环境，规划开发智慧办公系统，提高政府决策质量和效率，改进服务模式和项目流程等，鼓励低碳零碳办公，鼓励办公楼宇绿色化改造，鼓励绿色出行，出台扶持低碳发展的政策与办法，提高碳减排、碳汇和碳捕捉的能力。

三是发展数字经济。建设智造园区，规划开发数字城市、数字乡村、数字园区、数字办公以及智慧农业；扶持电子商务和跨境电商业务，打造企业管理、营销和要素流动的公共服务平台。

四是推动绿色生态产业发展。以跨区域产业结构协同为主线，以低碳发展为导向，以农牧业、物流等产业为重点，积极调整产业结构，提升农牧产品的有机、绿色和低碳化生产、仓储与物流，减少碳排放，提高碳汇能力。

五是建设清洁能源基地。挖掘用足城市的外溢效应、虹吸效应；优化产业结构、经济结构、能源结构和交通结构，推进跨区域产业链延伸，价值链提升，供应链优化和创新链协同，构建优势产业集群。

六是建设循环化新能源示范基地。推动技术研发和成果应用，加大煤化工等重点产业集聚及固废、水等资源循环化利用，降低单位能耗水耗，大力发展新能源、清洁能源，推动构建循环经济产业园、低碳零碳示范园区。

六、千家零碳企业建设图谱

（一）零碳企业实施路线图

研究全球趋势和国家政策，参与制定零碳企业建设标准和实施路线图，加大部门沟通与地方合作，与地方政府共同筛选一批零碳企业示范样板。积极引进碳汇、碳减排企业与项目，在地方试点和全国推广，大力发展低碳产业与零碳产业园区，聚集零碳企业聚集发展。

发挥各方的优势和作用，依托地方政府与产业园区，积极调动社会的力量，因地制宜、量力而行、尽力而为、创新开拓，积极完善并落实零碳企业试点示范的路线图和施工图，主要包括但不限于：

完善政策—制定标准—优化机制—技术突破—工艺改进—资金筹措—效果评估—正向激励—优化提升—推广应用等。

（二）零碳企业创建步骤

借鉴国内外低碳零碳城市、企业建设经验，立足各地区实际，结合不同企业所处行业特征，以政策为引领、主导产业为基础、产业链和市场需求为主线，逐步细化建设碳中和（零碳）企事业的推进步骤，主要内容如下：

选择重点辅导的企事业单位—制订碳中和实施计划—完善内部碳中和机制—实施温室气体减排与排放核算—实施碳中和—碳中和评价—碳中和声明。具体如图17-1所示。

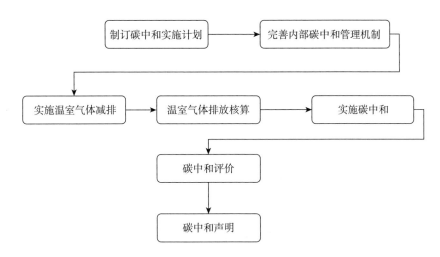

图 17 - 1　企事业单位碳中和（零碳）实施路线图

其中：碳中和实施计划制订。企事业单位制订碳中和实施计划，形成文件并发布，碳中和实施计划的内容包含以下四项：

（1）碳中和承诺的陈述；（2）实现碳中和的时间表；（3）计划降低温室气体排放使用的减排策略，包括具体内容与选用理由，减排基准及逐年减排目标；（4）计划实现碳中和并保持碳中和的温室气体抵消策略，包括具体内容与选用理由。

内部碳中和管理机制。企事业单位应根据相关法律法规、政策、标准以及自身规模、能力、需求等状况，在单位内部建立温室气体排放管理制度，包括但不限于：

（1）企事业单位内部成立温室气体管理机构（部门或小组）；（2）聘请或指定温室气体管理机构运营管理人员，负责本单位碳管理工作；（3）建立本单位能源使用、消耗及温室气体排放管理制度和信息系统；（4）配合相关机构温室气体核查工作；（5）制订碳中和实施计划（借鉴北京市发布的《企事业单位碳中和实施指南》），并监督其实施、保持及改进等。

选择示范企业试点先行。在全国发达城市、中西部地区、东北地区等分别选择不同发展阶段的企业和减碳技术，因地制宜、量力而行，开展重点企业辅导与示范，积累经验、争取政策、改进流程，帮助其获得项目资金。开展技术实验和推广，深化企业碳减排技术与成果应用，加大效果检测与评估，优化碳减排路径，逐步推广优秀榜样，并在更大范围内使用其先进经验，形成零碳企业的典型案例，进而打造更多零碳企业，推动零碳产业聚集，建成一大批碳汇、碳减排、碳封存与碳捕捉领域的零碳产业集群。

七、打造国际创意城市与零碳城市融合发展的示范城市

（一）国际创意城市理论与实践

创意城市模式是发达国家城市发展进入后工业化时代，伴随城市产业转移、城市重生和创意产业兴起而出现的推动城市复兴和重生的模式，是在城市发展道路上伴随着低碳、生态宜居城市应运而生的产物。

联合国"创意城市网络"成立于 2004 年 10 月，其致力于发挥全球创意产业对经济和社会的推动作用，促进世界各城市在创意产业发展、专业知识培训、知识共享和建立创意产品国际销售渠道等方面的交流合作，分为设计、文学、音乐、手工艺与民间艺术、电影、媒体艺术、美食 7 个主题。截至 2021 年世界城市日（10 月 31 日），经联合国教科文组织批准 66 个城市加入了该网络。网络成员数量达 246 个。我国有长沙、澳门、青岛、武汉、上海、顺德、杭州、苏州、成都、北京、深圳等 10 多座城市入选。

（二）我国创意城市的实践与理论成果

为探索中国特色的创意城市理论与实践，国合华夏城市规划研究院创意城市团队聚集整合部委、高校及地方资源，收集城市案例，历经多年探索，完成 15 册《中国创意城市系列教材》和《中国创意城市建设大纲》，目前在吉林大学出版社审校排版。其中基础理论系列有：《创意城市学》《城市文化生产力》《城市创意美论》《创意城市的产业结构》《城市创新发展论》；实用研究系列有：《创意城市空间再造》《城市新基建经济架构》《城市的传统文化创意》《创意城市的金融结构》《城市区块链结构》；实操方法系列有：《城市品牌新打造》《创意社区策划与实施》《创意城市项目实操攻略》《城市综合治理方法》《城市全域旅游解析》。这些理论研究和专业教材，不仅为创意城市的实践起到重要的指导作用，还将为零碳经济的创新和推进起到引导作用。

从创意城市实践看，我国创意城市的理论与实践是学习领会习近平新时代中国特色社会主义思想，结合国际创意城市实践逐步形成的。我国创意城市已经在理论基础、建设宗旨、规划路径、实施效应、开发过程、融资创新、平台建设以及创意城市与市场机制，创意城市与零碳城市的相关性等方面达成了某些共识与成果。从全球发展趋势看，发达国家的创意城市与市场体制改革息息相关，对于促进低碳经济发展起到了积极的作用。

（三）建设零碳发展的国际创意城市新示范

按照我国"两个一百年"的奋斗目标，遵循"十四五"国家和地方规划，聚焦碳达峰碳中和的"3060"时间表，未来一段时间，国际创意城市与零碳城市将会进一步融合发展。以零碳发展为目标，以国际创意城市为主线，筛选部分城市和产业园，加大创意技术与成果研究，积极推动地方转型发展，尽快打造零碳发展的国际创意城市新示范、新样板：

一是统筹谋划创意城市与低碳零碳城市的包容性与相互关系。

二是更加关注市场机制和价格变动与创意城市、零碳城市、碳汇交易的敏感性和制度安排。

三是基于碳中和目标，加大创意城市、海洋经济及科研成果的应用与开发。

四是利用国际创意城市的理论与实践经验，推进光伏、风能、水电、潮汐能、生物质能等前沿技术研发，以及中医药、文旅康养等低碳化产业集群打造，创新中国特色的创意城市新样板。

五是选择全国部分城市和产业园，培育壮大创意产业、碳交易市场，建设一批符合零碳发展要求的创意城市、创意产业园和创意企业，打造地方经济新引擎。

（四）零碳数据监测平台

结合碳减排、碳达峰碳中和未来的技术推广、数据监测与管理等需求，利用大数据、云计算、区块链等技术，进行系统设计和模块开发，基于各方需求，分别构建支撑碳达峰碳中和目标的国家部委、地方政府、产业园区、企业和科研院所等资源、资金、人才、要素聚集和流动的碳达峰碳中和大数据服务平台。平台可以按不同用户和功能划分，进行各具特色的顶层设计和开发，形成不同用户的碳管理、碳指标监督、碳技术和产品应用等大数据检测与综合服务中心。

八、典型案例

（一）中国碳中和行动宣言

"为建设生态地球和美丽国家，早日实现碳达峰碳中和目标，我们共建共享'中国碳中和研究院（智库平台）'，并付诸积极的行动。

我们自觉践行绿色低碳零碳发展理念，积极开展实践探索。发挥专长，聚集资源，协同推动全球、全国、各城市的低（零）碳生产、低（零）碳能源、低（零）碳交通、低（零）碳建筑、低（零）碳办公和低（零）碳生活。

这是我们共同的承诺和行动宣言。"

"中国碳中和行动宣言"说明：

本宣言于2021年7月17日由"2021首届中国碳中和图谱及零碳城市峰会"的全体参会单位、部委领导、行业智库、商协会、地方政府代表、科研院所、专家学者、与会企业、媒体等共同发布并倡导实施，由国合华夏城市规划研究院发起并推动，由峰会主持人国家发展改革委市场与价格研究所所长杨宜勇代表全体与会嘉宾宣读。

（二）上海市低碳示范创建工作方案

本方案对上海市创建完成一批高质量的低碳发展实践区（含近零碳排放实践区）和低碳社区（含近零碳排放社区）提出了目标、申报要求、工作流程，列出了各类低碳示范创建的碳排放核算方法建议。

各类低碳示范创建的碳排放核算方法建议

一、低碳发展实践区（近零碳排放实践区）

（一）碳排放统计、核算范围

1. 碳排放核算的领域

考虑到各领域的能耗或碳排放数据的可计量和可获得性，碳排放核算边界建议如下：

（1）建筑和产业：区域内各类公共建筑（单体建筑面积5000平方米及以上）、产业设施、能源中心（如有）等能源活动产生的碳排放；（2）交通：区域内小汽车、接驳交通所产生的碳排放；（3）市政路灯：区域内道路照明系统所产生的碳排放；（4）碳汇：区域内植物碳汇的减碳量。

2. 碳排放核算的要素

实施区域层面的碳排放核算，区域碳排放监测、计量和核算体系需要包含以下几方面的边界内容：

（1）核算主体：管理主体（业主或物业公司配合执行）。

（2）核算物理边界：区域范围内的项目，细分各领域的边界。

（3）核算周期：年度统计。

（4）核算碳排放的种类：CO_2。

（5）核算运行边界：运营过程中产生的排放，包括固定燃烧源产生的直接排放和外购电力、热力的间接排放及碳汇减量等。

（6）数据获取来源：能源账单或台账、能耗在线监测平台及其他。

3. 数据要求及来源

建筑、产业及能源中心：建筑业主（或区建筑能耗在线监测平台）和相关企业（能源账单、台账或平台数据）；交通：各建筑业主（停车库车次信息、充电桩比例）和区交通管理部门（区域内停车场车次信息、充电桩比例）、交通运营单位和相关企业（能源账单或台账数据）；市政路灯：区交通管理部门或开发公司（如用电量台账）；绿化碳汇：区绿化管理部门（如绿化面积遥感解译数据）。

（二）碳排放和碳汇核算方法

1. 核算方法

（略）。

——碳汇面积。其中，电力活动水平数据可扣减区域内的可再生能源上网电量。

2. 能源使用碳排放系数和碳汇固碳系数

各能源品种的排放系数见表 17-2，电力排放系数取近 3 年华东电网区域排放系数，天然气、汽油、柴油的排放系数来源于《上海市温室气体排放核算和报告指南》。

表 17-2　　　　　　　　碳排放统计核算领域及数据来源

序号	核算领域	纳入核算范围的内容	数据内容	数据获得方式	数据来源
1	建筑产业 + 能源中心	建筑（单体建筑面积5000平方米以上）	优先向楼宇业主/物业公司收集相关电力、天然气、油等能源品种的消耗量数据	能源账单或台账数据	建筑业主/物业公司
			获取接入区建筑在线监测平台的建筑能耗总量、分业态的单位建筑面积能耗数据	平台数据	区建筑在线监测平台数据
			收集建筑分业态的建筑面积	建筑面积数据	管理部门
		产业	收集电力、天然气等能源品种（除能源中心供能外）的消耗量数据	能源账单或台账数据	相关企业
		能源中心	收集天然气、外购电、上网电量等数量	能源账单或台账数据	能源中心

序号	核算领域	纳入核算范围的内容	数据内容	数据获得方式	数据来源
2	交通	小汽车（各建筑和单位停车库）	年停车次数、充电桩安装比例	停车系统数据	各建筑或单位
		小汽车（区域内停车场）	年停车次数、充电桩安装比例	停车系统数据	管理部门
		区域内接驳交通	收集电力、汽柴油消耗量数据	能源计量数据	运营单位
3	市政	路灯	收集电力消耗量数据、灯具功率和数量	能源账单或台账数据、建设资料	管理部门
4	绿化碳汇	林绿地	收集林绿地数据	遥感解译数据或项目建设资料	管理部门

表 17 - 3　　　　　　　　相关参数汇总表

序号	消耗品种	活动数据单位	排放类型	排放系数/固碳系数	备注
1	电力	万千瓦时	间接排放	$7.035tCO_2$/万千瓦时	近3年华东电网区域排放系数
2	天然气	万立方米	直接排放	$21.84tCO_2$/万立方米	
3	汽油	吨	直接排放	$3.105tCO_2$/吨	汽油密度按0.73kg/L
4	柴油	吨	直接排放	$3.209tCO_2$/吨	柴油密度按0.86kg/L
5	碳汇	公顷	碳吸收	$14.5tCO_2$/公顷	取全市平均值

注：考虑植物对二氧化碳具有的固碳作用的计算，单位面积碳汇取上海市单位林地面积平均 CO_2 固定量 $14.5\ tCO_2$/公顷。

3. 活动水平数据获取及计算

（1）建筑领域（按账单/台账数据、平台数据、估算数据顺序获取）

①实践区建设主体负责开发运营的建筑

获取建筑分业态的建筑面积、年用电量、用气量等账单/台账数据。

②其他公共建筑

a. 优先获取建筑的业态及建筑面积、年用电量、用气量等账单/台账数据。

b. 对于无法获取账单数据的建筑，如接入区建筑能耗在线监测平台，获取平台用电量数据；如未接入区建筑能耗在线监测平台，采用区域内类似业态的建筑平均能耗（账单/台账数据为主、平台数据为辅）、建筑分业态的建筑面积估算用电量。如实践区内建设了区域能源中心项目，能源中心所产的能源全部供给区域内使用，建议将建筑、产业和能源中心作为整体进行碳排放核算，即由能源中心项目主体提供能源购入量数据，所产能源的使用主体提供外购能源（扣除能源中心供能部分）数据，统计外购能源使用产生的碳排放。

（2）交通领域小汽车

获取实践区内各建筑停车库和区域内停车场的年停车车次合计数，根据2019年全市小客车出行平均公里数7.6公里，测算小汽车行驶的公里数，百公里汽油消耗量取全市平均值12.5升汽油/百公里。为提升实践区内充电桩的普及率，区域内小汽车汽油使用的活动水平数据考虑结合充电桩的安装比例进行折算，计算方式如下：

实践区内小汽车的汽油活动水平数据＝区域内年停车车次数总和×7.6公里（全市小客车出行平均公里数）×12.5升/百公里（单位百公里汽油消耗量）×（100％－充电桩安装比例％）

（3）市政路灯

获取实践区市政路灯的用电量数据，或通过各类灯具的功率、数量和照明时间推算用电量。

（4）碳汇

获取实践区内林绿地的绿化遥感解译数据，或相关项目建设资料中的绿化面积数据。

二、低碳社区（近零碳排放示范社区）

（一）碳排放统计、核算范围

1. 碳排放核算的领域

考虑到能耗或碳排放数据的可计量和可获得性，碳排放核算边界建议如下：

（1）建筑：社区内部公共建筑和居住建筑用电、用气产生的碳排放；（2）交通：社区内部居民私家车用气、用电产生的碳排放；（3）废弃物处理：生活垃圾处理等产生的碳排放；（4）碳汇：社区内植物碳汇的减碳量；（5）碳普惠：社区居民低碳行动产生的碳减排量；（6）CCER：社区购买的自愿减排量。

2. 碳排放核算的要素

实施社区层面的碳排放核算，区域碳排放监测、计量和核算体系需要包含以下几方面的边界内容：（1）核算主体：管理主体（业主、开发商或物业公司配合执行）；（2）核算物理边界：社区居民委员会、开发商或物业公司所管辖的范围；（3）核算周期：年度统计；（4）核算碳排放的种类：CO_2；（5）核算运行边界：社区固定源、移动源产生的直接排放和外购电力、热力的间接排放及碳汇减量等；（6）数据获取来源：能源账单或台账、其他。

3. 数据要求及来源

建筑：建筑业主、物业（能源账单、台账或平台数据）；交通：建筑业主、物业（停车车次数，电动汽车充电桩）；生活垃圾处理：社区居民委员会（每天干、湿垃圾量）；绿化碳汇：社区居民委员会（绿化面积）。

（二）碳排放和碳汇核算方法

1. 核算方法

碳汇面积，其中，电力活动水平数据可扣减社区内的可再生能源上网电量。

2. 能源使用碳排放系数和碳汇固碳系数

各能源品种的排放系数如下，电力排放系数取 2012 年华东电网区域排放系数，天然气的排放系数来源于《上海市温室气体排放核算和报告指南》），见表 17-4。生活垃圾处理排放系数取上海市平均 CO_2 排放水平 0.549 tCO_2/吨。考虑植物对二氧化碳具有的固碳作用的计算，单位面积碳汇取上海市单位林地面积平均 CO_2 固定量 14.5tCO_2/公顷。

表 17-4　　　　　　　　相关参数汇总表

序号	消耗品种	活动数据单位	排放类型	排放系数/固碳系数	备注
1	电力	万千瓦时	间接排放	7.035tCO_2/万千瓦时	近 3 年华东电网区域排放系数
2	天然气	万立方米	直接排放	21.84tCO_2/万立方米	—
3	汽油	吨	直接排放	3.105tCO_2/吨	汽油密度按 0.73kg/L
4	生活垃圾处理	吨	直接排放	0.549tCO_2/吨	取全市平均值
5	碳汇	公顷	碳吸收	14.5tCO_2/公顷	取全市平均值

3. 活动水平数据获取及计算

（1）建筑领域（按账单/台账数据、平台数据、估算数据顺序获取）

获取内部建筑面积、年用电量、用气量等账单/台账数据。

（2）交通领域

获取社区私家车停车车次数，根据 2019 年全市小客车出行平均公里数 7.6 千米，测算小汽车行驶的公里数，百公里汽油消耗量取全市平均值 12.5 升汽油/百公里。为提升社区内充电桩的普及率，社区内小汽车汽油使用的活动水平数据考虑结合充电桩的安装比例进行折算，计算方式如下：

社区内小汽车的汽油活动水平数据 = 社区内年停车车次数总和×7.6公里（全市小客车出行平均公里数）×12.5升/百公里（单位百公里汽油消耗量）×（100% - 充电桩安装比例%）

（3）碳汇

获取社区内林绿地面积数据，或相关项目建设资料中的绿化面积数据。

（4）生活垃圾处理

通过社区内每天干、湿垃圾的桶数推算生活垃圾处理量。

（三）杭州实施《2021年碳达峰碳中和工作任务清单》

杭州市大力推动碳中和城市建设，明确了碳达峰碳中和"1 + 1 + N + X"政策支撑体系：

第一个"1"指《杭州市全面贯彻新发展理念做好碳达峰碳中和工作实施意见》，其明确了到2060年前该市碳达峰碳中和的目标、任务、路径和举措，提出实现碳达峰碳中和十大重点任务。十大重点任务就是建立与"双碳"目标和愿景相匹配的城市治理体系、实施绿色能源发展计划、实施绿色工业发展计划、实施绿色交通发展计划、实施绿色建筑发展计划、实施绿色农业发展计划、实施绿色生活倡导计划、着力提升碳汇能力、着力强化"双碳"目标实现支撑能力、着力强化试点示范和宣传倡导。

第二个"1"指《杭州市创建碳达峰碳中和试点城市实施方案》，其明确了"围绕一个目标、推进一项变革、实施六大绿色发展计划、强化四个支撑、开展一项合作、落实四张清单、展示五项成果"的创建实施路径。

"N"指N个碳达峰行动方案，即1个碳达峰总体方案、"6 + 1"领域碳达峰行动方案以及分区、县（市）实施意见和行动计划。

"X"指X个配套政策，包括清洁能源发展、能耗双控、减污降碳、财税支持、绿色金融支持、市场机制等18个系列配套政策。

杭州市出台了《2021年碳达峰碳中和工作任务清单》。任务清单提出了10个方面58项重点工作任务，即加快能源结构调整、加快构建低碳工业体系、全面提升建筑领域绿色低碳水平、全面深化交通绿色低碳转型、统筹推动农业减排增汇、全面推动绿色低碳生活、抢占低碳科技创新制高点、打造碳达峰碳中和数字化应用场景、创建低碳零碳示范试点、强化保障体系建设等。

附　录

APPENDIX

国合华夏城市规划研究院
相关碳达峰碳中和案例及专著

一、凯里市低碳城市试点方案

2016 年，吴维海博士担任课题组长，受凯里市人民政府及市发改局委托，组织编制《凯里市低碳城市试点方案（2016—2020 年)》（以下简称《方案》），并提交贵州省发改委审批。

《方案》确立了凯里市创建低碳城市的"156"推进战略：

贯彻党中央、国务院和贵州省、黔东南自治州关于低碳发展的政策与规划部署，确立创建国家级低碳城市试点单位的工作目标（"1"），实施运行机制、控制制度、交易推广、碳评价规则、多规合一试点等管理创新（"5"），推动低碳产业重点工程、低碳能源重点工程、低碳交通重点工程、低碳消费（生活）重点工程、低碳（绿色）建筑重点工程和生态修复工程的实施（"6"），构建我国西部地区低碳城市试点单位、国家级生态园林示范城市。

凯里市创建低碳城市的"156"战略如下：

"1"：一个目标：创建国家级低碳城市试点城市。

"5"：五大创新：运行机制、控制制度、交易推广、碳评价规则、多规合一试点。

"6"：六大工程：低碳产业、低碳能源、低碳交通、低碳消费（生活）、低碳（绿色）建筑、生态修复。

《方案》确定了凯里市"十三五"时期创建国家级低碳城市试点城市的主要目标：2020 年，凯里市将实现经济总量、财政总收入、工业总产值三个指标翻一番以上；城市基础设施进一步完善，"互联网＋"建设加快，低碳城市、智慧城市、数字凯里等目标基本建成，城市品位明显提高，国际滨江旅游城市的魅力初步彰显；生产总值能耗和主要污染物排放明显降低，建成中国西部养生城、贵州东部物流中心、贵州东线旅游集散中心、独具苗侗民族文化特色的国际滨江旅游城市、黔东经济增长极、贵州东部区域中心城市（贵州副中心城市）。

凯里市 2016—2020 年低碳城市试点目标体系，如附表 1 所示。

附表 1　2016—2020 年凯里市低碳城市试点建设目标体系

	指标 名称	单位	指标值		
			2015 年基本值	2020 年目标值	变化率%
1	碳排放总量	万吨二氧化碳	798.82	2020 年碳排放 总量 1169.05； 峰值年 2030 年碳 排放总量：1976.88	46
2	单位 GDP 二氧化碳排放	吨二氧化碳/万元	3.8670	2.9664	−23
3	单位 GDP 能源消耗	吨标煤/万元	1.52	1.23	−19
4	非石化能源占一次 能源消费比重（城区）	%	1.5	2.1	40
5	第三产业增加值比重	%	61	60	—
6	城镇化率	%	70	75	7.1
7	森林覆盖率	%	57.4	60 以上	4.5
8	城镇建成区绿化覆盖率	%	42.37	45	6.2
9	平均空气质量指数 AQI	%	99	小于或等于 100	—
10	$PM_{2.5}$平均浓度	微克/立方米	31	达到或优于 国家二级标准	—
11	新建绿色建筑比例	%	—	40	—
12	公共交通出行比例	%	45	80	167
13	国家低碳园区、 低碳社区数量	个	1	5	400
14	城区居住小区生活 垃圾分类达标率	%	0.1	10	99
15	低碳城市知识城镇 居民知晓程度	%	15	95	533
16	城市垃圾无害化处理率	%	50	100	100

以下是《凯里市创建低碳城市试点方案》的规划报告目录。

凯里市创建低碳城市试点方案目录

一、试点背景

　　（一）全球宏观环境和趋势

　　（二）我国政策环境和趋势

（三）贵州省政策环境和趋势

（四）黔东南和凯里市政策环境和趋势

（五）低碳城市试点范围

二、基础条件

（一）城市概况

（二）城市能源构成

（三）产业构成

（四）森林碳汇

（五）生态建设需求

三、"十二五"时期低碳工作实践

（一）总体低碳工作回顾

（二）炉山工业园低碳试点实践

（三）当前的低碳城市试点基础

四、总体要求

（一）指导思想

（二）基本原则

（三）试点目标

（四）指标说明和未来五年预期

（五）支撑资源预测

五、主要任务

（一）推动重点产业的低碳化发展

（二）推动能源结构的低碳化、清洁化和循环利用

（三）推动建筑产业的低碳化、环保节能化

（四）推动交通体系的低碳化和绿色出行

（五）推动政府办公的低碳化发展

（六）推动居民生活和消费的低碳化

（七）推动生态环境低碳化

（八）实施优惠政策的低碳化

六、重点行动

（一）实施低碳产业试点工程

（二）实施低碳能源试点工程

（三）实施绿色低碳建筑试点工程

（四）实施绿色交通试点工程

（五）实施低碳生活示范工程

（六）推动生态环境修复工程

七、制度创新

（一）建立健全低碳城市试点创新机制和运行体系

（二）健全完善凯里市污染物排放和能耗总量控制制度

（三）探索开展低碳产品和低碳技术推广试点

（四）探索实施重大项目碳评价制度

（五）推动"多规合一"试点

八、保障措施

（一）完善低碳城市试点组织体系和协调机制

（二）做好全市财政资金和融资渠道的合理安排

（三）完善全市低碳城市和核心指标的监督机制

（四）强化低碳指标与业绩挂钩

（五）调动企业和社会各方力量参与低碳城市建设

二、潍坊市创建国家级循环经济示范城市实施方案

吴维海博士及研究团队近 10 年持续研究生态文明、循环经济、低碳城市和低碳园区等发展规划与园区开发，并且形成了大量研究成果与规划案例。

以下是《潍坊市创建国家级循环经济示范城市实施方案》的创建背景及主要目录。

潍坊市地处山东半岛中部，渤海莱州湾南岸，山东半岛蓝色经济区和黄河三角洲高效生态经济区两个国家主体功能区在这里交汇叠加。潍坊辖 4 个区、6 个县级市、2 个县，设有国家级高新技术产业开发区、滨海经济技术开发区、综合保税区，面积 1.61 万 km²，是世界风筝都、中国画都、中国食品谷，先后被命名为中国优秀旅游城市、国家环保模范城市、国家卫生城市、国家园林城市、全国科技进步先进市，荣获中国人居环境奖（水环境治理优秀范例城市）。2012 年实现地区生产总值 4012 亿元，实现公共财政预算收入 306 亿元。

潍坊市围绕推进绿色发展、循环发展、低碳发展，狠抓节能减排，大力发展循环经济，促进资源综合利用，加快经济转型升级，取得了良好成效。潍坊市

2007 年被山东省确定为重点培育的 10 个循环经济型城市之一，2011 年被确定为全国首批餐厨废弃物资源化利用和无害化处理试点城市。滨海经济技术开发区先后被确定为山东省循环经济示范区、国家生态工业示范园区。海化集团被确定为全国首批循环经济试点企业，潍柴动力被确定为全国首批发动机再制造试点企业，山东恒远利废技术发展有限公司被确定为山东省循环经济技术支持单位。潍坊市循环经济发展特色鲜明、亮点频出。2009 年 5 月，潍坊市被确定为全省唯一的国家"十城万盏"半导体照明应用工程试点城市。2009 年 3 月，省政府节能办、省住建厅联合在潍坊召开全省建筑垃圾综合利用现场经验交流会。2010 年以来，潍坊市创建"6 + X"模式，在山东省率先建设低碳示范社区。2013 年 5 月，潍坊市被确定为第一批中美低碳生态试点城市。潍坊昌邑市将生活垃圾一体化收运体系与生态化利用相结合，实现城乡生活垃圾全方位、无缝隙、全覆盖管理。潍坊滨海开发区探索出了"一水六用、动脉扩张、静脉串联、动态循环"的特色循环经济发展新模式。

为推动潍坊市的循环、绿色、低碳、转型发展，全面做好国家循环经济示范城市创建工作，打造潍坊发展的升级版，特制定《潍坊市循环经济示范城市创建实施方案》（以下简称《方案》）。《方案》的实施范围为潍坊市全域，基准年为 2012 年，期限为 2013—2016 年。《方案》以《中华人民共和国循环经济促进法》《循环经济发展战略及近期行动计划》《山东省循环经济发展"十二五"规划》《潍坊市循环经济"十二五"规划》等为主要依据，提出潍坊市发展循环经济的指导思想和基本原则，设置了社会经济发展水平、资源产出水平、减量化、再利用和资源化、污染减量及效果、基础设施与生态环境、绿色消费、循环文化、保障条件、特色指标共 10 大类、74 项循环经济指标。《方案》从构建循环型产业体系、循环型流通体系、循环型社会体系 3 个方面设置了示范城市创建的主要任务，突出以石化盐化、机械装备为主导的特色循环经济工业体系及"种—养—加—贸—游"特色循环型农业体系，并结合指标体系对主要任务的贡献度进行了深入分析，明确了创建目标的可达性。《方案》优选出 57 个重点支撑项目，作为具体落实的主要任务；规划了管理保障措施，提出了潍坊市示范城市创建后的进一步提升措施。

《方案》是指导潍坊市创建国家循环经济示范城市的行动指南，是 2013—2016 年全市循环经济发展的纲领性文件。

《潍坊市创建国家级循环经济示范城市实施方案》目录

第一章　潍坊市概况及经济社会发展回顾

第一节　潍坊市概况

一、地理位置

二、行政区划

三、地理特点

四、气候条件

第二节　经济发展概况

一、经济发展情况

二、产业结构概况

三、支柱产业和重点产业情况

第三节　产业布局概况

一、产业空间布局

二、园区和产业集群

第四节　基础设施概况

一、能源供应

二、供水排水

三、交通运输

四、邮电通信

第五节　社会发展概况

一、人口

二、教育

三、卫生

四、文化

五、就业

六、社会保障

第六节　发展定位与优势

一、发展定位

二、发展优势

第二章 潍坊市资源环境基本概况

第一节 资源情况

一、土地资源

二、水资源

三、矿产资源

四、海洋资源

五、生物资源

第二节 环境概况

一、水环境

二、大气环境

三、声环境

四、固体废弃物

五、环境保护基础设施建设及运行情况

第三节 资源承载能力和总量分析及评价

一、资源承载能力分析

二、环境容量分析

第四节 节能减排"十一五"完成情况与"十二五"目标任务

一、"十一五"节能减排完成情况

二、"十二五"节能减排目标任务

第三章 开展循环经济示范城市创建的工作基础

第一节 有利条件

一、再利用和资源化基础较好

二、污染减排效果突出

三、基础设施建设比较完善

四、循环经济理念普及较好

五、组织机构和规章制度比较健全

六、循环经济发展特色明显

第二节 存在问题、制约因素和不利条件

一、资源环境压力较大

二、发展空间相对不足

三、体制机制有待进一步完善

三、潍坊市节能环保产业园规划

2014 年，由吴维海博士牵头，国家发展改革委国际合作中心与潍坊市签订课题协议，编制《潍坊节能环保产业园专项规划》。该园区是潍坊市重点打造的八大园区之一。《规划》的主要内容如下：

一、使命愿景

1. 使命

绿色经济的传播者，美丽中国的缔造者

2. 愿景

打造立足潍坊，辐射带动全省、全国乃至全球节能环保事业（或称绿色、生态经济）的"中国节能谷"。

二、战略定位

——全市节能环保聚集区。贯彻山东省、潍坊市节能环保产业发展规划，以改革创新为动力，以培育节能环保产业为重点，整合全市资源与能力，立足潍城，辐射全市，融合核心区域和"飞地经济"，逐步打造引领全市节能环保产业提速发展的聚集区和策源地。

——全省科学发展试验区。以山东省政府有关产业转型和科学发展要求为指针，以聚集和提升节能环保技术研发和产业服务为手段，加大技术研发和产业化应用，构建全省节能环保产业科学发展的实验区。

——全国产城一体化先行区。以传统产业转型和城市发展一体化为指导思想，以本城市传统产业和资源禀赋为基础，通过产业融合和要素聚集，形成全市、山东省，乃至全国产城一体化的先行区。

——全国循环经济示范区。贯彻党的十八大绿色发展、循环发展、低碳发展，建设生态文明的战略部署，以提高资源产出率为目标，全面抓好循环化改造的关键补链项目，实现园区生产、流通、消费各环节的循环型生产方式和绿色生活方式，构建覆盖全社会的资源循环利用体系，通过循环发展带动绿色发展和低碳发展，加快构建循环型社会，形成全国循环经济示范区。

——国际化节能环保引领区。以聚集技术研发能力和关键核心技术产业化为重点，以提升产业园综合竞争力为目标，通过引进、吸收和应用全球领先的细分行业技术，实现部分关键核心技术的产业化、规模化。定期举办节能环保产业的国际化会展和全球论坛，走出去，与国际知名企业和科研机构合作，打造国际化的节能环保核心关键技术和应用产品的推广基地和引领区。

三、行业选择

1. 选择标准

产业园行业选择的一般原则：

——符合国家产业政策；

——有较高的科技含量或专利技术；

——有较大需求和发展潜力，如：单个集群3年内能够形成10亿元的产值和业务收入；

——符合投资回报的入园控制标准；

——有一定的业务基础或招商潜力等。

2. 行业选择

根据现有企业基础、市场需求和资源优势，结合招商引资能力评估和技术发展方向，确立未来 3—7 年重点培育和引进的行业：

（1）高效节能行业

——大功率节电设备、智能热力计量表、高效汽轮机、多效热泵机组、锅炉和窑炉改造、新型换热装备、余热余压利用、保温玻璃、智慧交通节能、沟槽管件、高端阀门、立体停车、现代农业节能、能源智能化管理等节能技术装备；

——技术咨询、节能评估、能源审计、碳交易、能源合同管理等专业节能服务；

——清洁能源汽车、清洁高效燃烧、水地源热泵、车用动力蓄电池、高效照明技术、3D 打印、大屏幕显示、太阳能 LED 照明等高端应用产品；

——住宅工业化、节能农业、家庭农场、无土立体栽培和室内栽培等成果产业化。

（2）先进环保行业

——建筑新材料、保温新技术等研发和产业化服务；

——污水及垃圾处理、农业土壤改良等投资运营服务；

——脱硫脱硝、汽车尾气治理、生态修复、雨洪利用等环境技术咨询与环境工程服务；

——大气污染防治、有机废气治理、采暖燃煤锅炉脱硝、汽车尾气治理、餐饮油烟治理、水污染治理、污泥无害化、减量化、资源化等技术研发、引进和产业化。

（3）资源综合利用行业

——电子商务、逆向物流和城市废弃物处理技术；

——建筑垃圾综合利用，农作物秸秆还田、代木、制作生物培养基、生物质燃料、秸秆固化成型等能源化利用；

——固体废物综合利用、都市废弃物绿色拆解技术、沼气循环利用、地热综合利用等。

四、功能规划

1. 一园多区

确立"一谷三平台五区八基地"（1358）的总体功能规划。

其中：

一谷：中国节能谷。

三大服务平台：节能环保科技研发平台、节能环保国际交流平台、节能环保综合服务平台。

五个功能区：节能环保制造区、节能服务企业聚集区、节能环保企业孵化区、生产性物流服务区、办公生活服务区。

八个制造业基地：节能设备制造基地、泊车产业基地、住宅工业化基地、环保设备制造基地、高端节能管件产业基地、清洁能源产业基地、智能化农业装备产业基地、智能化节能系统产业基地。

2. 分期开发、辐射发展

以现有省级经济开发区、乐埠山和军埠口三个园区为核心区，以产业园内（68平方公里）未开发土地为近3年主要的产业拓展区；以产业园周边邻近区域（如昌乐县朱留镇）为未来5年将拓展的重要区域；以潍坊市全辖为主要辐射区，以山东省和全国重点市场为次级辐射区，分层次、分阶段进行产业园产业聚集、辐射带动、跨区融合、协同发展。

五、空间布局和发展步骤

(一) 总体空间布局

1. 核心区

以现有省级经济开发区、乐埠山和军埠口园区为产业园节能环保产业聚集的核心区域，深度挖掘三个园区的各自优势和现有企业技术与产业潜力，调整优化各园产业规划，制订实施招商引资行动计划，贯彻产业园规划布局，尽快形成以龙头企业带动的核心产业链，持续打造功能完善、业务链接的产业聚集地。经过一定时间的快速发展，尽快形成各具特色的产业基地。

2. 拓展区

未来3年左右，重点拓展、聚集和延伸现有三个园区周边位置的产业和有潜质的培育企业，逐步形成新的产业聚集。

经过5年左右的培育发展，根据既定的开发进度，有序拓展周边县区相邻地域的产业聚集和技术升级，通过辐射带动，形成全市范围的产业聚集和示范基地。

3. 辐射区

区内辐射：依托现有产业基础，进行园区内部的组团式"切块"辐射，逐步构建以龙头企业为核心的产业链和产业聚集区。在同等条件下，贯彻市场化与产业协同的原则，鼓励公共服务优先使用和采购园区内企业提供的产品和节能环保服务。

区外辐射：以产业园为聚集地和发散源，对潍坊市现有的节能环保龙头企业和零散产业进行辐射和聚集。贯彻市场化运作和政府引导相结合的基本原则，部分企业和产业逐步集中到产业园，进而形成全市的节能环保产业聚集效应和品牌效应，部分园区外的企业和产业依托拟建设产业园，仍然在原有县区开展经营和生产制造，或在拟设产业园设立总部基地和重点产品展示体验馆，对外实行点、线的外溢与辐射，技术研发、人才引进和节能环保服务等由产业园统一提供，公共服务平台设立在产业园，园区外企业可以业务合作、资源共享。贯彻市场化、产业协同与跨区辐射的原则，在同等条件下，鼓励优先使用和公共服务采购产业园区内重点扶持的龙头企业提供的产品和节能环保服务。全面推动向山东省、全国乃至海外市场的辐射与技术外溢，逐步拓展全球市场，塑造国内外行业品牌形象。

通过内外辐射，以产业园为核心，通过技术、业务、人才、投资等方式，逐步辐射和影响周边县市相关产业和重点企业，形成以潍城区地域的产业园为核心、覆盖全市、服务全国和全球的节能环保高端技术研发聚集地和节能服务公共支撑平台，吸纳潍坊市周边地区和其他地市有发展潜力的节能环保企业进入园区设立分支机构、企业总部和研发中心，进而形成产业聚集、人才聚集和品牌聚集的综合效应。

（二）产业空间布局

三大中心、五大功能区和八大产业基地的总体空间分布，如下：

1. 三大中心的空间分布

三大服务平台：节能环保科技研发平台、节能环保国际交流平台、节能环保综合服务平台。其中：

节能环保科技研发中心主要集中在办公生活服务区。生产性物流服务中心主要集中在豪德物流产业园，办公生活服务区以为城区政府所在地为核心，以各个园区综合体为配套，周边聚集，分散和集中相结合，协调发展。

——节能环保科技研发平台

——节能环保国际交流平台

——节能环保综合服务平台

2. 五大功能区的空间分布

——节能环保制造区

——节能服务企业聚集区

——节能环保企业孵化区

——生产性物流服务区

——办公生活服务区

3. 八大产业基地的空间分布

——节能设备制造基地

——泊车产业基地

——住宅工业化基地

——环保设备制造基地

——高端节能管件产业基地

——清洁能源产业基地

——智能化农业装备产业基地

——智能化节能系统产业基地

4. 产业链运营模式

——双龙头延伸模式：（原则上）以2个以上的培育企业或规模企业为龙头，以产业链延伸和产业聚集为主线，进行产业链优化和产业基地建设。

——市场化运作模式：贯彻市场化运作原则，通过政府政策和窗口指导，推动园区龙头企业和配套企业的战略合作、园区企业和潍坊市辖区相关企业同等条件下的优先合作，推动潍坊市节能环保产业整体实力的提升和品牌塑造。

——跨链协同模式：探索产业链扶持的新模式，通过节能供电、供热等基础设施平台的跨链共享，不同产业链配套企业的柔性制造，以及园区人才、信息、物流、物业、会展、金融、技术研发等平台的内部调剂、流动和资源共享，逐步提高基础设施和配套企业的综合供应能力，提高投入产出率。贯彻节能环保的核心理念，对高能耗、污染大的配套产品或企业，以产品采购为主，避免由于这类企业入园导致的环境污染。

（三）实施步骤

实施分阶段、分区域，有序开发的实施步骤。

1. 夯实基础

2014—2016年，是夯实基础阶段。这阶段的工作任务是：编制产业园发展规划，制订详细性规划和行动方案，出台园区管理考核办法，进行产业园功能规划，成立专业化公司，开展现有企业的筛选、培育，以及重点产业和潜在企业、领先技术的招商引资工作。依托和优化现有的三个管理园的总体规划和开发模式，建立园区统一集中的管理机构和统筹设计的运作平台，实现产业园内跨园区的产业重组、人员重组和产业布局，形成重点培育的龙头企业、重点产业和产业集群，奠定产业园科学发展、高效运行的管理体系和产业基础。积极争创省级或国家循环经济教育示范基地、低碳经济示范区、节约型公共机构示范单位、现代物流产业示范园等荣誉称号。

2. 稳步提升

2017—2019 年，是稳步提升阶段。这阶段的工作任务是：对前 3 年的产业园规划执行进行评估，修订和完善发展规划，对已有经验进行总结和推广。同时，优化已有产业集群和产业基地，新增加有较高技术含量和市场潜力的产业集群，形成新的产业基地。这一阶段，产业园内出现 5 个以上有较大规模的上市企业集团，部分行业获得山东省节能环保示范基地等荣誉称号，产业园力争获得 2—5 个国家级节能环保示范园区、国家级低碳经济示范基地、国家级循环经济试点示范基地、国家"城市矿产"示范基地等授牌。

3. 协同发展

2020 年及以后，是协同发展阶段。经过 6 年左右的探索发展，"中国节能谷"品牌形象逐步树立。产业园和全市各县市区的节能环保产业协同更加紧密，跨产业融合达到较高的水平。潍坊市成为山东省和全国节能环保的典型示范城市，潍坊市产业结构和经济增长方式实现了生态化、循环化，节能环保产业成为潍坊市经济发展的支柱产业，全球性的节能环保专业展会和高端论坛达到一定规模，节能环保成为潍坊市全产业（一、二、三产业）的共同标准和常态化的发展模式。潍坊成为中国生态文明的示范基地和我国节能环保国际交流的"城市名片"。

六、产业园组织机制

1. 健全组织机制，推进协调办公

成立由潍坊市分管市长任组长的潍坊市节能环保产业园建设领导小组，成立由市发改委、经信委、科技局、财政局、环保局、国土局、建设局、商务局、交通局、农业局等部门主要领导和潍城区主要领导参加的工作执行小组。建设领导小组负责规划编制和产业园的建设、组织、管理、协调工作。市发改委、经信委、国土局、财政局、税务局等各有关部门结合产业园规划要求，编制本部门工作计划和行动方案，做好协调配合、资源倾斜与工作衔接。

2. 成立产业园发展中心并完善运行机制

潍城区成立产业园发展中心，划分和设立产业园综合管理部、投资开发部和公共服务部三大职能部门。其中：

综合管理部负责与潍坊市、潍城区的政府工作进行衔接，具有规划定期评估和动态优化、工作分解考核、园区宣传、管理智囊机构引进等基本职责；投资开发部负责招商引资、项目筛选、融资投资、项目跟踪、项目布局、投融资和担保公司管理等基本职责；公共服务部负责基础设施维护、智慧政务、电子商务、公共服务平台、物流物业、大型论坛等基本职责。

潍城区主要领导（区长任中心主任，分管区长和经信局局长任中心副主任，发改、经信、科技、环保、建设、国土、规划、招商等职能局，经济开发区、乐埠山生态区和相关街道主要领导作为产业园发展中心决策委员会的核心成员）设立专门办公室，明确产业园发展中心的职权与工作程序，确立具体行动方案和年度工作计划，分解落实各项规划目标到职能部门和所辖园区、相关街道。尽快规范入园标准和考核机制，开展重点招商和重大项目对接，提高开发速度、工作效率和服务质量。

3. 成立专业化园区管理公司

满足产业园的中长期发展需要，在产业园发展中心之下，由市或区财政参股或控股，设立投资管理、产业基金、融资担保、物流、物业等专业化公司或企业集团，分工承担相应职责和服务功能，分别属于产业园综合管理部、产业开发部或公用服务部。同时，引进国家部委院所和融资管理智囊机构，参与产业园开发的战略合作。制定和规范工作程序，做好协调与衔接，提高服务效率和决策质量。

4. 制订具体行动计划和实施方案

贯彻园区发展规划，结合上级有关经济部署，制订产业园年度行动方案和各部门实施方案，并分解细化到各层级，落实到部门和岗位，与具体产业、规模企业紧密衔接。

四、聊城市全域水城总体规划

聊城市全域水城总体规划（2018—2022）

2018 年，国合华夏城市规划研究院受聊城市委托，编制《聊城市全域水城总体规划》，推动聊城市低碳绿色发展。

以下是《聊城市全域水城总体规划》前言及报告目录。

前　言

水是生命之源、生活之本、发展之要。识水、蓄水、节水、治水、享水关系经济发展和民生事业，也是满足人民群众对美好生活更高要求的重要保障。聊城市河湖水库众多，水系密集，生态资源丰富，是国家历史文化名城，中国优秀旅游城市、国家园林城市、国家森林城市、中国温泉之城、双拥模范城、是国家环保模范城，是国家级农产品主产区和雄安新区重点配套城市，也是山东省建设国家级新旧动能转换综合试验区的重要城市。

深入贯彻习近平"两山"理论和国家新时代治水方针，充分发挥我市区位和水资源优势，建设"一核、五区、多点"的水系网络以及"两带两群一圈"的水系带群（圈），是聊城市推进"一带一路"倡议、京津冀协同发展战略、乡村振兴等重大国家战略的实践创新，也是打造国际知名、国内一流的江北水城、文化强市、生态水乡的一项伟大事业。

编制全域水城规划，建设"库河同蓄""五水统筹"的水系，完善系统前瞻的蓄水、治水、享水管理体系，全面建成节水型社会，是我市紧迫而艰巨的战略性工作任务。本规划是指导聊城市及各县（市、区）水利事业和水产融合的纲领性文件。规划基期 2017 年，规划期为 2018 年到 2022 年，并展望至 2050 年。

《聊城市全域水城总体规划》研究确立了积极打造节水型社会等低碳发展理念。示例：

建设节水型社会。加强节水教育，增强全社会节水意识，严格控制用水总量，提升用水效率和效益，实施"555"节水行动计划，建设节水型社会。

（一）树立全社会节水观念

深入开展节水培育行动。推进全民节水公德、节水美德、节水品德建设，提升市民节水文化素养，创新舆论宣传方式，加强水情教育，营造全社会主动节水的良好氛围。开展节水法规、节水典型、节水措施等宣传。积极发挥学校、医院、社会团体、志愿者等的作用，依托聊城大学、山东农科院聊城分院、大专院校、中小学校、科研院所等，开办"节水大讲堂"和系列节水教育，及时总结宣传各地在推进节水工程中的经验，组织节水技术培训。定期滚动遴选出用水效率处于领先水平的标杆企业、模范家庭，树立节水标杆，发挥示范效应。开展具有行业特点的技术推广，使亲水、惜水、节水成为全市共识。

（二）开展全社会节水行动

实施"555"节水行动，推动农业、工业节水，强化服务业和生活节水。在农业领域，大力推广干渠灌区防渗漏、节水型农业品种优化、田间大棚滴管与水肥一体化、雨洪蓄水和中水循环使用以及退耕还林、退林还饲（草）等五大节水和循环化用水技术；在工业领域大力推广节水装备或工艺、节水型产业、串联闭环式循环用水、阶梯水价以及水生态补偿制度五大措施，不断降低单位工业产值耗水比例；在服务业和生活办公领域，大力推广节水器具、节水型建筑、节水型产业或服务、节水型生活办公方式以及阶梯水价和水生态补偿制度五大类节水措施，建设节水型社会。

狠抓建筑行业用水定额管理，严格控制新水取用总量，推广使用再生水。倡导使用商品混凝土、装配预制式建筑。新建住宅小区、单位新建建筑物采取节水设计、应用节水器具，新建、改建、扩建工程严禁使用国家明令淘汰的用水器具。加大城乡用水管道改造和新建，增强农村集约化供水率，实施农村绿色幸福庭院建设，提高城市生态用水的中水利用率。加快节水器具普及与推广，对原有建筑物采用节水器具进行节水改造，实现厨房用水与厕所清洁用水串联应用，推动厨卫一体化。完善已有建筑中水设施的运行管护机制，逐步实现供水管网独立分区计量管理（DMA），降低管网漏损，到2022年城市公共供水管网漏损率低于12%，新建建筑全部达到国家规定节水标准。

（三）完善全社会节水保障

完善节水制度，抓好市场管理，逐步淘汰高耗水器具。对城市建成区内公共建筑、公共区域、工业企业等非居民建筑的用水器具制定换装计划，推广节水产品认证制度。鼓励水嘴、便器、便器冲刷阀、淋浴器、洗衣机等用水产品的生产企业依法取得节水产品认证。健全水资源公共服务体系。开展用水精细化管理提升行动，推广用水分级计量、水平衡测试和在线监测技术。对高耗水生活服务业等强制推广智能IC卡用水计量设施，对高校、科研院所、产业孵化基地等通过财政补贴等方式，严格计量收费管理。完善水利管理硬件设施，建立农村供水供电登记与管理制度。

目 录

第八章 规划保障

一、强化组织引领

二、优化政策环境

三、完善推进机制

四、严格考核奖惩

五、贵阳高新区低碳经济示范园区发展规划

2009年，为推动贵阳高新区低碳发展，吴维海博士作为课题组长，受托为贵阳高新区研究编制了《贵阳高新区低碳示范区发展规划》，这是我国第一个低碳经济为主线的产业园区。在这一规划引领下，贵阳高新区经济结构和新兴产业集群得到了快速的发展。《贵阳高新区低碳示范区发展规划》确立了"1246"发展规划，即：

一个立足，两大目标，四类指标，七大保障。具体阐释如下：

立足贵阳高新区的地域和资源优势（"1"个立足），突出"构建国家级低碳示范区"和"又快又稳"的发展目标（"2"个目标），制定和实施经济、能耗、碳排放和低碳管理指标（"4"类指标），逐步构建"组织机制、优惠政策、指标体系、金融支撑、风险管理、共享平台的保障体系（"6"项保障）"，大力调整产业结构，实现经济增长方式转变，推动贵阳高新区低碳、高速、可持续发展，努力构建国家级低碳发展示范区，形成贵州省低碳发展的"名片"和中国西部地区低碳示范基地。

《规划》界定了基准情景、节能情景和低碳情景的碳排放数量测算。这一先进的理念，应该走在了我国低碳产业规划课题研究的理论与实践前沿。三个情景下的情景假设碳排放示意图，如附图1所示。

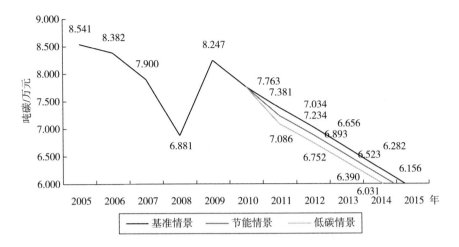

附图 1　2005—2015 年贵阳高新区碳排放情景测算

2010 年高新区火炬口径规模以上工业总产值 3809328 万元，能耗 3782719 吨，单位能耗 1.01 吨/万元，以此为地域单位能耗指标进行测算。

附表 2　贵阳高新区 2015 年和 2020 年低碳管理主要目标

低碳指标	2015 年计划	比 2010 年增减	2020 年计划	比 2010 年年均增减
规模以上工业总产值（亿元）	600	55%	4556	
规模以上单位工业总产值能耗（吨/万元）	0.78	22.6%	0.63	20%
规模以上工业增加值（亿元）	60	60%	537	比 2010 年增长 21.85 倍，年均增长 39%
规模以上单位工业增加值能耗（吨/万元）	2.7	25%	2.2	比 2010 年降低 39%
人均 CO_2 排放	88.39	增长 75%	644.06	增长 11.8 倍
森林覆盖率	43%	—	47%	
低碳政策	基本完备	2010 年没有专门的低碳政策	构建规范、完整的指标体系	—

基于碳排放的情景假设与数据测算，吴维海博士及课题组撰写提交了规划报告。以下是《贵阳高新区低碳示范区发展规划》初步思路。

1. 我国低碳产业园的发展基本情况

2. 贵阳市低碳城市发展现状和存在问题

（1）现状

（2）存在问题

3. 贵阳高新区低碳产业园示范区发展的基础和重大意义

（1）高新区的社会、经济和环境概况

（2）高新区现有产业分布与低碳产业园建设的匹配分析

（3）高新区低碳产业园示范区资源条件和发展基础（包括自然资源、企业和产业布局、发展条件等）

（4）高新区低碳产业园示范区建设的重大意义

（5）高新区低碳产业园示范区制约因素、问题及分析

4. 贵阳高新区低碳产业园示范区的发展构想

（1）发展思路（包括定位、建设总体框架、产业链构建及物流分析）

（2）规划范围

（3）总体目标

（4）规划原则

（5）整体布局

5. 贵阳高新区低碳产业园示范区的具体规划（分行业、分产业链、产业集群等分别阐述）

（1）现状分析（分产业描述）

（2）分产业发展目标和具体指标

（3）重点任务和相关措施

6. 贵阳高新区低碳产业园示范区重大项目及效益分析

（1）项目入园条件

（2）重点支撑条件（包括项目、基础设施、服务设施等）

（3）效益分析（经济效益、社会效益、环境效益）

7. 贵阳高新区低碳产业园示范区保障体系

（1）组织机构和管理保障体系

（2）经济政策

（3）政策保障

（4）风险管理

（5）服务保障

（6）其他

基于以上思路，吴维海及研究团队撰写形成了《贵阳高新区低碳示范区发展规划》报告目录，如下：

一、基本情况

（一）贵州省低碳经济的发展情况

（二）贵阳市低碳城市的发展情况

（三）贵阳高新区低碳示范区的发展基础

（四）贵阳高新区当前低碳工作中存在的问题

（五）贵阳高新区建立低碳示范区的重大意义

二、指导思想和低碳目标

（一）指导思想

（二）发展规划

（三）总体目标

（四）重点产业目标

三、工作重点

（一）构建政策体系

（二）调整产业结构

（三）优化能源结构

（四）加大建筑、交通与环保节能

（五）提升消费与服务碳排放水平

四、低碳筛选标准和重大项目

（一）新项目和龙头企业的入园条件

1. 入园企业筛选条件

2. 引进新项目的筛选条件

（二）重大项目

1. 节能环保产业重点技术和重大项目

2. 高端装备制造产业重点技术和重大项目

3. 新材料产业重点技术和重大项目

4. 新能源产业重点技术和重大项目

5. 生物医药产业重点技术和重大项目

6. 电子信息产业重点技术和重大项目

（三）核心资源

1. 土地资源

2. 投资强度

3. 能源与水资源

（四）低碳规划效益

1. 经济效益

2. 社会效益

3. 低碳效益

五、保障体系

（一）组织体系

（二）政策执行

（三）指标体系

（四）金融支撑

（五）风险管理

（六）服务平台

（七）组织体系

（八）政府政策

（九）指标体系

（十）运作机制

六、高阳县特色小镇专项规划

为推动高阳县生态发展、乡村振兴以及实现碳达峰碳中和等目标，国合华夏城市规划研究院接受高阳县人民政府委托，编制高阳县"十四五"特色小镇专项规划（2021—2025 年），立足高阳县经济与区位优势，联合推动打造纺织小镇、文旅小镇等。以下是《高阳县"十四五"特色小镇专项规划》的目录。

一、创建基础

（一）宏观环境

（二）产业政策

（三）已有基础

（四）创建趋势

二、机遇与挑战

（一）发展机遇

（三）智造（农机）小镇重大项目

（四）纺织循环小镇重大项目

（五）其他在谋划特色小镇重大项目

八、投融资管理

（一）投资预算

（二）资金来源

（三）外部筹资

（四）产业基金

九、基础平台

（一）基础设施平台

（二）资源要素平台

（三）产业发展平台

（四）公共服务平台

（五）生态环境建设

十、体制机制

（一）小镇运营机制

（二）政府服务机制

（三）市场调控机制

（四）风险规避机制

十一、创建计划及保障

（一）组织领导

（二）政策优先

（三）计划分工

（四）资源匹配

（五）监督考核

（六）宣传推广

附件：

1. 某县"十四五"特色小镇重大项目库

2. 农机商贸特色小镇基本信息

3. 文旅小镇基本信息

4. 纺织循环经济小镇基本信息

七、某县数字乡村建设申报方案

一、数字乡村宏观环境

全球进入了数字化的新时代，关键核心数字技术与产品、产业深度结合，工业互联网、数字技术产业化等已经成为一个国家和城市经济发展的核心竞争力。欧美国家和日韩等全力抢占国际市场和经济发展的数字化制高点，美国以芯片为控制点，打压和封锁中国数字经济、高精尖制造业和智慧产业，乃至乡村振兴和我国经济发展的"遏制中国战略"已经进入更加严峻的新阶段。

我国大力推动数字中国和数字乡村等战略，陆续出台《数字乡村发展战略纲要》、新基建、"六稳""六保"等政策文件，研究和编制国家、省市"十四五"规划，指导和推动数字产业化和数字革命，提高了数字乡村建设能力。

实施数字乡村发展战略，有助于提升乡村竞争力，促进城乡融合，实现乡村数字化和高质量发展。为此，制订并实施某县数字乡村建设方案。

二、某县数字乡村建设基础

"十三五"时期，某县在财政投资、重大项目引领、信息化系统构建、企业自动化以及电子商务等方面积极推动，均衡发力，以互联网应用为目标，积极推动"信息入户进村工程"，取得了显著成效。目前，全县互联网宽带用户为××万户，其中城市宽带接入用户为××万户，农村宽带接入用户为××万户；固定宽带家庭的普及率为××%；宽带用户渗透率为××%；光纤入户比例为××%；4G 网络覆盖率为××%；WLAN 覆盖率为××%；城市互联网平均速率为××M。

目前，我县光缆、基站、手机、固网宽带用户基本实现全覆盖或部分地区覆盖。全市信息基础设施不断完善，信息化应用成为共识，信息化环境持续优化，政务服务系统基本满足社会管理和公共服务需要，公安、城管、国土资源、环保、工商、税务等专业应用系统多数已经达到在线业务处理与交互阶段，我县数字经济增加值达到××亿元，较"十二五"末的 2015 年增长××个百分点。电子商务交易额达到××亿元，较"十二五"末的 2015 年增长××%。各项数字化指标位居保定市各县区前列。

三、某县"十四五"时期数字乡村建设总体要求

（一）指导思想

全面贯彻党的十九大和十九届二中、三中、四中全会精神，围绕统筹推进

"五位一体"总体布局和协调推进"四个全面"战略布局，落实数字中国、网络强国、国家乡村振兴战略和"上云用数赋智"行动计划，树立新发展理念，坚持农业农村优先发展，按照产业兴旺、生态宜居、乡风文明、治理有效、生活富裕的总要求，因地制宜地编制县域数字乡村建设规划，做好整体设计，明确建设目标、重点任务工程和实施步骤，完善配套政策措施，统筹推进数字乡村和智慧城市建设，有效发挥信息技术创新的扩散效应、信息和知识的溢出效应、数字技术释放的普惠效应，发挥信息化在推进乡村治理体系和治理能力现代化中的基础支撑作用，推进数字规划、数字组织、数字生产、数字决策、数字营销、数字产业、数字生态、数字科技以及数字乡村治理等体系建设，弥合城乡"数字鸿沟"，培育信息时代的乡村治理和新农民，打造数字互联、信息共享、资源流通、在线营销、智慧决策、智慧党建、智慧生活、智慧交通、智慧商贸和智慧生活的国家级数字乡村示范县。

（二）基本原则

1. 以人民为中心。数字乡村的建设充分考虑人民的需求，满足生产、生活、生态和政府决策服务等需求，建立与乡村人口知识结构相匹配的数字乡村发展模式，解决农民最关心最直接最现实的利益问题，提升农民的获得感、幸福感、安全感。

2. 坚持党的领导，全面加强党对农村工作的领导，把数字乡村摆在建设数字某县的重要位置，加强统筹协调、顶层设计、总体布局、整体推进和督促落实。

3. 政策引导与市场化结合。政府出台优惠政策，结合新基建和产业引导措施，采取市场化手段，激活主体、激活要素、激活市场，催生乡村发展内生动力。

4. 坚持城乡融合，创新某县城乡信息化融合发展体制机制，引导城市网络、信息、技术和人才等资源向乡村流动，促进城乡要素合理配置。

5. 坚持产业和政府服务的经济中心。确定一批重大项目和重大应用平台，更加重视产业应用、政府决策、产业支撑、招商引资与党建等系统开发，与政府决策、企业经营、产业数字化、数字产业化以及干部考核、民生工程和项目管理等紧密结合。

6. 数字赋智为目标。强化数字信息的整合、挖掘以及在政府决策、乡村振兴、人才管理、生态治理、村民自治、基层党建等领域的应用，以数字技术为乡村经济、产业振兴和组织管理等赋能。

7. 打通政策壁垒。加强跨部门沟通和体制机制改革，打通跨部门的政策壁垒，实现信息共享和数据综合开发，提高数字乡村的系统共享和规模化水平。以发展促安全，积极防范、主动化解风险，确保数字乡村健康可持续发展。

（三）总体目标

经过5—10年的持续探索与创新发展，将某县打造成为国内一流、特色鲜明的国家级数字乡村示范县。

（四）阶段性目标

到2022年，全县乡村互联网全覆盖，产业园区新基建项目基本完成，乡村4G深化普及、5G创新应用，工业互联网实现示范试点，实现信息化办公的规模以上企业户数占比达到50%以上，主城区5G网络覆盖率达到90%以上，电子商务交易平台初步建立，人民群众满意度显著提高。

到2025年数字乡村体系全面构建，数字经济规模年均增速20%以上，数字乡村建设取得重要进展。乡村4G深化普及、5G创新应用，城乡"数字鸿沟"明显缩小。初步建成一批新农民新技术创业创新中心，培育形成一批叫得响、质量优、特色显的农村电商产品品牌，工业互联网示范企业户数占比超过规模以上工业企业总户数的30%，基本形成智慧政府决策、智慧产业和智慧乡村物流配送体系，乡村网络文化和乡村数字治理体系进一步完善，我县成为国家级数字乡村示范县。

到2035年，城乡"数字鸿沟"大幅缩小，农民数字化素养显著提升。规模以上企业数字化比例达到95%以上，农业农村现代化基本实现，城乡基本公共服务均等化基本实现，乡村治理体系和治理能力现代化基本实现，数字经济成为某县支柱性产业，某县数字乡村走在全省乃至全国前列。

到2050年，全面建成数字乡村，乡村实现全面振兴，农业强、农村美、农民富的大格局全部构建，"数字城市"成为我县重要的城市名片。

（五）建设思路

统筹规划和顶层设计，基于"一云一网一图"构架，通过建设数字乡村数据统一平台，实现县城级、乡镇（街道）级和村庄（社区）级数据融合、共享、开放与运营，推进形成创新的、产业导向的数字乡村生态体系；通过引入"政府购买服务、社会资本投入、专业公司运营"的商业模式，将数字乡村、智慧城市与资本市场对接，逐步解决建设投资缺口及运营期升级换代等问题。选择重点行业和产业领域进行试点，发挥示范工程的辐射带动效应，进行全县经济社会各领域数字化应用的协同与各类平台对接、融合、提升。

（六）数字乡村总体架构与标准架构

1. 数字乡村总体架构

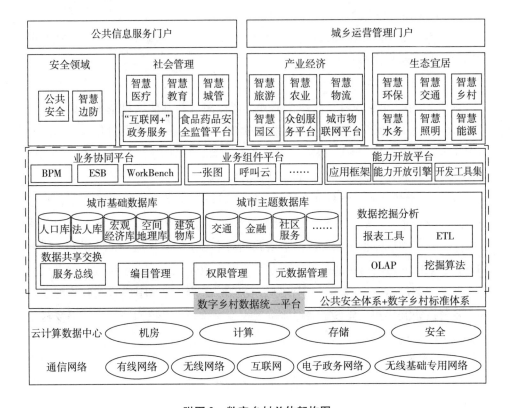

附图2 数字乡村总体架构图

2. 数字乡村标准架构

某县数字乡村标准体系总体框架由五个类别的标准组成，分别为基础、平台、数据、保障、应用。

基础：数字乡村的总体性、框架性、基础性标准和规范，包括数字乡村术语和定义、总体框架、建设指南、评价指标体系、顶层设计实施细则5个子类标准。其他四类数字乡村标准规范应遵循数字乡村和智慧城市的基础标准。

平台：数字乡村建设中所需的关键技术和共性平台的标准规范总称，包括网络技术、数据中心、统一平台。是数字乡村集约化节约化建设的重要标准。

数据：支撑数据从共享交换到开放与交易的标准，还包括城乡基础库和主题库的标准。

保障：主要包括信息安全和政策法规两方面。

应用：数字乡村的应用领域即代表数字乡村中的重点应用领域和行业，典型的应用领域包括数字交通、数字教育、数字医疗、数字招商、数字营销（电子商务）等（标准体系总体架构图，略）。

四、某县"十四五"时期建设数字乡村的重点任务

（一）有序谋划并实施数字乡村新高地

打造智库平台。聚焦"十四五"经济目标和民生工程，以人民需求和经济发展为中心，制定和实施最严格的条件和标准，优选和聚集数字经济、智慧城市、智慧政府、智慧产业、智慧交通、智慧物流、智慧党建、数字乡村治理等专业机构和顶尖智库，形成服务数字经济和数字乡村的智库平台，探索"互联网＋党建"、智慧党建等新模式，探索建设"网上党支部""网上村（居）民委员会"，健全党组织领导的自治、法治、德治相结合的乡村治理体系。推动"互联网＋政务服务"向乡村延伸覆盖，推进涉农服务事项在线办理，促进网上办、指尖办、马上办，提升人民群众满意度。2021 年底，开发投产服务我县政府决策和智慧招商的远程智库服务平台，至少引进和培育 5 家左右年交易额 1 亿元以上的电子商务营销公司或在线服务平台（牵头部门：县发改局、县网信办，参与部门：工信局、农业农村局、交通运输局、科技局、财政局）。

编制数字乡村"十四五"发展规划（2021—2025 年）。结合数字中国和"上云用数赋智"行动计划等总体要求，组织行业专家、学者、投资企业等，对县域产业及电子商务等进行诊断，开展乡村产业调研，确立县和各乡镇、村庄的发展路线与目标任务，形成全县一盘棋，明确任务计划和责任分工，确定责任部门和实施路线图，逐月推进，定期公布进展，确保工作进度和实施效果。到 2023 年，县镇两级政府办公全部实现智慧化，基本投产智慧产业、智慧物流、智慧交通和智慧招商等行业应用系统，电子商务的产品营销覆盖率达到 100%（牵头部门：县发改局、县网信办，参与部门：工信局、农业农村局、交通运输局、科技局、财政局、文旅局、各乡镇及开发区）。

（二）把握数字经济的本源，推进数字乡村高质量构建

目标是行动的指南。数字乡村建设的初心是人民，本源是产业振兴、生态振兴、科技振兴、智慧生活和智慧组织管理等。数字乡村建设首先要统一思想认识，从更高的视角谋划数字乡村，避免"头部企业"——国内通信运营商和电子商务寡头过于垄断，以及表层的、电商等低层次、碎片化、功能割裂的数字乡村

建设误区。更加强调和重视经济发展、政府决策、乡村振兴、产业转型和乡村治理，据此进行数字乡村总架构设计和模块选择。

规划并解决数字乡村的核心需求。系统调研某县核心产品品类、品种特性、生产规模、销售量、销售渠道、网络销售占比和市场价格趋势等，以满足人民对美好生活的更高需求为主线，规划开发建设数字政府服务、数字政府决策、数字产业振兴、数字交通、数字物流、数字医疗、数字环保、数字教育、数字安全、数字项目管理、数字居民就业、数字社会保障、电子商务、数字金融、数字公共服务等一体化的数字乡村综合服务系统。具体功能模块和数字乡村建设体系将进一步研究和固化。2021年6月底前，编制并形成数字乡村专项规划（2021—2025年）和三年行动计划（2021—2023年），以路线图和责任书等形式分解和推进实现（牵头部门：县发改局、县网信办，参与部门：工信局、农业农村局、交通运输局、文旅局等）。

（三）完善乡村信息基础设施建设

完善县乡村三级网络设施水平。推动县乡两级交通、环保、产业、教育、医疗等重点行业的基础设施共建共享，提升乡镇村庄的通信、互联网和数字电视网等建设水平，优先做好乡村网络安全管理，坚决打击破坏电信基础设施、生产销售"伪基站"和网络诈骗等违法犯罪行为。采用适应"三农"特点的信息终端、技术产品、移动互联网应用（APP）软件，提升精细化管理和人性化服务水平。推进"互联网＋医疗健康"，推动远程医疗延伸到乡镇卫生院、村卫生室。依托信息化推动基本公共服务向农村下沉，协同推进教育、生态环保、文化服务、交通运输、快递物流等各领域信息化，推动智慧广电公共服务建设，深化信息惠民服务（牵头部门：县发改局、县网信办，参与部门：工信局、农业农村局、交通运输局）。

推动信息服务和基础设施数字化。引进各类供应商和电子商务等企业，推进开发农业信息终端、技术产品、移动互联网应用（APP）软件，利用网红带货、抖音等营销平台和推广载体，进行农产品营销和乡村形象宣传，到2023年基本建成覆盖县乡村三级的为农综合服务平台。加大财政投资，全面实施农村水利、公路、电力、冷链物流、农业加工等基础设施的数字化、智能化，有序建设智慧水利、智慧交通、智能电网、智慧农业、智慧物流体系（牵头部门：县发改局、县网信办，参与部门：交通运输局、农业农村局等）。

（四）发展乡村数字经济

构建数字农业"一张图"。聚焦某县"十四五"核心目标和主导产业，规划建设自然资源遥感监测"一张图"和综合监管服务平台，加大永久基本农田、农业农村遥感卫星等天基设施建设，推进北斗卫星导航系统、高分辨率对地观测系统在农业生产与科技研发的应用。到 2023 年，基本建成覆盖全县、各乡镇的大数据中心和重要农产品全产业链大数据体系，实现农业农村基础数据整合共享与应用开发（牵头部门：县发改局、县网信办、农业农村局，参与部门：交通运输局）。

实施农业数字化发展。利用大数据、物联网、区块链、人工智能等技术，实现农业种养植、种业、农产品加工业等数字化、规模化和自动化，打造科技农业、智慧农业、品牌农业。加大各类融资投资，鼓励部分乡镇开展智慧农场试点，推广精准化农业作业，打造"无人农场"。到 2021 年底，至少建成一个数字乡镇示范项目、10 家数字村庄试点项目（牵头部门：县发改局、县网信办、经信局、农业农村局等）。

企业"上云用数"示范工程。提速建设智慧制造、智慧企业和数字化行业云，鼓励开发企业云。推动 5G、大数据等技术推广应用，推动基础设施、平台系统、业务应用"上云"，加快构建满足主导产业和规模以上企业发展需要的云环境、云开发、云应用产业和服务体系，助力骨干企业提质增效。支持有条件的龙头企业以专有云、行业云、公共云研发和应用为核心，开展纺织、农机等工业云试点，建设某县企业"上云用数"体验中心，到 2022 年底，至少建成 3 家及以上工业互联网示范企业，到 2025 年，至少打造 3 家以上行业云应用平台，至少培育 3 家以上云应用服务商，至少推动 50 家企业"上云"发展。

建设智慧农村流通体系。制定并实施"十百千"数字乡村示范工程，选择 10 个乡镇或企业、100 个村庄、1000 个农户，进行品牌包装与质量管理试点，进行"互联网＋"农产品出村进城示范项目，实现农产品加工、包装、冷链、仓储等数字化示范试点。扶持和培育乡村邮政和快递网点建设，到 2021 年建成至少 5 家智慧物流配送示范中心。引进 2—3 家大型电子商务企业，鼓励本地区企业进入电子商务领域，培育农村电商产品本地品牌。完善质量可追溯的绿色供应链，推广绿色物流，扶持发展人工智能、大数据赋能的农村实体店和专业市场，促进线上线下渠道融合发展，建设全周期的电商营销和线下营销渠道。到 2021 年底前，基本建成服务全县范围的产品质量追溯和监督监测信息系统，基本建成重大项目智慧管理和业绩评价系统。

创新提升乡村新业态。研究和制定毛巾纺织、农机等优势产业的品牌战略，确立各具特色的品牌规划方案和品牌识别系统。同时，建设商品溯源体系，完善质量管理。加大数字技术应用和产业化，在县城主城区和周边乡镇，重点发展创意农业、认养农业、观光农业、都市农业等新业态，积极发展乡村休闲、健康养生、民宿体验等新产业，规范有序发展乡村共享经济和林下经济（牵头部门：县发改局、县网信办、农业农村局）。

（五）以科技赋能智慧绿色乡村

实施农业智能化。开展数字乡村专题培训，加快培育造就一支爱农业、懂技术、善经营的高素质农民队伍，支持农民工和返乡大学生运用网络和信息技术开展创业创新。加大产业园区智慧化，大力发展农业智能装备，实施工业互联网替代工程，推动信息化与农业装备、农机作业服务和农机管理融合应用。优化农业科技信息服务，投资开发新农民、新农业、新技术的创业创新孵化中心，引进科研机构，完善农业科技研发和成果转化体系，完善农业技术在线交易，建立和使用技术专家在线服务平台，打造飞地智库和远程服务系统（牵头部门：县发改局、县网信办，参与部门：工信局、农业农村局）。

建设智慧绿色乡村。推广全县绿色农业生产加工。建立农业投入品与食品流通的电子追溯监管体系，实施化肥农药减量使用计划。建成全县一体化的农村物联网体系，实时监测土地墒情，实现农田节水节肥。建立全县农村生态系统监测平台，统筹山水林田湖草系统治理数据。强化农田土壤生态环境监测与保护，引进和建设卫星遥感、无人机、高清远程视频监控系统，提升美丽乡村建设水平。鼓励乡村绿色生活，加大农村环境和农村饮用水水源水质监管，实现农村污染物、污染源全时全程监测，打造绿色生活与休闲环境（牵头部门：县发改局、县网信办，参与部门：农业农村局、自然资源局）。

（六）提高网络文化与乡村治理水平

加强农村网络文化建设。建设互联网乡村文化振兴示范基地，建成县融媒体中心，实现各乡镇数字广播电视户户通和智慧广电体系，建立历史文化名镇、名村和传统村落"数字文物资源库""数字博物馆"，加强农村优秀传统文化的保护与传承，组织文化遗产网络展览，弘扬农耕文化。到2023年前，基本建成数字博物馆、智慧文旅在线服务信息系统（牵头部门：县发改局、县网信办，参与部门：农业农村局、文旅局）。

弘扬乡村网络文化。鼓励创作"三农"题材网络文化，开展法律法规等网络宣传，利用数字技术和检测手段打击非法宗教活动，遏制各种封建迷信和低俗暴力行为，实施优秀文化教育和预防犯罪教育，避免农村少儿沉迷网络或成为违法团伙（牵头部门：县发改局、县网信办，参与部门：农业农村局、法制局）。

（七）实现乡村治理与惠民数字化

建设"互联网＋党建"数字化系统。完善农村基层党建数字信息平台，优化升级某县现代远程教育，推广网络党课教育，推动党务、村务、财务网上公开，畅通社情民意（牵头部门：县发改局、县网信办，参与部门：教育局、农业农村局等）。

建设数字乡村治理。加大数字化投入，实施数字化的农村社会综合治理体系。开展农村贫困户在线帮扶，实现"互联网＋社区"的农村全覆盖，提高数字乡村和规划管理信息化。实施农村"雪亮工程"，以大数据和互联网推动法治乡村建设。深化政府对农村农民的服务改革，推广"最多跑一次""不见面审批"等服务模式，实现政务服务网上办、马上办、少跑快办，提高群众满意度和美誉度（牵头部门：县发改局、县网信办，参与部门：农业农村局等）。

实施乡村教育和民生数字化。实施学校联网攻坚工程，实现全部学校联通工程，到 2023 年，实现全县乡村小规模学校和乡镇寄宿制学校宽带网络全覆盖。发展"互联网＋教育"，引进聚集北京等名校与某县乡村中小学对接，提高基础教育的总体水平。

完善民生保障服务体系。实现社会保障、社会救助系统数字化建设，实现城乡居民基本医疗保险异地就医直接结算、社会保险关系网上转移接续。鼓励扶持"互联网＋医疗健康"，提高乡镇和村级医疗机构信息化水平，实现农村医疗卫生机构的远程医疗、远程教学、远程培训等。鼓励发展中医馆健康信息平台，提升中医药的数字化诊断与综合服务能力（牵头部门：县发改局、县网信办，参与部门：社保局、教育局等）。

（八）数字赋智乡村振兴和扶贫工作

数字赋能新型农业经营主体。制订年度培训计划，采取政府引导和市场化融资结合方式，培训新型职业农民与纺织等行业的企业家精神，加大对农民合作社和家庭农场的网络使用、产品营销、金融信贷、人才培训等事项的资金支持，加大职业培训和专业教育，培育有规模、技术含量和信息化程度高的实体企业和社会组织，塑造工匠精神，打造数字农业新高地。以数字化技术和平台开展新型职业农民在线培训，实施"互联网＋小农户"计划，提升农业和农民的发展与竞争能力（牵头部门：县发改局、县网信办，参与部门：教育局、农业农村局）。

聚集农村要素资源。大力推动数字农业、智慧旅游、智慧园区等建设，以信息流带动资金流、技术流、人才流、物资流。改善在数字农村普惠金融服务，为农民提供在线金融服务，依法打击互联网金融诈骗等违法犯罪行为（牵头部门：县发改局、县网信办，参与部门：金融办、农业农村局、司法局等）。

实施网络扶贫。实施网络扶贫行动计划，强化对农业产业和农民就业的扶持力度，运用大数据对脱贫人员提供跟踪服务，巩固提升脱贫成果。开展网络扶志扶智，提升贫困群众生产经营和生活技能，激发贫困人口内生动力（牵头部门：县发改局、县网信办，参与部门：农业农村局、民政局等）。

（九）鼓励城乡信息化融合发展

统筹数字乡村与智慧城市。加大数字乡村和智慧城市的一体设计、同步规划实施、协同统合并进，促进城乡生产、生活、生态空间的数字化、网络化、智能化，形成共建共享、互联互通、各具特色的数字城乡融合发展格局。2020年开始，重点发展"互联网＋"特色产业，如物联网＋物流、物联网＋政府决策、互联网＋综合交通等，建设感知体验、智慧应用、要素集聚、融合创新的"互联网＋"产业生态圈，辐射和带动县乡村一体化发展（牵头部门：县发改局、县网信办）。

高质量建设数字乡村。加大招商引资力度，全面推动提升类村庄网络信息技术应用，引导城郊融合类村庄发展数字村庄和数字产业，满足城乡居民消费需求，鼓励特色保护类村庄建设互联网特色乡村，引导搬迁撤并类村庄完善网络信息服务，避免形成新的"数字鸿沟"。加强信息资源整合共享与利用。推进各部门涉农政务信息资源共享开放、有效整合，统筹整合乡村信息服务站点资源，推广一站多用，避免重复建设，促进数字乡村国际交流合作，打造国际知名商贸城、智慧休闲乡村，到2024年底，规划投产智慧商贸服务平台（牵头部门：县发改局、县网信办，参与部门：财政局、农业农村局）。

五、保障措施

（一）加强组织领导。成立县数字乡村建设领导小组，编制县数字乡村总体发展规划（2021—2025年），定期研究和推动重大政策、重点工程和重要举措，督促落实各项任务目标。各乡镇成立乡镇书记为组长的数字乡村工作执行小组，严格执行工作计划。优化政府与市场的关系，激发各方力量参与数字乡村建设。

开展数字乡村发展评价，发挥第一书记、驻村工作队员、大学生村官、科技特派员、西部计划志愿者等主体作用，加强农民数字乡村培训，增强农民网络安全防护技能，以数字乡村促进产业振兴和组织振兴。

成立县主要领导挂帅，主管部门与国合华夏城市规划研究院等智库联合组建的"县数字乡村建设项目推进工作组"，重点研究国家发展改革委等数字城市政策、研究国内外前沿理论和架构，进行某县数字乡村规划、数字方案设计、数字模块分解，共同研究和筛选供应商，进行各个数字系统和管理模块的开发和建设，以及融资和平台策划等。

成立县农业农村局牵头的县电子商务和村庄电商开发工作组，重点推进县和乡村电子商务、在线销售以及快递产业营销管理系统等。

（二）落实政策优惠。落实省市数字乡村建设扶持政策，细化具体扶持措施和资金来源，完善产业、财政、金融、教育、医疗等配套措施，加大县财政投入，积极申请上级产业基金和专项补贴，大力扶持乡村数字化建设。

（三）鼓励试点示范。落实"十百千"行动计划，选择部分乡镇、村庄和农户进行数字乡村试点，进行新型职业农民和专业知识培训，进行企业家精神与技能培训，抓好典型示范。

（四）强化宣传推广。加大各级干部培训和教育，拓展宣传渠道，弘扬全社会关注农业、关心农村、关爱农民的价值观。聚集发挥主流媒体和新闻网站作用，讲好乡村振兴故事，做好网上舆情引导，创新数字乡村服务，打造数字乡村示范城市，建设美丽、智慧、生态、幸福城市。

六、实施方案

试点内容：十大重点工程

"十四五"时期，重点推动某县十大数字化示范工程：

1. 实施"十百千"数字化示范工程。选择乡镇或企业、村庄、农户等，进行数字化开发和建设，先行先试，积累经验，面上推广。

2. 实施数字产业转型升级工程。选择特色农产品加工产业和龙头企业，进行数字化规划、开发和投产，实现从采购、生产、仓储、物流和售后服务等全过程、全生命周期的服务和产业化。运用大数据和区块链，进行新材料、信息产业等资源要素引进、产业聚集和产业链优化，提高产业聚集发展的能力。

3. 实施数字物流园区建设工程。进行智慧物流规划和产业园开发，聚集和整合物流企业、零担运输个体户，打造从准入门槛、车辆安全、仓储订单、在线签约到车辆在线监测、送货交付、结算、车辆停泊以及司机生活服务等全方位的聚集发展和数字化服务，提高商贸物流的整体质量和产业规模。

4. 实施智慧政府决策创新工程。以大数据、云计算和人工智能等为载体，进行政府决策、在线会议、重大事项批复、文件传阅、项目管理、工作汇报、数据分析、业绩评价以及外部合作等功能处理，极大释放政府官员的时间，减少会议频次，降低时间和交通等成本，提高决策效率，提高服务质量。

5. 实施智慧招商平台开发工程。利用大数据挖掘技术，研究和开发数字化客户管理、市场分析、项目引进、企业经营、项目开发、招商行动、重点客户、潜在客户、客户全生命周期等管理，实现招商引资的自动化、规模化和优化，提高重大和潜在客户管理质量，降低招商成本，增加成功率和落地质量。

6. 实施电子商务在线平台工程。引进多家电子商务企业，培育本土电子商务公司，形成多家竞争的电子商务网络体系，提高产品、企业和旅游景点等打卡渠道、营销通道和推广平台。挖掘并利用淘宝、抖音、快手、B 站、微博等营销渠道，开展名人或栏目化直播，提高电子商务与在线营销能力。

7. 实施智慧乡村治理试点工程。开发和实施村庄财务、班子、党建、扶贫、旅游和乡村治理等数字化和公开透明，减少腐败可能，提高村干部做事的积极性和责任感，打造清爽的干群关系。

8. 实施"飞地智库"专家服务工程。引进和聚集部委智库、科研院所，共建飞地智库和飞地经济，初步形成服务县和乡镇发展的智库团队和外地招商引资战略合作伙伴。

9. 企业"上云用数"示范工程。提速建设智慧制造、智慧企业和数字化行业云，鼓励开发企业云。推动 5G、大数据等技术推广应用，推动基础设施、平台系统、业务应用"上云"，加快构建满足主导产业和规模以上企业发展需要的云环境、云开发、云应用产业和服务体系。

10. 工业互联网工程。支持企业实施智能装备应用，自动化生产线改造，数字化车间、智能工厂建设，提高生产装备和生产过程智能化水平。鼓励企业在农机、纺织等关键工序、关键环节实施机器换人或设备智能升级。鼓励企业应用物联网、RFID 射频技术，实现各生产工序间协作，推动生产方式向柔性化、智能化、精细化、规模化转变。

后　记

全球气候温室变化导致了自然灾害与诸多风险，倒逼世界各国联合推进碳达峰碳中和目标的实现。我国向全球作出"3060"庄严承诺，既是发展机遇，也是重大挑战。各级政府、城市与企业等必须统筹经济发展与碳减排的关系，部委智库应该发挥积极的、引领性的决策参考作用。

在全球碳中和规则、我国降碳标准、碳补偿、碳交易机制等不完善的环境下，地方政府、城市、企业等既存在发展的迷茫，也有转型的挑战，更有沉甸甸的减碳压力。因此，明晰全球和我国碳达峰碳中和理论、路线图，把握碳减排堵点痛点，构建碳达峰碳中和"施工图"和碳金融、碳信用等模式，是国家部委智库应有的社会担当。

本书在撰写过程中，汇集了部委智库、地方政府、大型企业及投资机构等实践案例、减碳技术、行业成果等，在此一并表示感谢。

希望本书对于国家部委决策、地方党委政府决策、产业转型、交通建筑行业减碳、企业零碳化以及行业投资等，起到积极、前瞻、可操作的引领带动作用。

国合华夏城市规划研究院

中国碳中和研究院

联系邮箱：iccioffice@126.com

2021 年于北京